식물학자의
사전

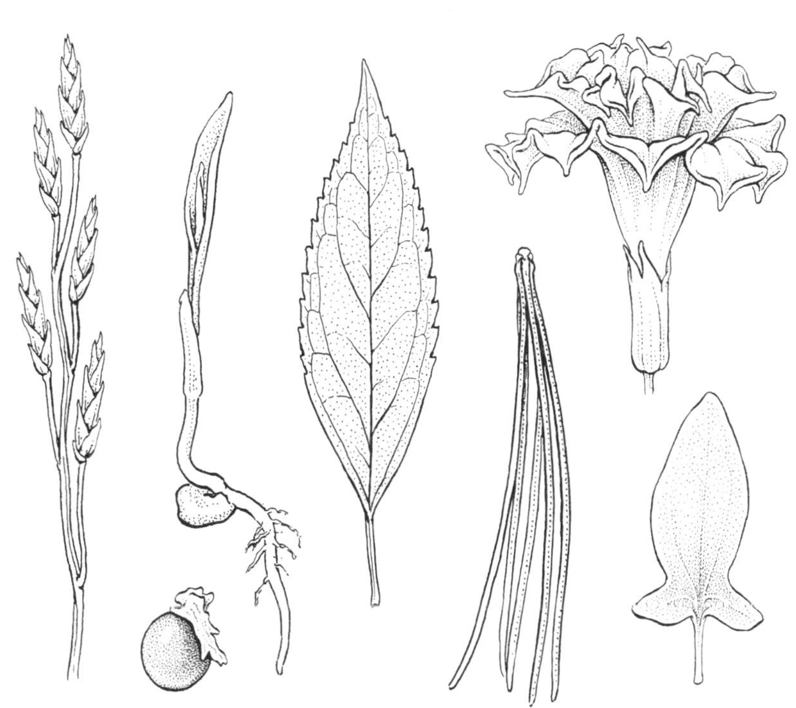

A Botanist's Vocabulary

Originally published in 2016 by Timber Press, Inc.
Korean translation rights 2018 by Korea Botanical Arts Cooperative.
Korean translation rights arranged with Timber Press Inc.

일러두기

1. 이 책은 영미식 식물 용어를 해설한 책이다. 우리말, 한자식, 영어 순으로 배치하였다.
2. 용어는 원서처럼 알파벳 순으로 배열하였고, 찾아보기에서 편의상 한글 색인을 추가하였다.
3. 해설한 용어를 국내 사용에 참고하되 견해에 따라 문제제기 할 수도 있음을 밝혀둔다.

식물학자의 사전

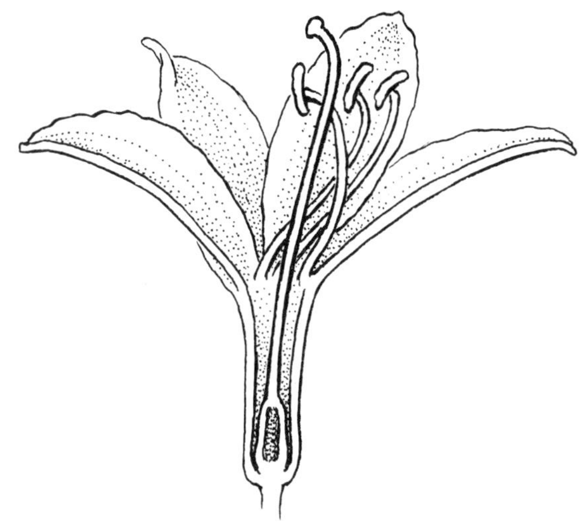

1300개의 식물 용어와
일러스트 수록

수잔 K. 펠, 바비앙겔
옮긴이 이용순, 감수 장창기

이비락 樂

식물학자의 사전

초판 1쇄 발행 2022년 10월 25일

지은이 수잔 K. 펠, 바비앙겔
옮긴이 이용순
감 수 장창기

펴낸곳 도서출판 이비컴
펴낸이 강기원
편 집 한주희
마케팅 박선왜

주 소 (02635) 서울 동대문구 천호대로1길 23, 201호
대표전화 (02)2254-0658 팩스 (02)2254-0634
전자우편 bookbee@naver.com
등록번호 제6-0596호(2002.4.9)
ISBN 978-89-6245-201-3 (91480)

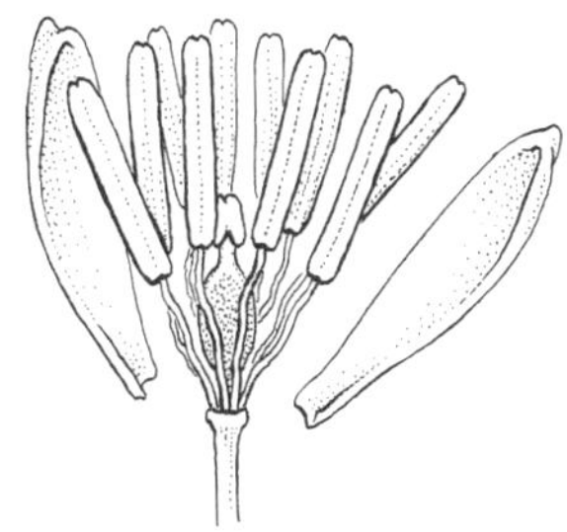

Contents

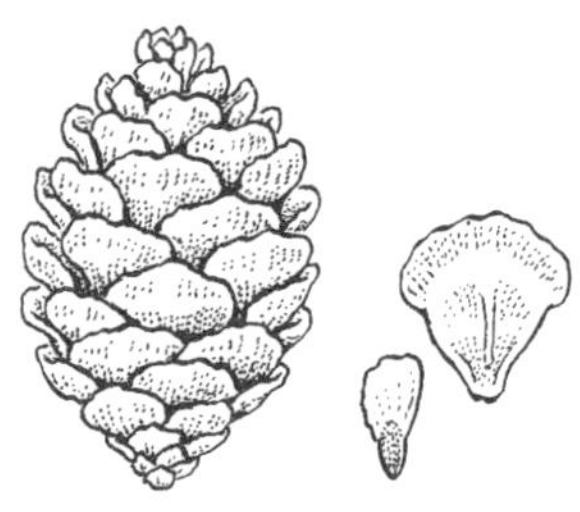

서 문

정원사나 식물학자, 식물애호가들은 저마다 고유한 호기심을 갖고 있습니다. 보통은 수목원이나 식물원에서 관찰한 식물을 통해서도 많은 부분을 배우기도 하고 필드에서 자라는 식물에서도 유익한 정보를 얻습니다. 또한, 길가에 떨어진 꽃을 분해하여 확대경으로 자세히 관찰해보고 싶은 욕구도 적지 않을 것입니다. 멸종위기종 혹은 희귀종 식물 사진이나 흥미로운 '속(屬)'에 관한 소개가 있는 도감이나 책은 몇 시간 동안이나 시선을 붙잡아두기도 합니다. 그들은 이른 봄에 처음으로 돋는 새싹에 잔뜩 호기심을 갖고, 어떤 식물인지, 또 특이한 점은 무엇인지 알아가길 즐겨하며 까다로운 환경에 대한 재배 요령을 공유하거나, 좀처럼 알려지지 않은 식물과 관련한 서식지 등을 공유하며 관찰 내용에 대해 논의합니다.

산과 들에서 만나는 식물이나 재배 식물에 대해 동정하다보면 식물 이름과 학명도 찾아보고 식물의 색깔, 모양, 질감, 성장 형태 및 열매의 특징에 대해 여러 용어를 써 가며 말하지만, 간혹 부적절하게 쓰기도 합니다. 특정 기능을 설명할 적절한 단어를 모를 수도 있고, 동료나 참고 도서에서 서로 다른 용어를 사용할 때 그것을 아우를 적당한 용어의 한계에 부딪치기도 합니다. 우리는 꽃, 잎 모양 또는 성장 습관 같은 것에 전형성이 있을 수 없다는 것을 알고 있지만, 복잡하고 특이한 것을 설명하려고 할 때 적당한 용어를 생각해내지 못하는 경우가 허다합니다. 적절한 용어는 식물을 분류하고 조직하는 데 도움이 됩니다. 올바른 용어를 배우고 적용하면 식물 세계의 다양성에 대해 훨씬 더 잘 이해할 수 있고, 우리의 지식을 정확하게 전달할 수 있습니다. 또한, 식물의 세계에서 우리의 관심을 만족시키기 위해 훨씬 더 기술적이고 전문적인 문헌에 접근할 수 있습니다.

우리는 식물을 설명하기 위해 식물학자, 식물애호가, 정원사 등 모두가 사용할 수 있는 용어를 정의하려고 시도했습니다. 공통된 용어 사용을 장려하기 위해 최대한 명확하고 단순화시켰습니다. 이 책에서 사용한 용어들은 대부분 식물 구조를 가리키며, 원예, 식물학 책과 현장의 용어에 기반을 두고 있습니다. 용어에 대한 정의나 설명은 쉽지 않습니다. 만약 용어에 대한 정의나 설명이 쉬웠다면, 식물 세계는 지금처럼 풍부하고 매력적이지 않았을 것입니다. 식물은 무한한 다양성을 가지고 있습니다. 꽃잎과 꽃받침은 때때로 서로 붙어 수분 매개자를 유인하거나 수분을 촉진하기도 하며, 웅성과 자성의 생식 부위가 융합되어 복잡한 형태의 예주(gynostegium)를 형성할 수 있습니다. 열매는 독특하고 때로는 복잡한 종자 분산 메커니즘을 가지고 있습니다. 이처럼 다양성의 예는 무궁무진합니다.

난초과, 벼과 식물 또는 붓꽃과 같은 특정 식물 그룹에만 적용되는 용어가 있습니다. 어떤 용어는 전체 식물이나 생태계에 적용되는 반면 일부 용어는 현미경으로만 볼 수 있는 구조에 적용됩니다. 쉽게 적용할 수 있는 용어를 알아보고 특이한 용어 몇 가지를 찾기 위해 이 책을 참고할 수 있습니다. 이상한 모양의 열매에 난처해지거나 휴대용 도감이 필요할 때도 활용할 수 있습니다. 새롭게 알게 된 지식이 식물의 세계를 더욱 잘 이해하는 데 도움이 되기를 바랍니다.

바비 앙겔
수잔 K. 펠

용어집

a-

없거나 부족함을 의미하는 접두사.
예) 무화판성

abaxial · 이면의, 배축면

하부 표면

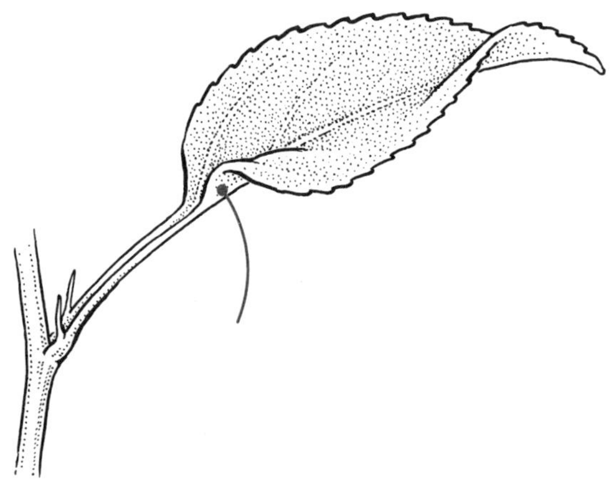

abscission · 탈리

줄기의 잎 또는 화탁의 꽃잎과 같이 한 구조에서 다른 구조가 분리됨; 떨어지는 구조의 기부에서 세포가 분해된 결과

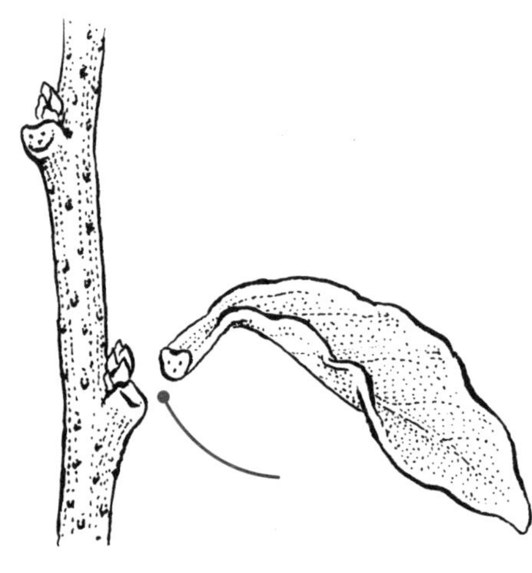

acaulescent · 무경성

지상의 줄기가 없음

반의어 유경성(P47, caulescent)

accessory fruit · 헛열매, 가과

과육이 비자방 조직(대개 화탁으로부터)에서 부분 또는 전체가 파생된 열매. 예) 딸기류(*Fragaria*)

achene · 수과

단심피성 암술에서 파생된 작고, 건조하며 익어도 열개하지 않는 열매. 예) 으아리류 (으아리속, *Clematis*)

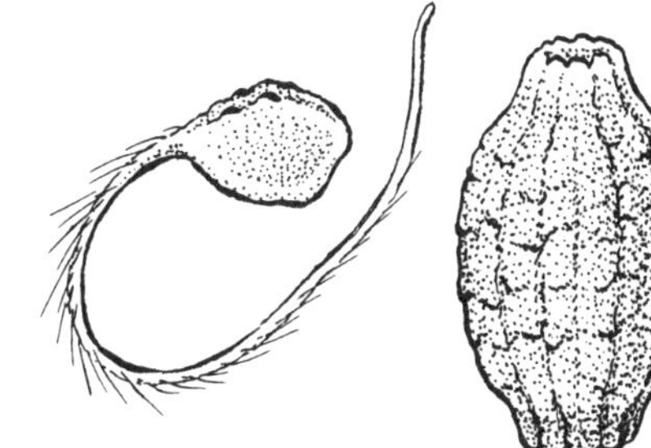

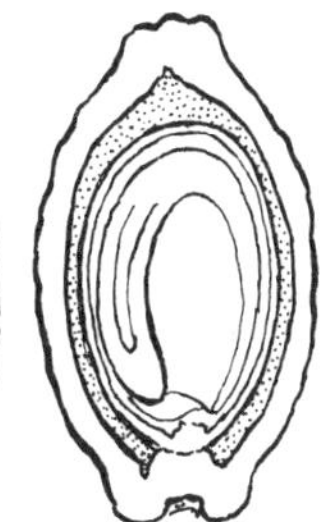

accrescent · 개화후생장, 숙존생장성

꽃이 성숙한 다음 더 크게 자라는 것으로, 흔히 꽃받침에 적용

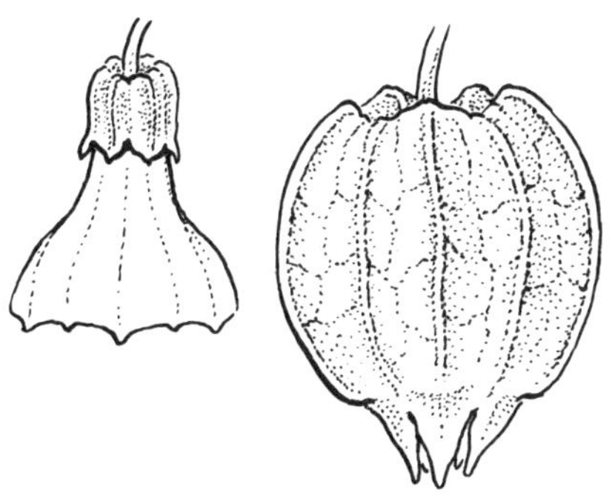

acerose · 침형

삼자원의 바늘 모양

동의어 침형(p12, acicular)

achlorophyllous · 엽록소결여형의, 무엽록소성

엽록소가 결여된. 예) 수정난풀(*Monotropa uniflora*)과 같은 기생 식물

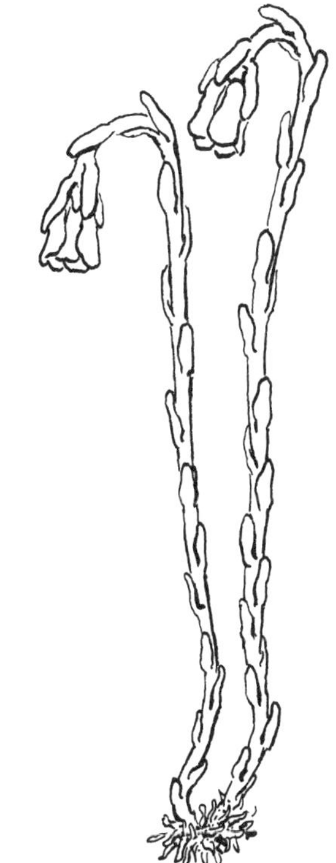

acicular · 침형

삼차원의 바늘 모양

동의어 침형(p11, acerose)

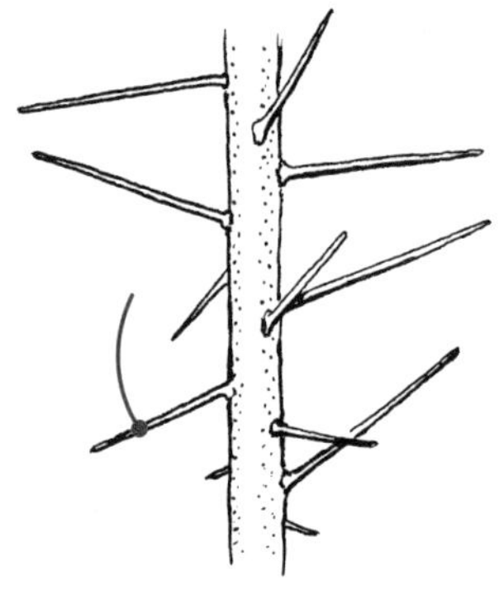

acidophilous · 호산성의

산성 토양에서 잘 자라는 많은 식물과 마찬가지로 산을 좋아하는

acorn · 도토리, 견과

참나무류(Quercus)의 견과로, 인편이 있는 깍정이에 하나의 씨앗이 담겨 있음

acropetal · 정단 방향의, 향정단성

슈트나 뿌리의 정단부를 향해 자라는 성질

반의어 향기부성(p29, basipetal)

actinomorphic · 방사대칭, 방사상칭

중앙을 통과하는 선이 두 개의 거울과 같은 이미지를 생성하도록 여러 개의 대칭 평면을 가지며 일반적으로 꽃에 적용

동의어 (p168, radially symmetrical), 정제(p171, regular)

반의어 좌우대칭(p32, bilaterally symmetrical), 부정제(p116, irregular), 좌우대칭(p221, zygomorphic)

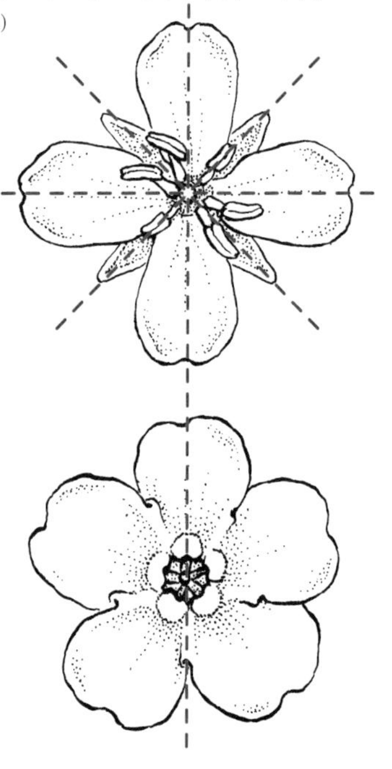

aculeate · 피침을 가진, 피침상

피침이 있는

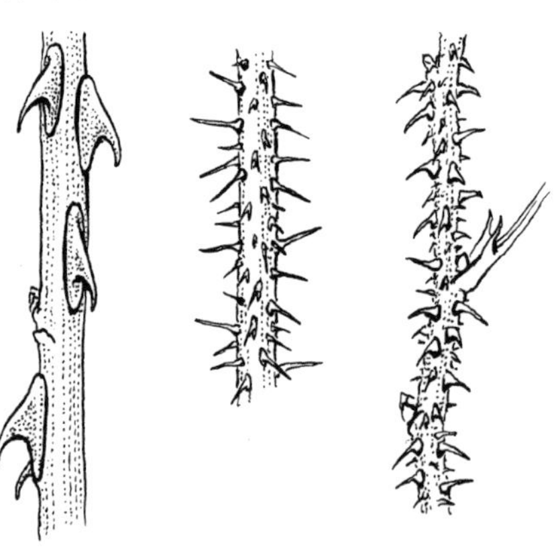

acuminate · 점첨두

가장자리가 오목해지게 가늘어짐

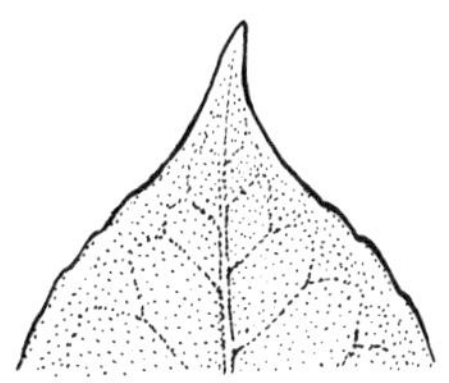

acute · 예저, 예두

측면이 곧거나 거의 곧게 뾰족하고 90도 이하의 각도를 형성하며, 잎의 기부와 정단부에 모두 적용

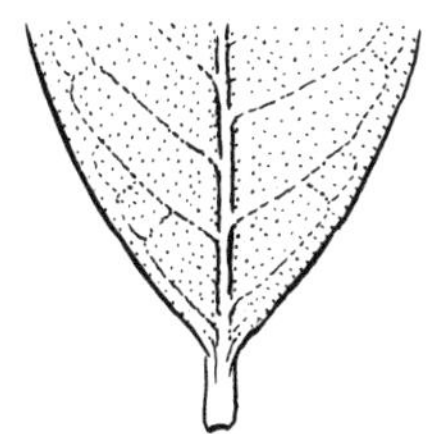

adaxial · 표면의, 향축면

위쪽 표면

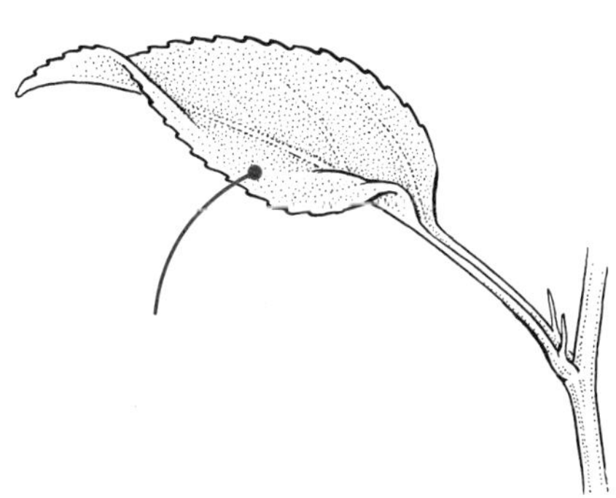

adherent · 위이합, 이착

서로 다른 구조가 붙어 있지만 유합되지는 않은

adnate · 이합, 이종합착

수술과 꽃잎처럼 서로 다른 구조가 유합된

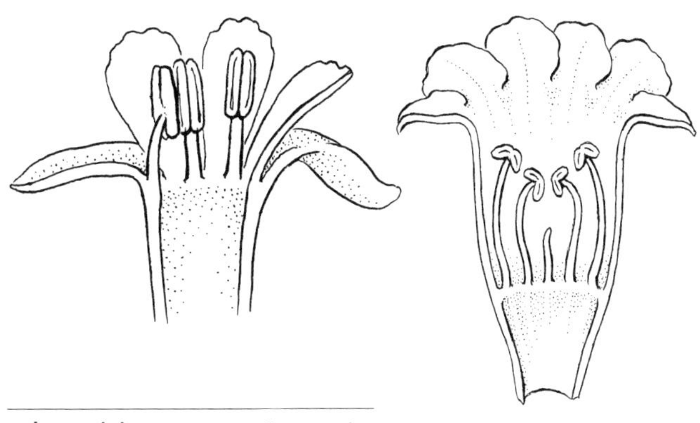

adventitious · 부정근(+ root)

일반적으로 발생하는 부분 이외의 영역에서 발생하는 구조, 흔히 슈트나 잎에서 발생하는 뿌리에 적용

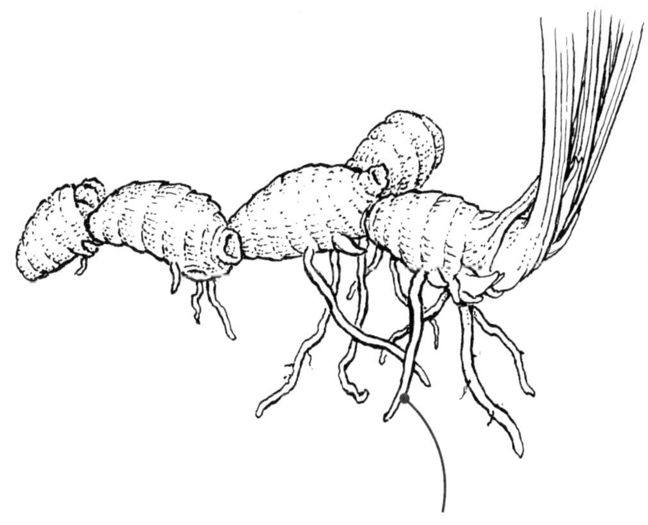

adventive · 외래종

비교적 최근에 야생화하였으나 확산되지 않은 비토착종; 귀화종보다는 정착되지 않은 종

aerial · 공기중의, 기중의

토양 또는 물 위에서 발생하거나 생성됨. 예) 기근

aerial bulb · 살눈, 주아

새로운 식물로 자랄 수 있으며, 일반적으로 엽액에서 생성되는 눈. 예) 소철 수간의 소식물체

동의어 주아(p37, bulbel, bulbil)

aerial root · 공기뿌리, 기근

덩굴옻나무(*Toxicodendron radicans*)의 덩굴성 줄기를 따라 생성된 것과 같이 지상에서 생성된 뿌리

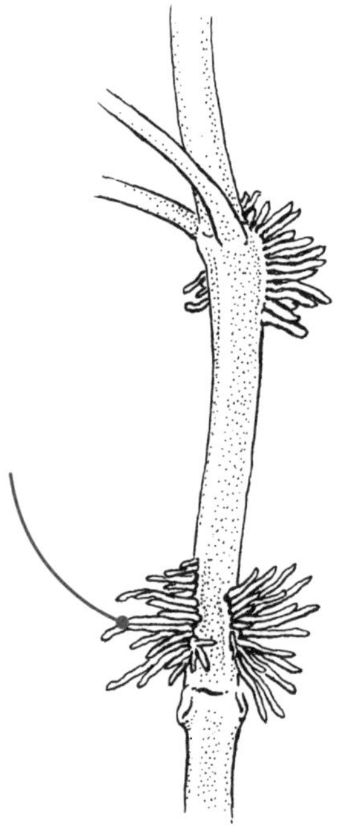

aestivation, estivation · 꽃눈내배열, 화아내형태

눈 속에서 화피의 배열; 유엽형태 참조(p215)

afterripening · 후숙

일부 종자가 발아하기 전에 거쳐야 하는 휴지(休止) 기간(휴면이라고도 함)

agamospermy · 무수정결실, 무수정종자형성

유성생식 또는 수정 없이 생존 가능한 종자의 생산

aggregate fruit · 취과, 집합과

하나의 꽃에서 여러 개의 분리된 단심피성 암술이 융합되어 형성되며, 시과, 핵과, 수과, 골돌과를 포함한 여러 유형의 다양한 열매들로 구성됨. 예) 라스베리와 블랙베리(산딸기속, *Rubus*)

동의어 집합과(p83, etaerio)

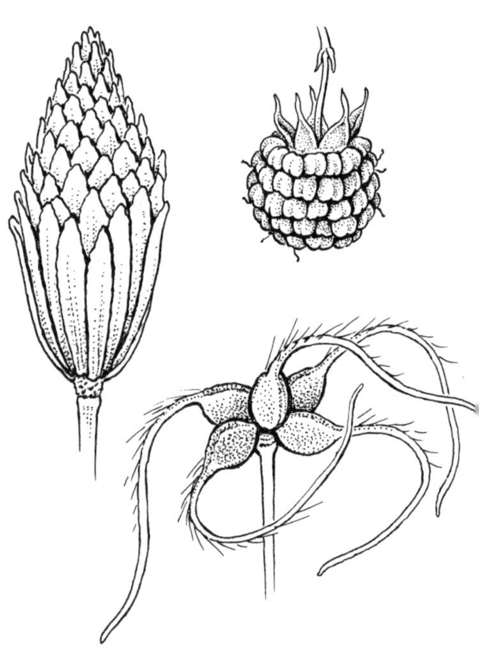

air plant · 착생식물, 공중식물

다른 식물에 붙어 자라지만 그 식물에 기생하지는 않는 식물, 종종 특히 틸란드시아속(*Tillandsia*) 착생 브롬엘리아드를 지칭

alpine plants · 고산식물

나무가 성장할 수 있는 고지대 위쪽(즉, 수목한계선 위쪽)에 자라는 식물; 이들은 전통적으로 흔히 암석 정원에 사용하는 식물임

alate · 날개 모양의, 익상의

넓어지고 편평한 조직을 가진 날개. 예) 날개느릅나무(*Ulmus alata*)의 줄기와 열매, 화살나무(*Euonymus alatus*) 줄기의 날개

alternate · 어긋나기, 호생

1. 줄기에 잎이 산재한 것처럼 마디 당 하나씩 발생; 2. 위 또는 아래에서 보았을 때 꽃에서 꽃받침과 꽃잎이 번갈아 나타나는 것처럼 하나가 다른 하나에 연속적으로 발생함

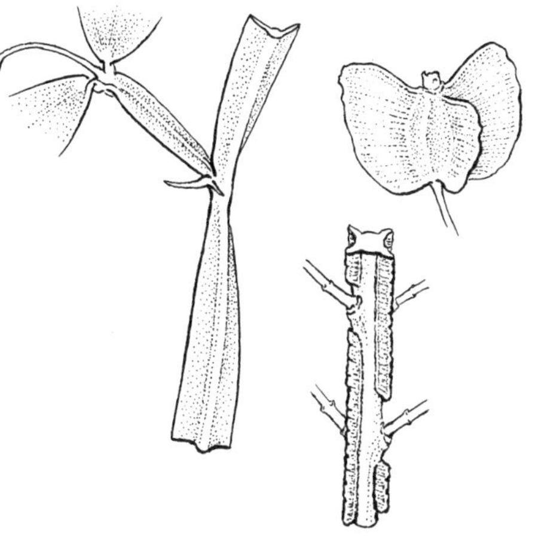

allelopathy · 타감작용

어떤 식물이 다른 식물의 성장, 번식 또는 지속적인 생장을 방해하는 화합물을 뷰비하는 현상. 예) 흑호두나무(*Juglans nigra*)

allopatric · 이소적

분포가 겹치지 않는 두 종처럼 다른 지역에서 발생하는

반의어 동소적(p199, sympatric)

alternate bearing · 해거리, 격년결실

한 해 걸러 풍부한 열매를 맺고, 다른 한 해는 열매를 맺지 않거나 최소한만 맺음

동의어 (p31, biennial bearing)

alternipetalous · 화판호생

꽃의 위치에서 꽃의 부분(예, 수술)이 꽃잎의 위치와 번갈아 나타나는 것

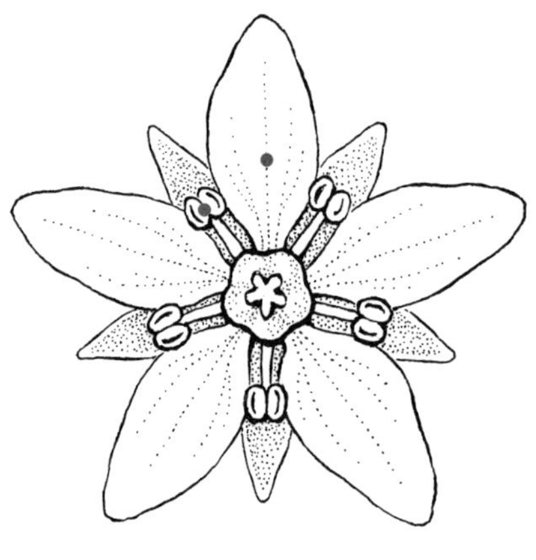

alternisepalous · 악편호생

꽃의 위치에서 꽃의 부분(예, 수술)이 꽃받침의 위치와 번갈아 나타나는 것

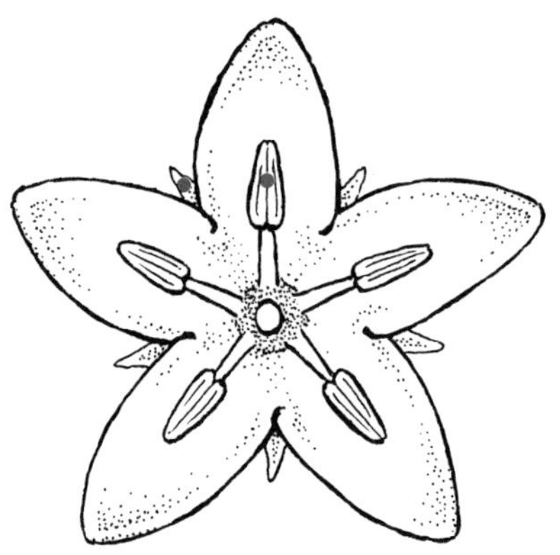

alveolate · 벌집형, 벌집 모양

깔끔하게 배열된 움푹 들어간 부분과 융기된 부분이 있는 벌집 형태

동의어 (p89, faveolate, favose)

ament · 유이화서

일반적으로 단성화, 무병성에서 아무병성, 무화판성이면서 이삭 형태로 늘어지는 화서

동의어 미상화서(P46, catkin)

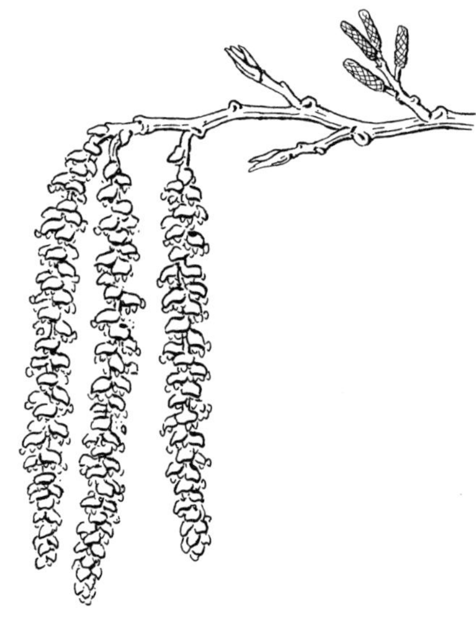

amplexicaul · 포경형

잎, 탁엽, 포와 같이 줄기를 완전히 둘러싸지 않고 일부를 감싸는

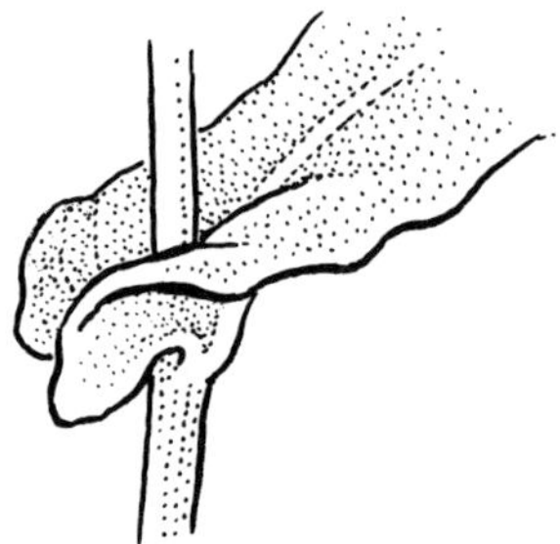

ampulla · 단지 모양의, 팽대부

병 모양 또는 구형으로 부푼

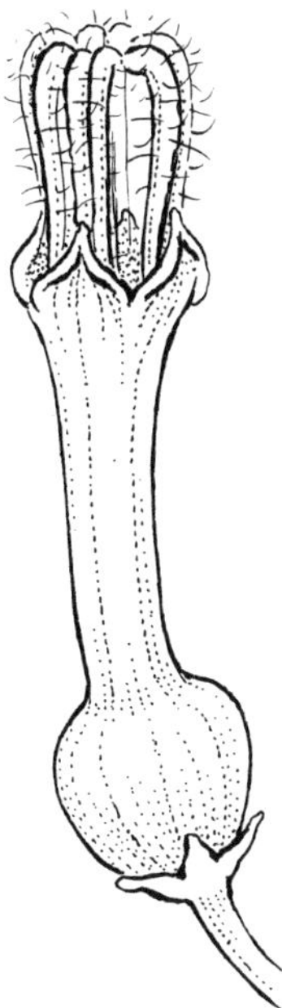

anastomosing · 문합성, 문합형

망상 형태를 만들어내는 맥의 재연결. 예) 망상맥

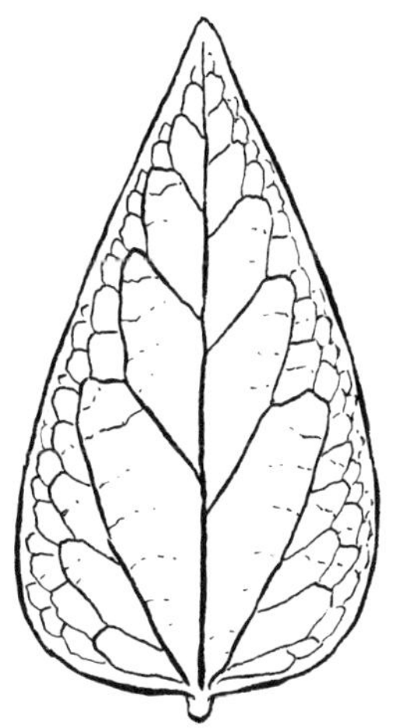

anchor root · 지지근

줄기의 하부에서 나와 나무의 구조적 지지 역할을 하는 부정근

동의어 (p35, brace root / p162, prop root / p194, stilt root)

ancipital · 이릉형

평평하면서 두 개의 모서리가 있는

androecium · 수술군, 웅예군

꽃의 수술로 구성된 웅성 생식 부분

androgynophore · 자웅예합생병

시계꽃(*Passiflora*)에서처럼 수술군과 암술군을 화피 위쪽으로 올리는 줄기

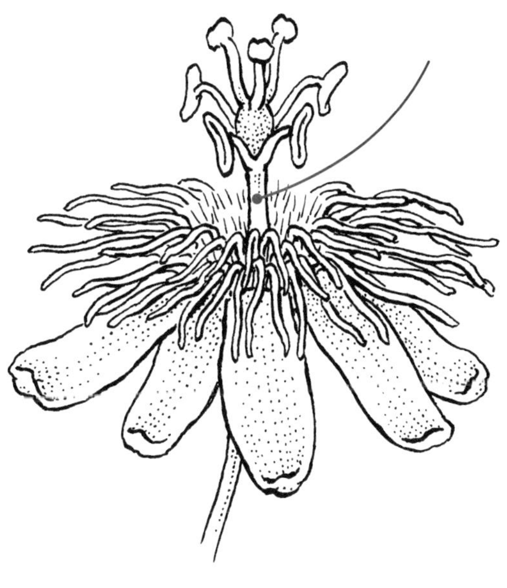

androphore · 웅예병

수술이 있는 줄기

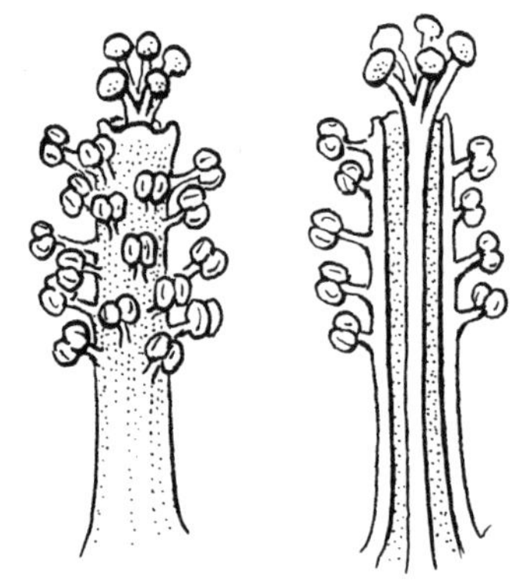

anemophilous · 풍매성, 풍매화

바람에 의해 수분되는

angiosperm · 속씨식물, 피자식물

씨방(자방) 안에 밑씨가 들어 있어 열매 내부의 씨앗으로 발전하는 꽃을 가진 식물

anisomerous · 비균정형의, 비동수성

꽃의 윤생층 부분에 다른 수의 구성요소를 가진

anisophyllous · 부등엽성

반대쪽 잎이 크기 또는 크기와 모양이 다른

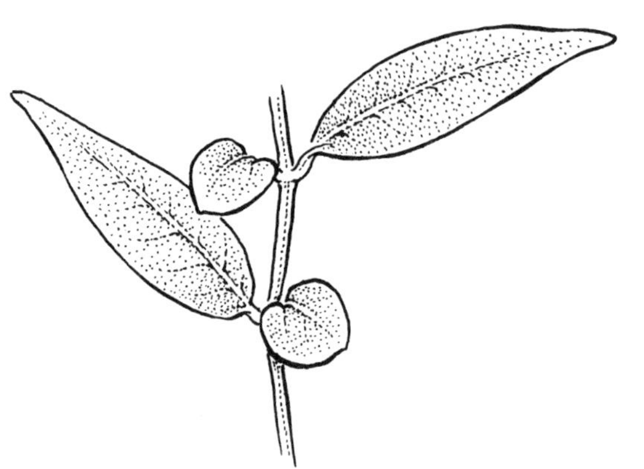

annual · 일년생

1년 내에 전체 수명 주기가 발생하는 식물; 씨에서 발생하고, 꽃을 피우고, 씨를 생산한 다음에 죽음

annular · 고리 모양, 환상

밀선반과 같은 고리 모양의 형태

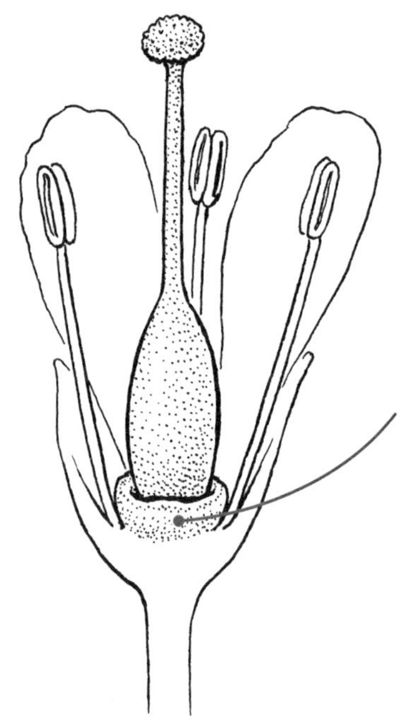

annulus · 환대

양치류의 포자낭의 박리 및 포자 분산에 중요한 역할을 하는 포자낭 벽을 따라 있는 세포주

antepetalous, antipetalous · 화판대생

꽃잎과 수술이 번갈아 나지 않고, 수술이 꽃잎 맞은편에 나는 것처럼 꽃잎 바로 앞에 나는 것

antesepalous,antisepalous·악편대생

꽃받침과 수술이 번갈아 나지 않고, 수술이 꽃받침 맞은편에 나는 것처럼 꽃받침 바로 앞에 나는 것

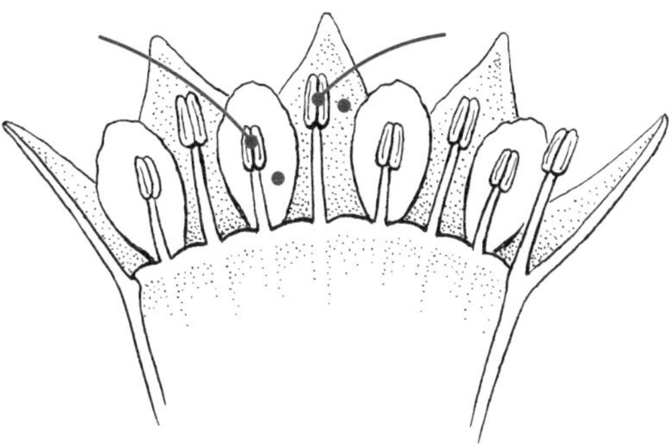

anther · 꽃밥, 약

수술에서 꽃가루가 있는 부분

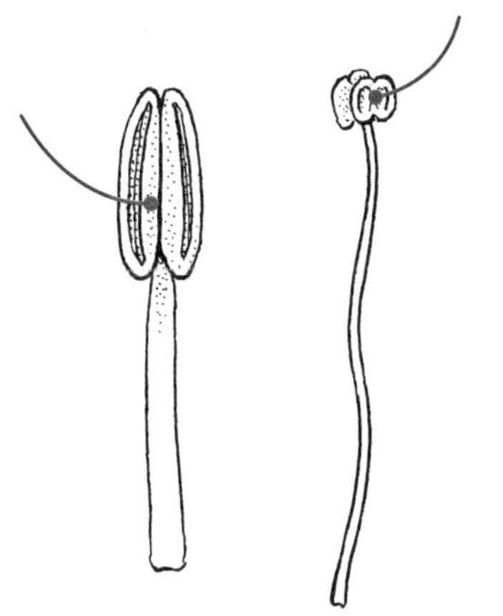

antheridium · 장정기

(복수형 antheridia) 웅성이며 양치류, 석송류, 비관속 식물에서 정자를 가지는 생식 구조

anther sac · 소포자낭, 약낭

각 꽃밥 내부에 있는 두 개의 방 중 하나, 일반적으로 꽃가루가 있음

동의어 반약(p205, theca)

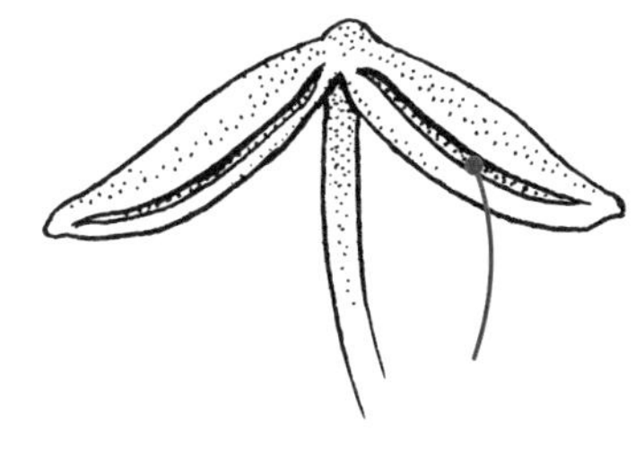

anthesis · 개화시기, 개화

꽃의 성숙이 절정에 달함, 꽃은 펼쳐지고 성적으로 생식능력이 있음

anthocarp · 화피과, 가과

종자를 담고 있는 구조는 열매와 비슷하고 종종 오인되지만 대부분의 조직은 자방이 아닌 조직에서 유래함(화탁통이나 화탁에서 유래할 수 있음). 예) 장미과(薔薇果) 장미속(*Rosa*)

동의어 (pP88, false fruit / p164, pseudocarp)

anthocyanin · 안토시아닌

식물의 청색, 적색, 보라색 색소로 플라보노이드 종류, 수용성

anthophore · 화관자루

꽃받침과 나머지 꽃(화관, 수술군, 암술군) 사이의 줄기

anthoxanthin · 안토크산틴

식물의 흰색, 노란색 색소로 플라보노이드 종류, 수용성

ant-plant · 개미식물

개미와 상호관계가 있는 식물

동의어 (P133, myrmecophyte)

antrorse · 상향

정점을 가리키거나 향하는

반의어 하향(p172, retrorse)

aperture · 발아구

구멍, 특히 화분립의 표벽에 있는 것을 나타냄

apetalous · 무화판성, 무판화

꽃잎이 없는

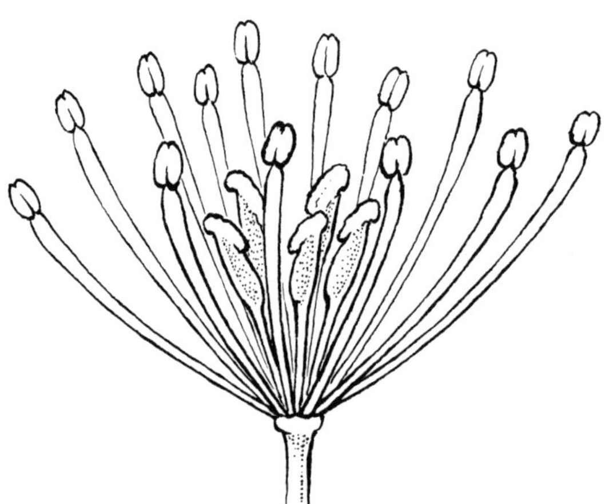

apex · 정단부, 정단

(복수형 apices) 끝; 기부의 맞은편, 부착 지점에서 가장 멀리 떨어져 있음

반의어 기부(p29, base)

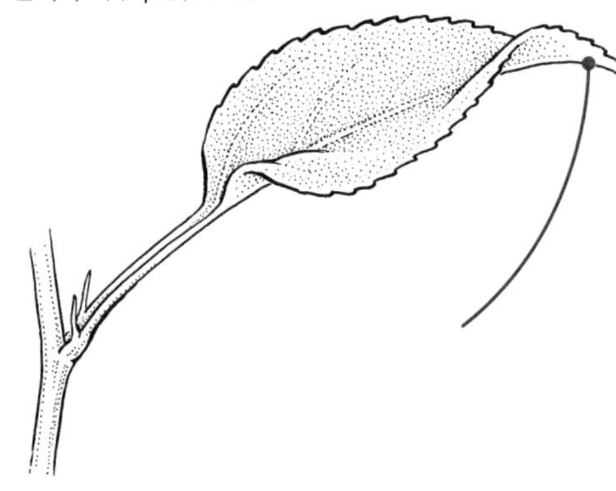

aphyllous · 무엽성

잎이 없는

apical · 정생, 정단부

정단태좌와 같이 정점 또는 정점에 있는

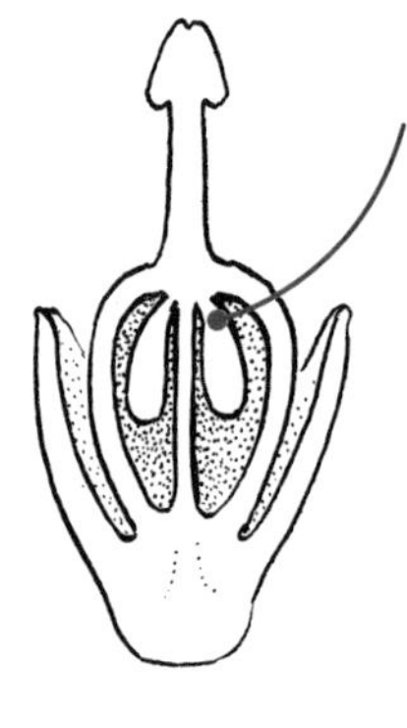

apical dominance · 정아우성, 정단우세

정아는 주 줄기의 수직 성장과 줄기의 길이 성장을 조절하여 측아의 성장보다 더 활발하게 자라남. 이 현상으로 전형적인 나무의 형태를 이룸

apiculate · 소철두형

갑작스럽고 짧게 뾰족해지는

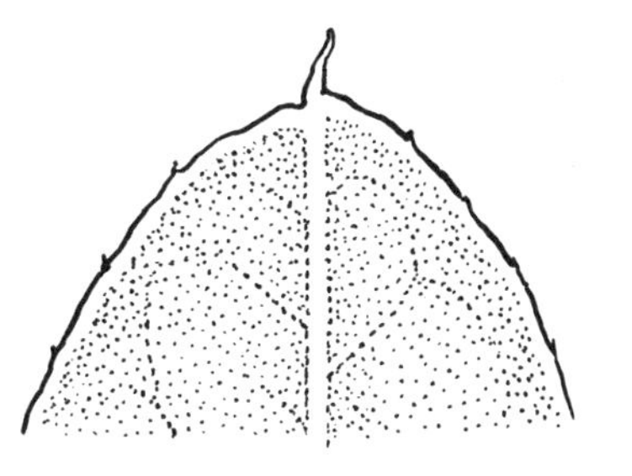

apiculum, apiculus · 선단, 정단

갑작스럽고 짧은 지점

apo-

다른, 떨어진, 분리를 의미하는 접두사

apocarpous · 이생심피성, 이생심피

2개에서 다수의 분리되고 융합되지 않은 심피(단자예)로 구성된 암술군

반의어 합생심피성(p201, syncarpous)

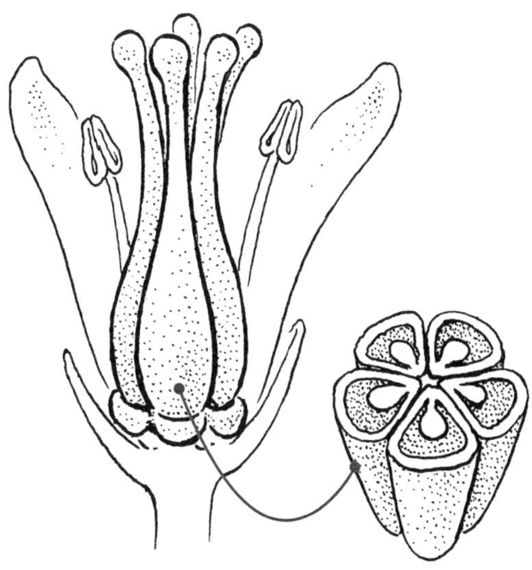

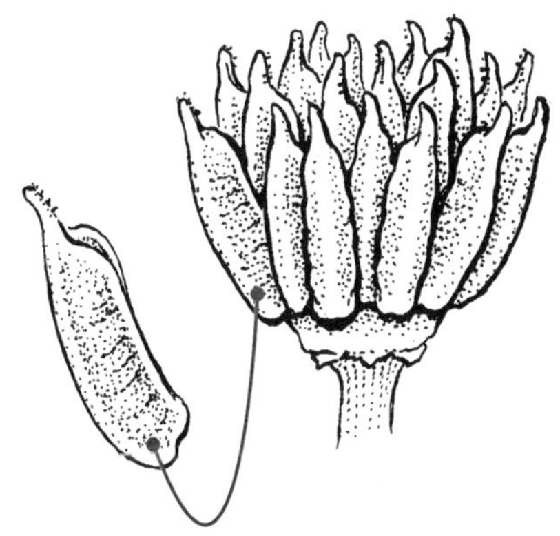

apomictic · 무수정생식

꽃이나 열매에서 무성 생식을 하는 것, 종종 무수정종자형성과 동의어로 사용됨

apomixis · 무수정생식
꽃이나 열매를 포함하는 무성 생식, 종종 무수정 종자형성과 동의어로 사용됨

appendage · 부속체, 부속기관
더 크고 다른 구조에서 발달하는 구조

appressed · 압착성
다른 구조에 가깝지만 융합되지 않음

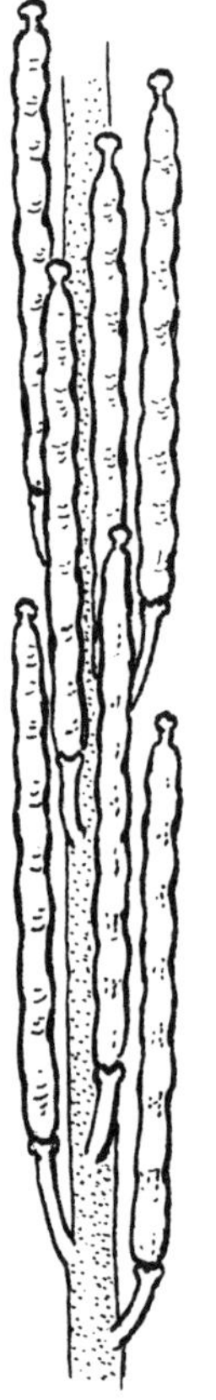

aquatic · 수생
계절에 따라 또는 지속적으로 물에서 자라는 식물

arborescent · 목본상, 위목본상
나무와 같은 형태지만 진정한 나무는 아님. 예) 잎 기반으로 구성된 줄기가 있는 초본식물인 바나나(*Musa*)

archegonium · 장란기
(복수형 archegonia) 자성이며 양치류, 석송류, 비관속식물의 난자를 가지는 생식 구조

arctic · 극지의
북극권의 북쪽으로 자라는

arcuate · 아치형, 궁형
아치모양 또는 곡선형. 예) 아치맥

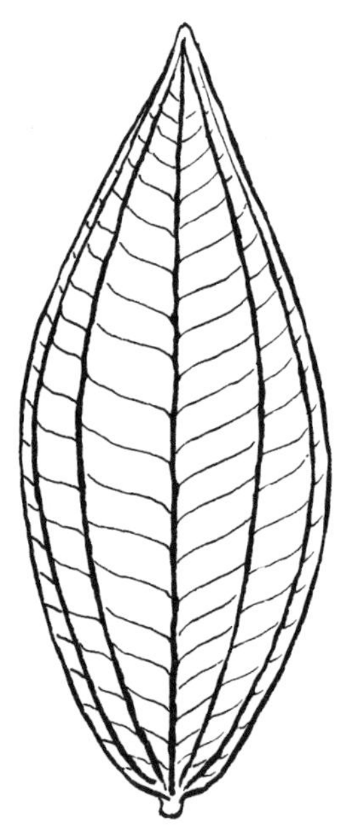

areola · 자좌

가까운 영역과 구별되는 작은 영역; 잎에서는 엽맥의 결합에 의해 만들어진 공간; 선인장과(Cactaceae)에서는 가시, 구침, 꽃 등을 생산하는 줄기의 영역

aril, arillus · 가종피, 종의

씨앗을 둘러싸는 것으로 보이는 배주병(胚珠柄) 또는 제가 육질성으로 성장한 부분. 예) 리치(*Litchi chinensis*)와 주목(*Taxus*)

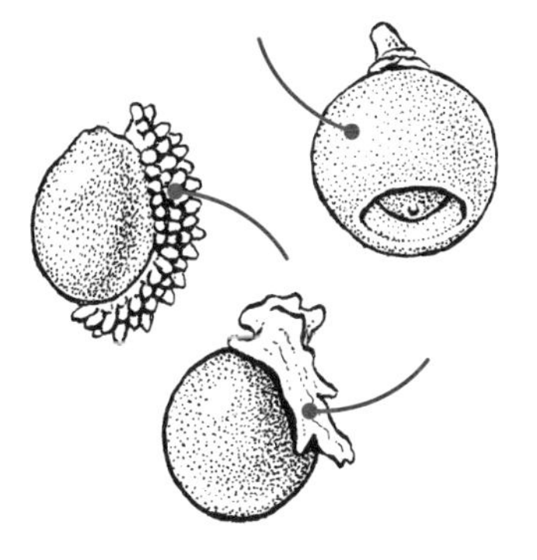

arista · 까락

보통 잎이나 다른 구조 끝부분의 짧고 뻔뻔한 털

동의어 (p25, awn)

aristate · 까락형

긴 강모로 끝나는

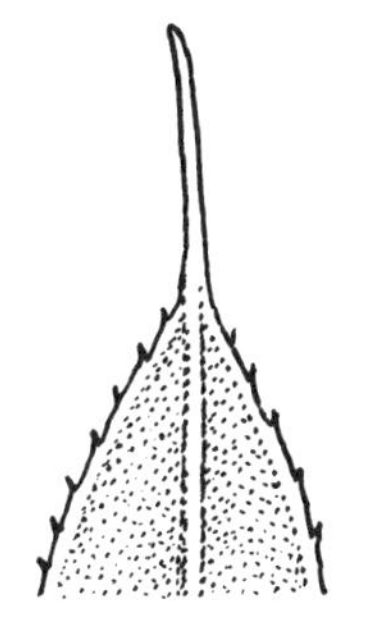

armature · 보호 기관

피침, 엽침, 경침 등

articulation · 마디, 결절

금이나 관절, 종종 면이나 기관이 분리되는 위치

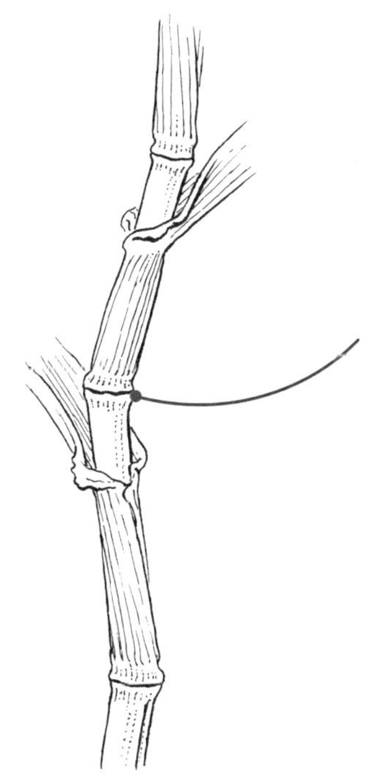

ascending · 비스듬한, 사상성

아치형 또는 곡선으로 위쪽을 가리키거나 성장함

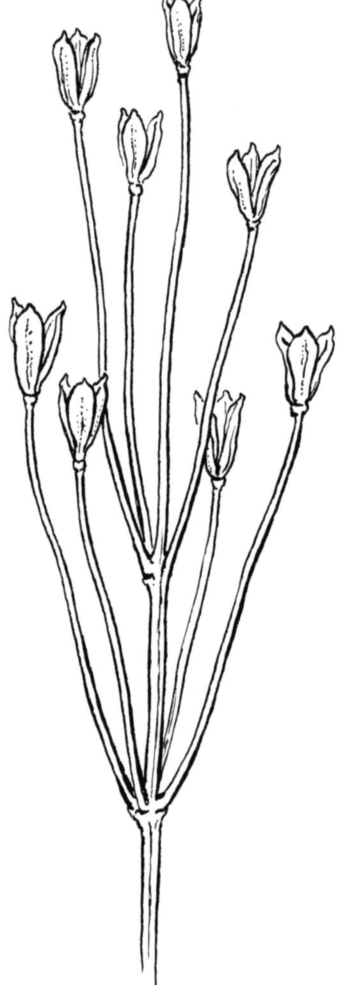

ascidiate · 낭상심피

벌레잡이풀(*Sarracenia*)의 물을 저장하는 잎과 같은 물주전자 형태

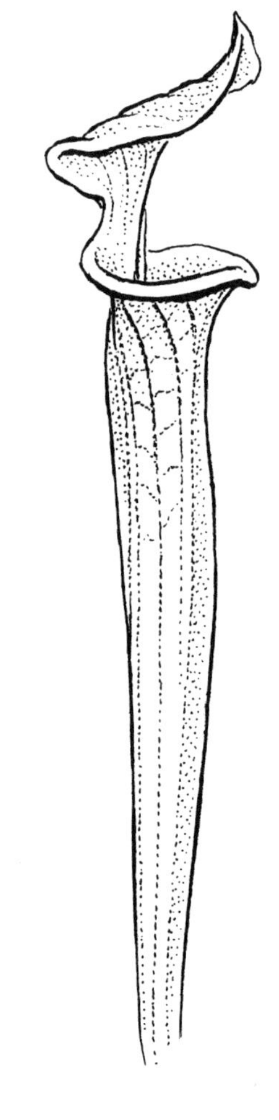

asepalous · 무악편성

꽃받침이 없는

asexual · 무성

개체나 생식에서처럼 성이 없는

asymmetrical · 비대칭

크기 및/또는 모양이 동일하지 않은 두 개의 반쪽 또는 옆면을 가지는 것, 일반적으로 잎 기부에 적용됨

동의어 의저(p138, oblique)

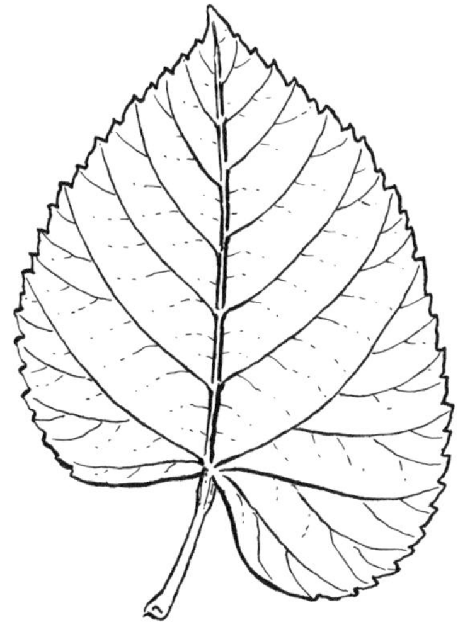

atropurpurea · 암자색

어두운 보라색

attenuate · 유저

점진적으로 좁아지는 형태

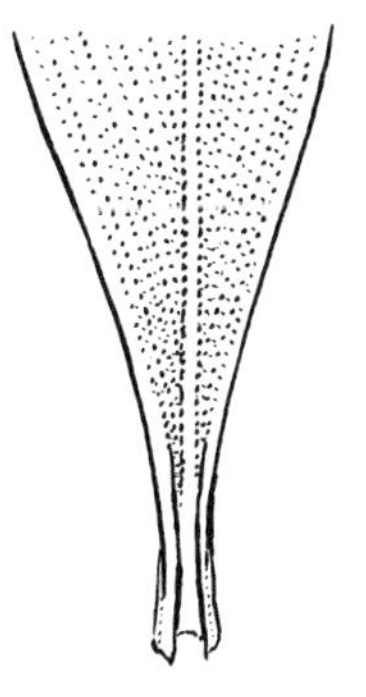

auricle · 엽이

일부 잎의 밑부분과 같은 귓불 모양의 부속물

auriculate · 이저, 이형

귓불 모양의; 엽이를 가진

동의어 (p76, eared)

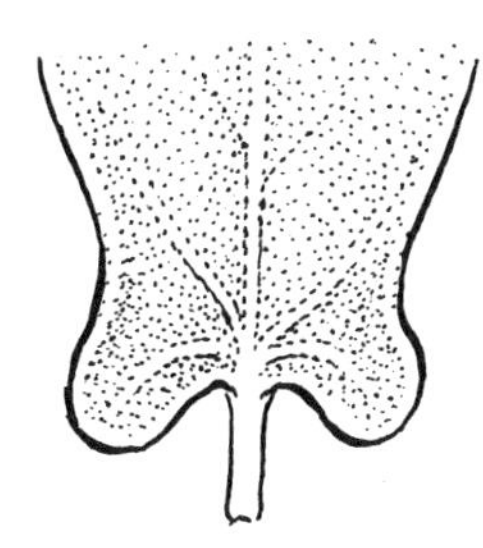

autogamy · 동일화수정, 화내수정

자가수분, 자가화합성

awn · 까락

보통 잎이나 다른 구조 끝부분의 짧고 뻗뻗한 털

동의어 (p23, arista)

axil · 겨드랑이, 액, 엽액, 잎짬

줄기와 다른 줄기, 잎 또는 생식 구조 사이에서 접합부의 윗쪽 각도

axile · 축의

1. 축의 2. 중축태좌에서와 같이 축에 부착된

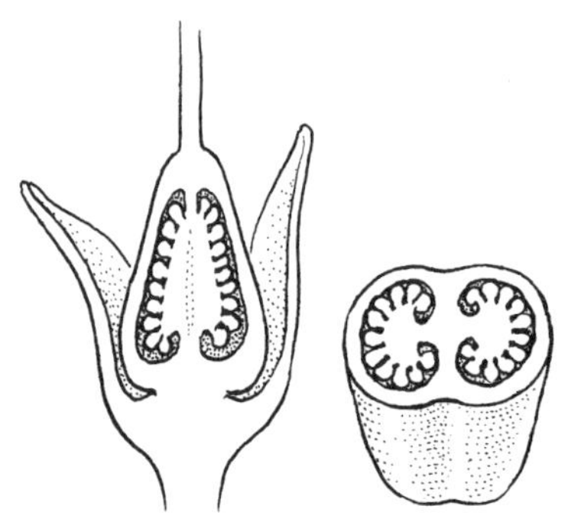

axis · 축

화서, 가지, 꽃이나 그것의 윤생층과 같이 기관의 일부가 부착되는 구조물의 중심 수직 부분

axillary · 겨드랑이에 나는, 액생

줄기와 다른 줄기 또는 다른 기관 사이의 교차점에서 생기는, 흔히 눈과 관련하여 사용함

B

bacca · 장과

육질, 중과피에 1개에서 여러 개의 씨앗이 들어 있는 다육질의 열리지 않는 열매, 내과피는 쉽게 식별할 수 없음. 예) 블루베리 (*Vaccinium*, 산앵도나무속)

동의어 (p30, berry)

baccate · 다즙성, 다육질, 육질성

열매처럼 보이지만 진정한 열매일 수도 있고 아닐 수도 있는 과일; 종종 열대 과일이나 특이한 열매에 적용. 예) 아보카도(*Persea americana*)

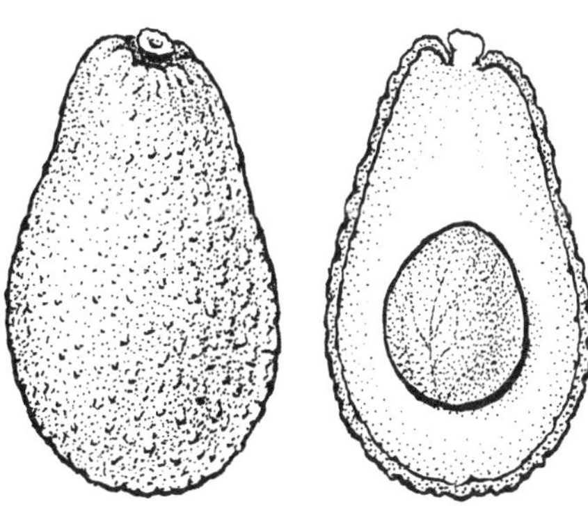

back bulb · 퇴촉, 백벌브

잎이 없는 오래된 난초의 위인경, 종종 번식에 사용됨

balausta · 석류과

다육질, 폐과, 다심피성 암술로부터 유래, 가죽질의 외과피에 많은 씨앗이 있는 열매. 예) 석류 (*Punica granatum*)

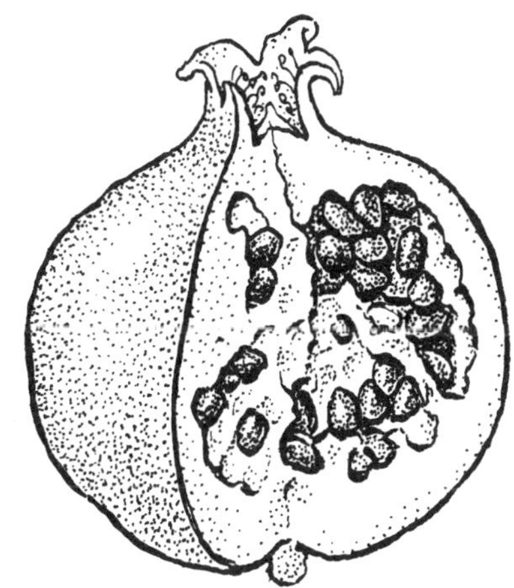

banner · 기판

콩과(Fabaceae) 식물 접형화관의 전형적인 꽃잎, 일반적으로 상부 및 가장 큰 꽃잎. 예) 연리초(*Lathyrus*), 루피너스(*Lupinus*)

동의어 (p192, standard / P216, vexillum)

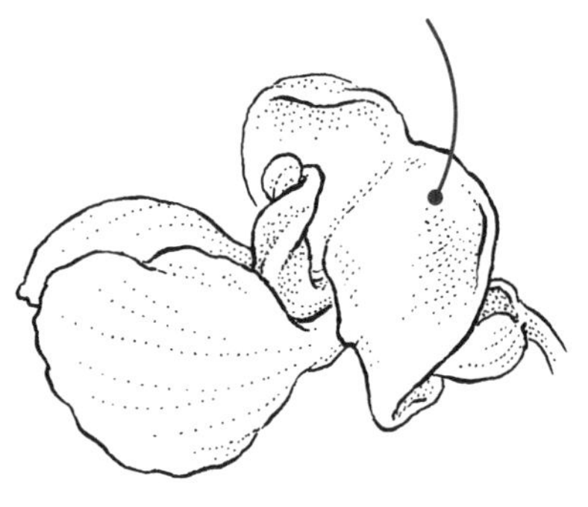

barbed · 세자상

뻣뻣하고, 예리하며, 하향 (또는 간혹 내향)하는 가시

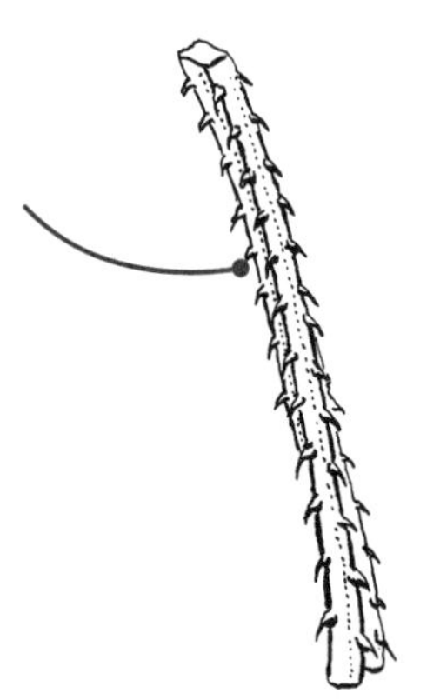

bare root · 맨뿌리, 씻은 뿌리, 베어루트

일반적으로 토양으로 둘러싸이지 않은 노출된 뿌리, 식물은 토양 매개 곤충 및 병원균의 확산을 방지하기 위해 종종 이러한 상태로 배송됨

bark · 수피

나무 줄기의 외층은 살아있는 체관, 코르크 형성층 및 코르크(관다발 형성층 외부의 모든 조직)로 구성됨

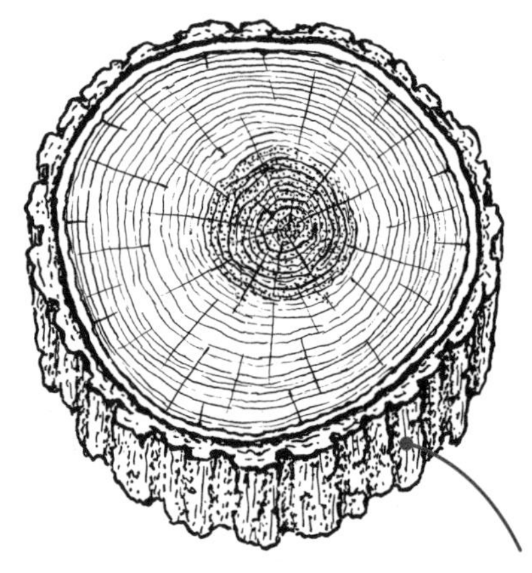

basal · 기부, 기저

식물의 바닥 부분에 부착된 잎처럼 바닥에 부착된 또는 그 바닥

basal placentation · 기저태좌

단심피로 씨방의 기저부에 부착된 밑씨

basal plate · 저반부, 기부

뿌리는 아래로 자라며 잎, 화서, 포가 위로 자라는 인경의 작은 줄기 부분

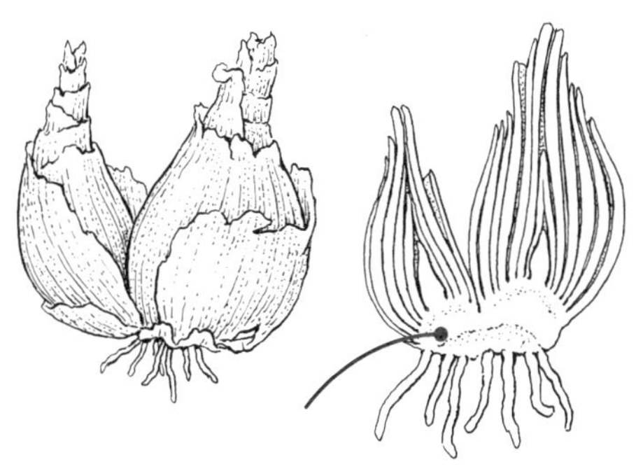

basal shoot · 생장지

교목이나 관목의 뿌리 또는 기부에서 자라는 슈트, 일반적으로 슈트가 땅 아래에서 발생하는 식물에 적용

base · 기부, 기저부

정점 반대쪽 부분; 부착 지점에 가장 가깝거나 그 지점에서

반의어 정단부(p20, apex)

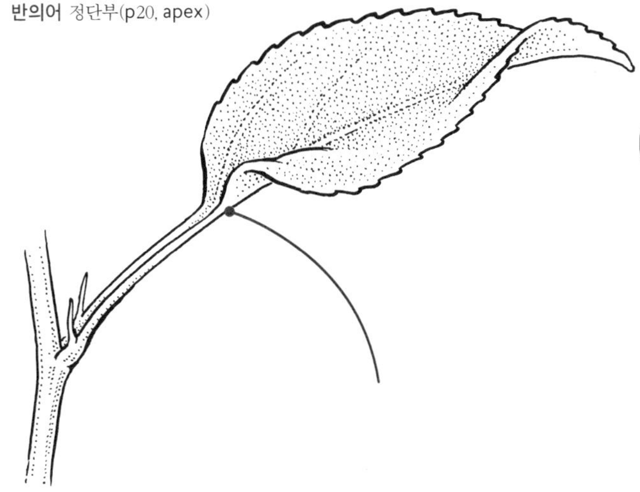

basifixed · 기저부 부착, 자착

꽃밥의 기저부에 붙은 수술대처럼 기저부에 부착된; 측착(p73, dorsifixed), 정자착(p127, medifixed), 정자착(p215, versatile) 참조

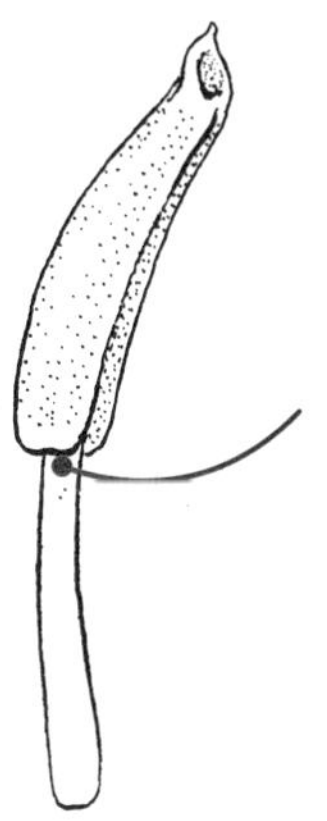

basipetal · 기부 방향의, 향기부성

슈트나 뿌리의 기부쪽으로 성장

반의어 향정단성(p12, acropetal)

beak · 숙존생장화주

길쭉한 끝 또는 돌출부

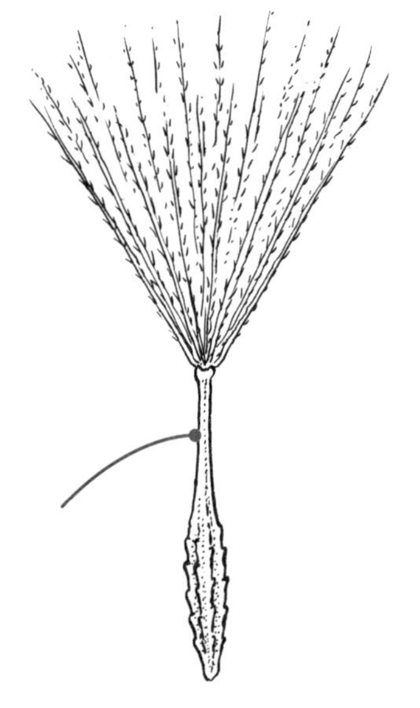

bean · 콩

콩과 식물의 씨앗; 또한 때로는 전체 열매를 지칭하기도 하며, 이 경우 콩과 식물과 동의어로 사용됨

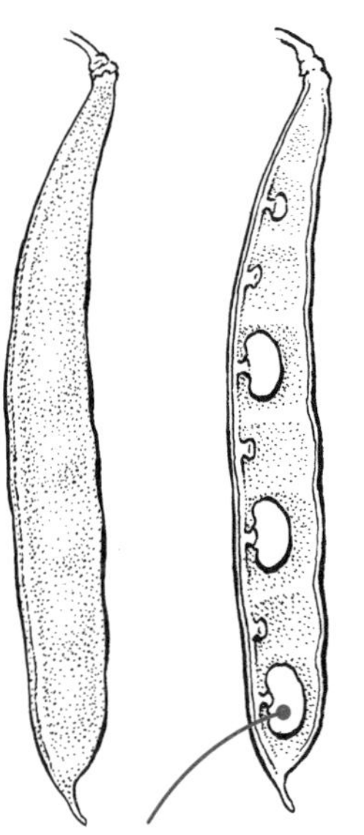

beard · 악수, 악수상

일부 붓꽃(*Iris*)에서 세 개의 외화피 중앙 부분처럼 흐릿하게 보이는 털이나 조직의 가장자리

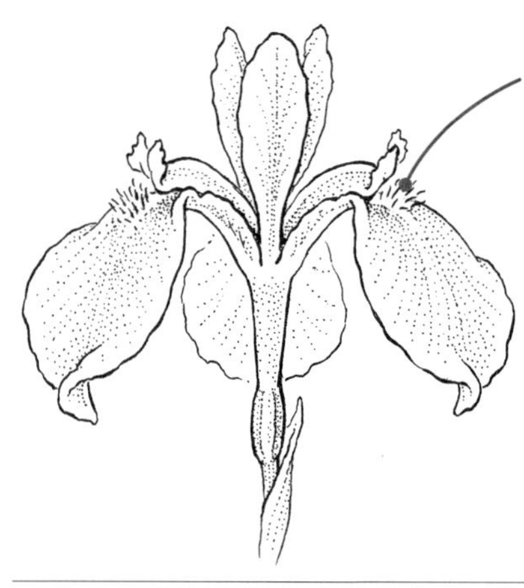

bearing · 걷이, 결과(結果)

소유 또는 생산; 식용 과일을 생산하는 식물에 가장 일반적으로 적용

berry · 장과

다육성, 과육의 중과피에 1개에서 여러 개의 씨앗이 들어있는 열리지 않는 열매(폐과); 종종 작은 육질과에 잘못 적용됨

동의어 (p27, bacca)

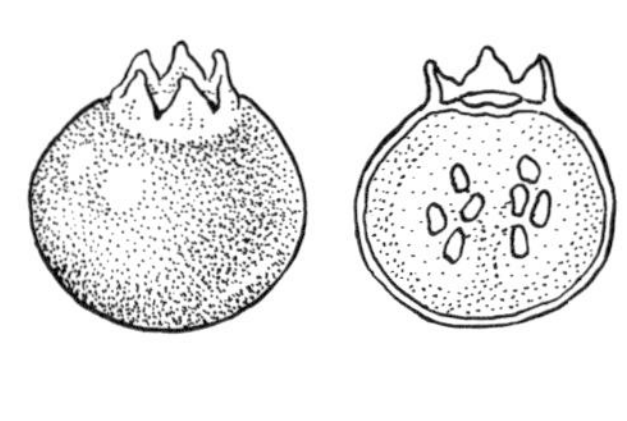

bi-

둘을 의미하는 접두사

bicarpellate · 이심피

두 개의 심피가 있는

bicolored · 이색성

두 개의 색이 있는, 일반적으로 꽃에 적용

biconvex · 렌즈형

렌틸콩 모양, 즉 양쪽이 둥글고 볼록함

동의어 (p122, lenticular)

bicrenate · 이중둔거치, 복둔거치

잎 가장자리가 큰 부채꼴 거치에 작은 부채꼴 거치가 있는 두 층의 부채꼴의 형태

동의어 (p74, doubly crenate)

bidentate · 복치아상거치, 이중거치

두 개의 거치가 있는

biennial · 이년생

생명주기가 2년인 식물, 씨앗에서 자라 첫해에는 잎을 생산하는데, 종종 로제트형으로 만들어진다. 두 번째 해에 씨앗을 생산하고 죽음

biennial bearing · 해거리, 격년결과

한 해 걸러 풍부한 열매를 맺고, 다른 한 해는 열매를 맺지 않거나 최소한만 맺음

동의어 (p16, alternate bearing)

bifid · 이열

일부 잎몸처럼 둘로 갈라짐

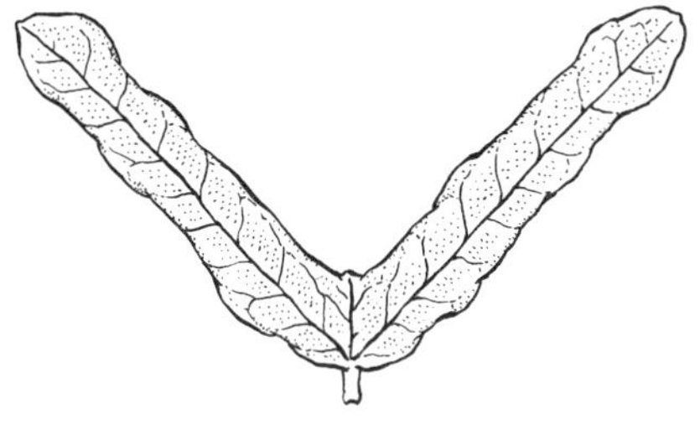

bifoliate, bifoliolate · 이축엽, 이출겹잎

잎이나 소엽이 두 개인

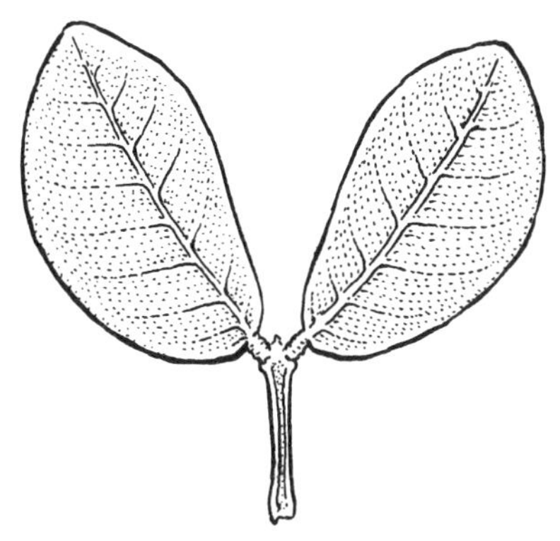

bifurcate · 분지형

두 갈래로 갈라지는

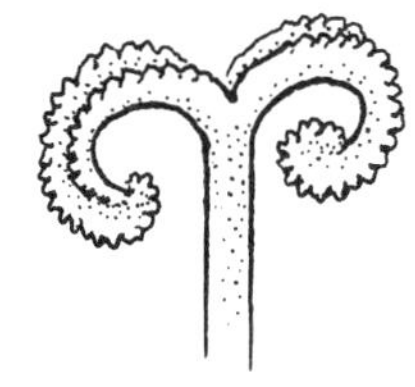

bilabiate · 순형

일부 꽃에서처럼 두 개의 순판(잎술꽃잎)을 가진. 예) 꿀풀과(Lamiaceae)

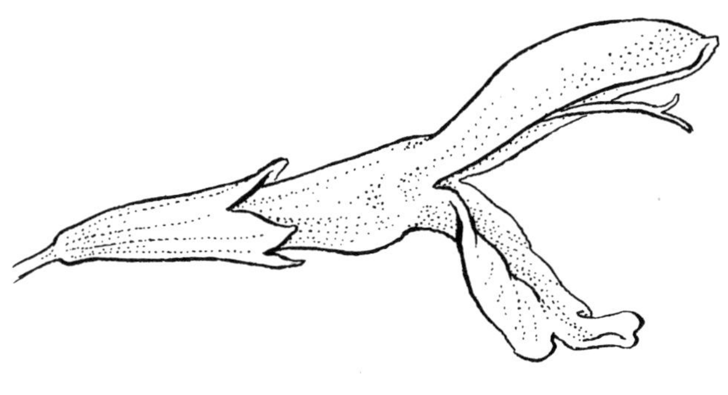

bilaterally symmetrical · 좌우대칭, 양면대칭

중앙을 지나는 하나의 선만이 두 개의 거울 이미지를 생성하도록 대칭의 단일 평면을 가짐

동의어 정제(p116, irregular / p221, zygomorphic)
반의어 방사대칭(p12, actinomorphic / p168, radially symmetrical), 정제(p171, regular)

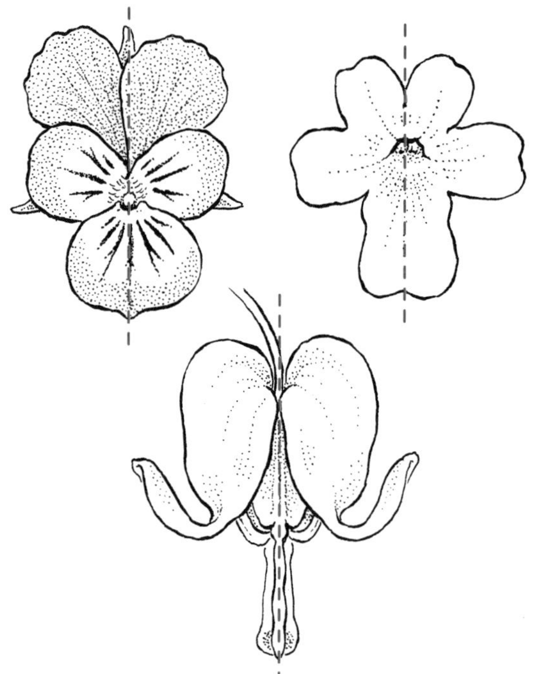

bilobed · 이엽성의

두 개의 결각으로 갈라진

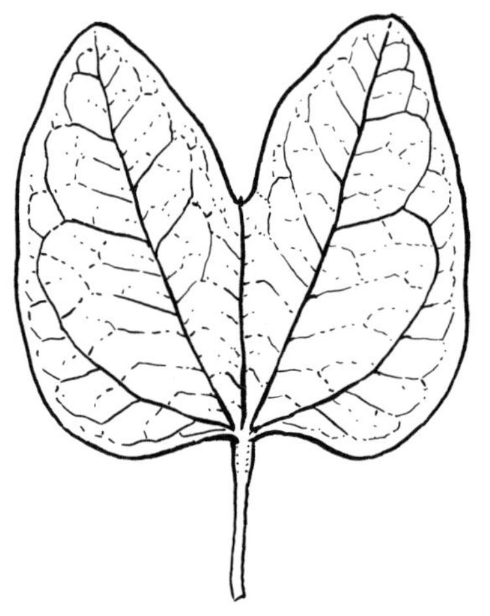

binomial · 이명법

속명(예, *Acer*)과 특정 종소명(예, *rubrum*)으로 구성되며, 종의 두 부분으로 된 학명

bipinnate · 이회우상복엽

두 번 깃꼴로 갈라지는 잎, 엽축을 따라 생기는 소엽

bisected · 이등분할, 이등분
두 부분으로 나눠지는

biseriate · 이열성
이열로 배열되는

biserrate · 겹톱니, 이중거치, 중거치
거치 자체의 가장자리가 치아 모양이고 거치의 끝이 모두 정점을 향함
동의어 (p74, doubly serrate)

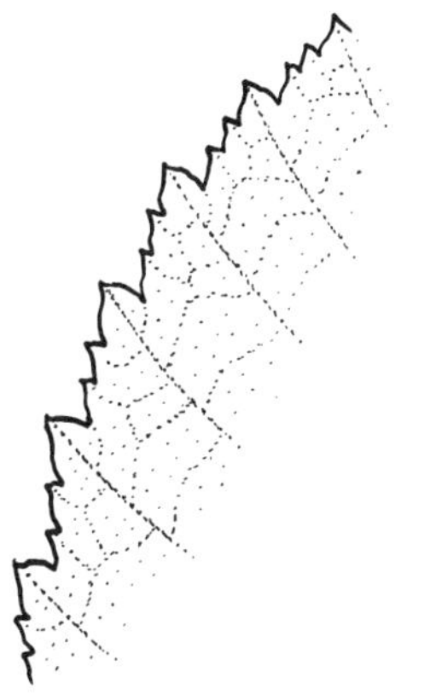

bisexual · 양성화
동일한 개체 또는 생식 구조에 자성(난자)과 웅성(정자) 생식 세포가 모두 있는 것

bitoned · 이중색조의, 투톤의
같은 색상의 두 가지 톤이 있으며, 보통 꽃에 적용됨

black knot · 흑류병
곰팡이 *Dibotryon morbosum*에 의해 발생하며, 벚나무속(특히 체리와 자두)의 가지에 생기는 크고, 어둡고, 사마귀 같은 덩어리들

bladder · 주머니, 낭
공기나 액체로 가득 찬 주머니 같은 구조

blade · 엽신
일반적으로 잎이나 꽃잎의 넓고 납작한 부분
동의어 판, 엽면(p120, lamina)

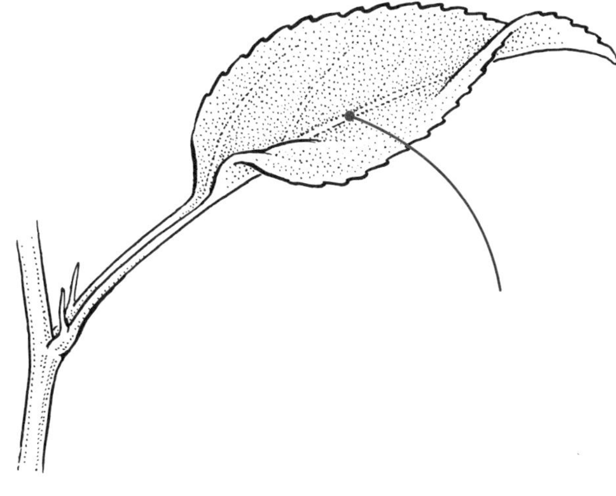

blind shoot · 블라인드 슈트
가장 일반적으로 장미(*Rosa*)에 적용되며, 꽃을 피우지 않는 꽃 식물의 줄기

bloom · 꽃, 화서, 분(粉)
1. 꽃이나 화서; 2. 회색-백색의 왁스 또는 분말로 덮인 표면; 3. 조류(藻類)의 빠른 성장

blossom · 개화된 꽃, 만발
꽃이나 화서 (역자: 주로 과일나무의 꽃을 지칭)

bole · 줄기, 수간

나무의 주요 줄기 또는 축으로, 뿌리와 수관을 형성하기 시작하는 곳의 사이

동의어 (p209, trunk)

bonsai · 분재

1. 목본 식물, 일반적으로 크기를 상당히 작게 만든 나무로, 보통 재배 중 의도적인 조작을 통해 만들지만 어려운 성장 조건에서는 자연적으로 발생하기도 함; 2. 왜소한 목본 식물을 재배하는 일본 기술

bolt · 웃자람

빠르게 성장하며, 일반적으로 실생묘나 대묘에서 발생하고, 새로운 자원을 이용할 수 있게 된 후에 발생함

boot · 잔존 잎

일부 야자수 줄기에 붙어 있으며 잎이 죽은 후 남는 잎의 기저부

bough · (나무의 큰) 가지

일반적으로 더 큰 가지에 적용되는 나무의 가지

bourgeon, burgeon · 싹, 눈

싹이나 눈

brace root · 지지근

줄기의 아래쪽에서 나와 나무의 구조적 지지 역할을 하는 부정근

동의어 (p17, anchor root / p162, prop root / p194, stilt root)

brachyblast · 짧은 가지, 단지(短枝)

보통 잎과 생식 구조를 가지고 있으며, 고도로 압축된 절간을 가진 줄기. 예) 은행나무속(*Ginkgo*), 사과속(*Malus*)

동의어 (p184, short shoot / p191, spur)

반의어 장지(p125, long shoot)

bract · 포

꽃이나 화서에 접하거나 화서에서 발생하는 잎 모양의 구조

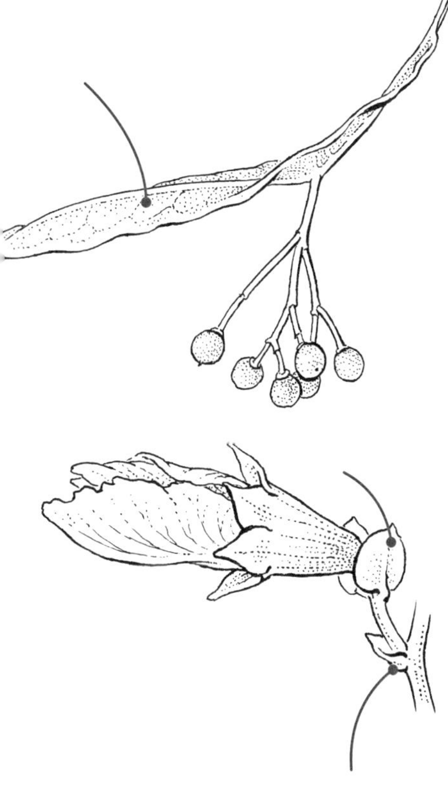

bracteate · 포엽성

포가 있는

bracteose · 장식포엽

다수 또는 화려한 포가 있는; 꽃산딸나무(*Cornus florida*)의 화서

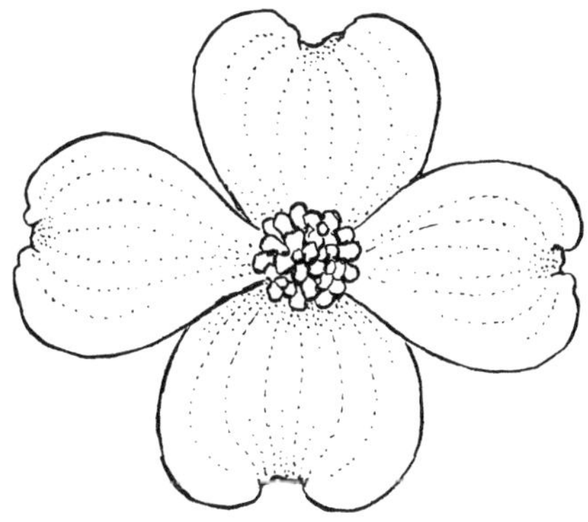

bramble · 딸기나무

가시가 있는 식물, 일반적으로 라스베리와 블랙베리(산딸기속, *Rubus*)에 특히 적용되며, 장미과(*Rosaceae*)의 다른 분류군에게는 적용되지 않음

branch · 가지

1. 다른 줄기에서 나온 줄기 2. 한 구조를 해당 구조의 더 작은 버전이나 부분으로 변경 3. 나무의 가지나 잎의 맥처럼 변이를 일으키는 작용

breastwood · 곁가지

에스펠리어의 모양을 유지하기 위해 보통 가지치기를 해야 하는 에스펠리어용 나무에서 자라는 새로운 가지들

branchlet · 소지(잔가지)

작은 가지

breaking · 타파

1. 봄에 꽃이나 잎사귀를 열 때와 같은 개시; 2. 발아 종자의 휴면과 같은 종결

bristle · 강모

가늘고 빳빳한 털

bud · 눈, 아(芽)

보호 덮개(눈비늘, 포엽, 꽃받침 등)가 남아 있는 미성숙한 꽃, 잎 또는 줄기

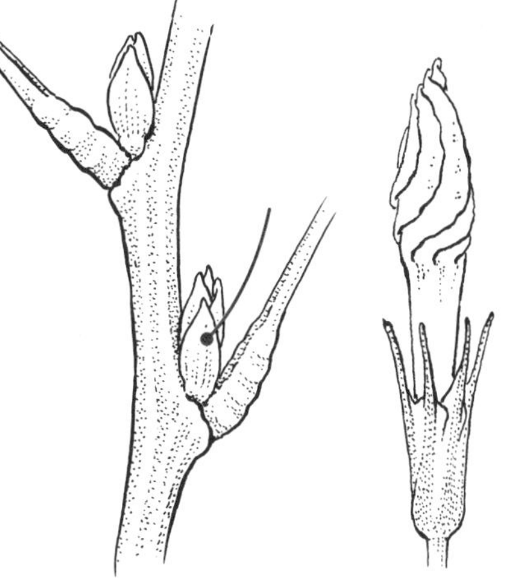

bud scales · 아린

발달하는 꽃, 잎 또는 줄기
를 보호하는 꽃봉오리 외부에 있는 작은 잎 모양의 구조

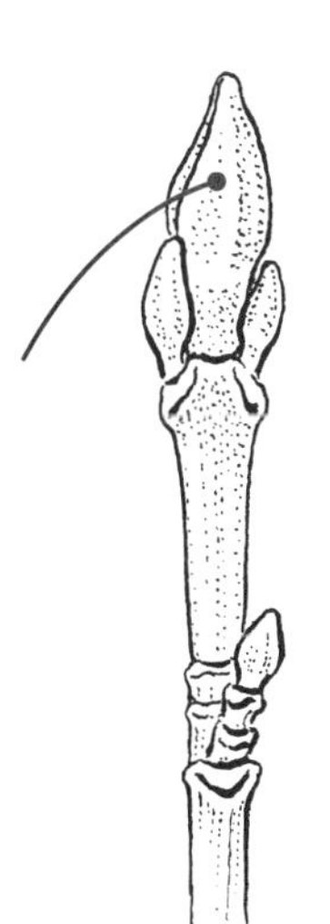

bulb · 인경

지하 저장 구조로 줄기 조직의 작은 기저판에 부착된 새싹으로 이루어져 있으며, 다육성의 잎 기저부와 포엽으로 둘러싸여 있음. 대부분의 구조는 잎 조직임. 예) 양파(부추속, *Allium*)

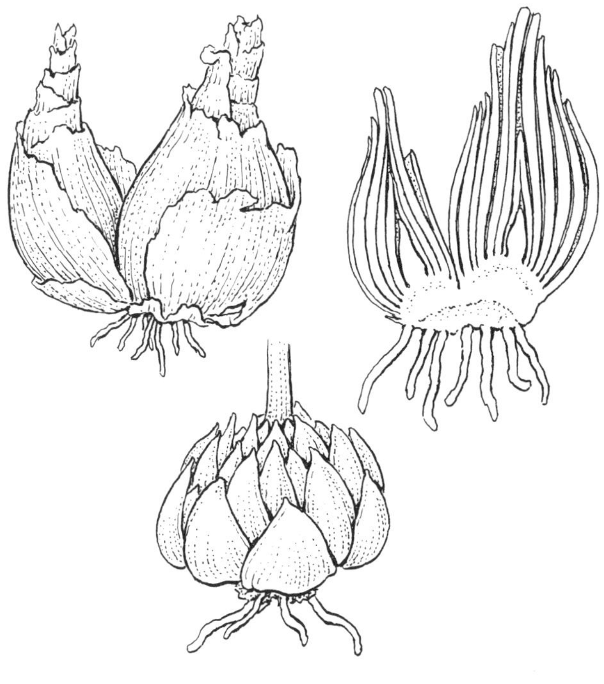

bulbil, bulbel · 주아, 출아인경

보통 엽액에 생기는 눈으로 새로운 식물로 발달함. 예) 소철 줄기의 소식물체

동의어 (p14, aerial bulb)

bulblet · 살눈, 주아

작은 인경, 흔히 커다란 인경의 기부에서 자람

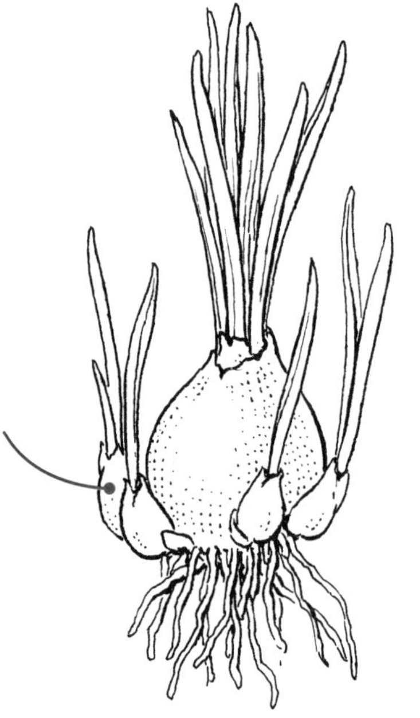

bullate · 수포상

부드럽고 둥근 돌기로 덮인 표면

bundle scar · 관속흔

줄기에 붙어 있던 잎의 엽흔 내에서 줄기와 붙어 있던 관속조직의 흔적

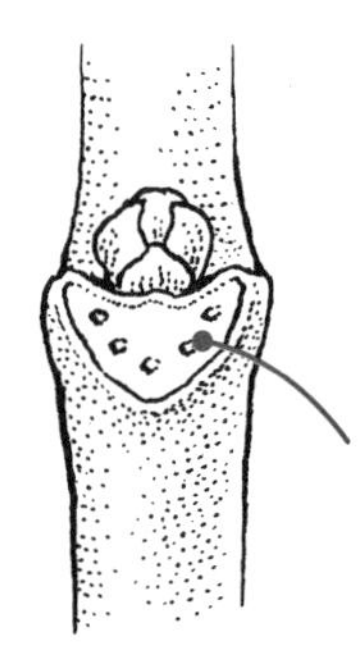

bur, burr · 구형각두

분산을 위해 털에 달라붙도록 고안된 종자 분산 장치(종자, 열매, 심피 등일 수 있음)

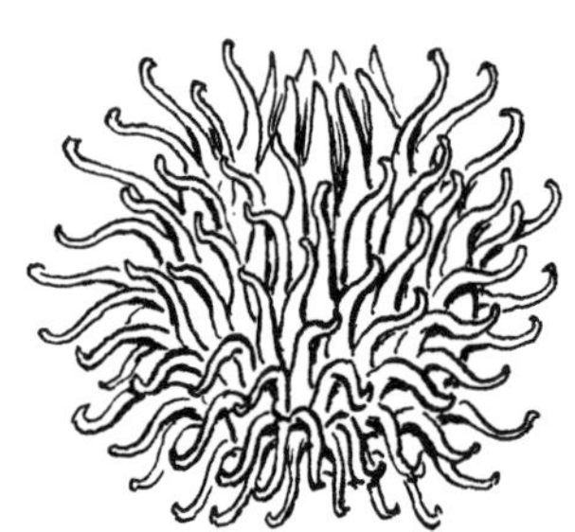

burgeon, bourgeon 급성장한

싹눈처럼 빠르게 새싹을 내는

burl · 지하옹이, 목질괴경

나무를 손상시킨 무언가(감염, 질병 또는 상해)로 인해 생기는 나무의 줄기, 가지 또는 뿌리에 있는 목질 옹이로 목세공에서 중요하게 쓰임

bush · 관목

여러 개의 메인 줄기를 가진 목본 식물, 일반적으로 교목보다 작음

동의어 (p185, shrub)

buttress · 판근

습한 지역의 나무와 가장 일반적으로 관련되는 나무 줄기의 넓어진 기저부. 예) 낙우송 (*Taxodium distichum*)

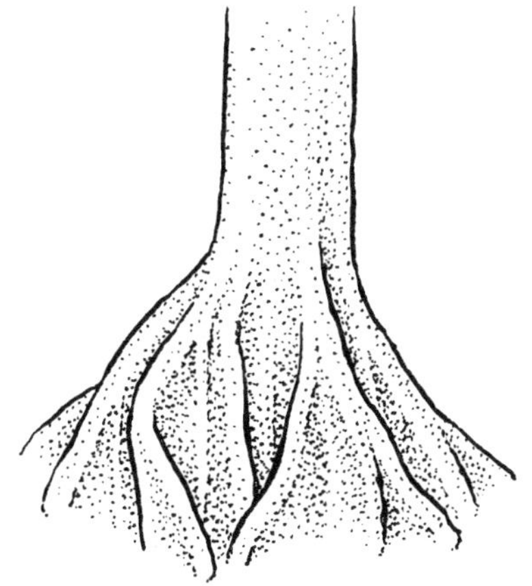

caducous · 조락성

빠르게 떨어지는, 꽃잎에 자주 사용

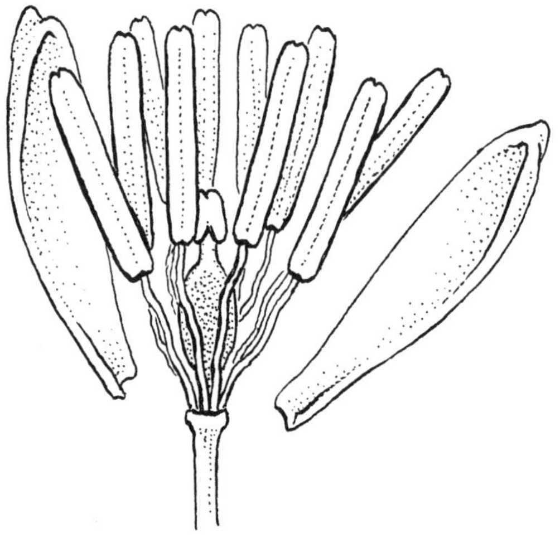

caespitose, cespitose · 모여나기, 총생

밀집된 군집에서 성장하는

동의어 (p52, clumped)

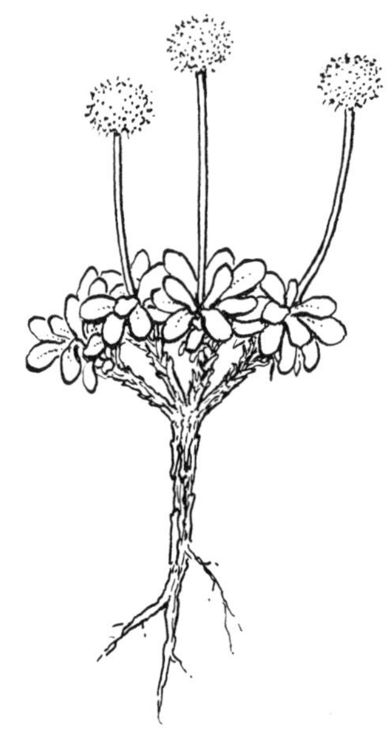

calcar · 거, 꿀뿔

꽃의 뾰족하고 속이 빈 부속 기관, 종종 꿀을 함유하고 있는 화피의 돌출부 또는 변형물

동의어 (p191, spur)

calcarate · 거가 있는

거가 있는

동의어 (p191, spurred)

calcareous · 석회질의, 호석회식물

1. 석회(탄산칼슘)가 많은 토양; 2. 석회가 풍부한 토양에서 자라는 식물

calceolate · 슬리퍼 모양

복주머니란 종류(난초과의 복주머니란아과)의 주머니 같은 순판(입술꽃잎)처럼 슬리퍼 모양인

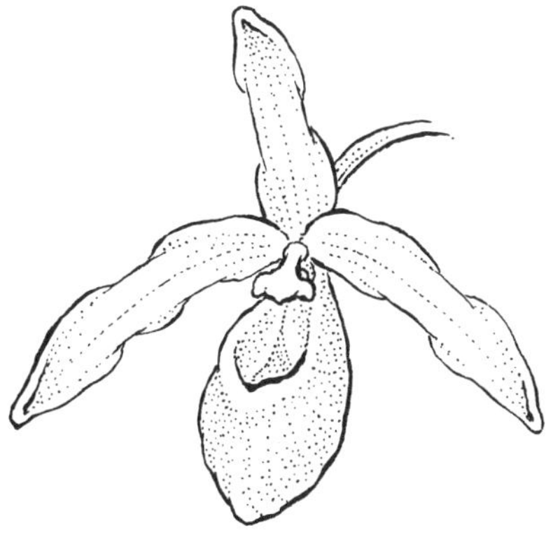

calcicole · 호석회식물

석회질 토양에서 가장 잘 자라는 식물

동의어 (p41, calciphile, calciphyte)

calcifuge · 혐석회식물

석회질 토양에서 잘 자라지 않는 식물(경우에 따라서 전혀 자라지 못하는)

calciphile, calciphyte · 호석회식물

석회질 토양에서 가장 잘 자라는 식물

동의어 (p41, calcicole)

caliper · 윤척

지면에서 6인치(약 15cm) 위에 있는 나무 줄기의 지름, 줄기 지름이 4인치(약 10cm) 이상일 때 지면에서 12인치(약 30cm)로 측정됨; DBH 참조

calloused · 기반이 있는

기반이 있는

callus · 유상조직, 기반, 유합조직(캘러스)

(복수 calluses, calli) 1. 단단하고 두꺼워진 조직; 2. 벼과(Poaceae)의 호영(lemma) 기부에 있는 짧고 두꺼운 줄기; 3. 식물 조직 배양의 초기 단계에서 흔히 생성되는 미분화 조직(유조직)

calyculate 부악성, 부악이 있는

꽃받침 또는 총포에 대응하는 부악 또는 이와 유사한 윤생하는 포가 있음

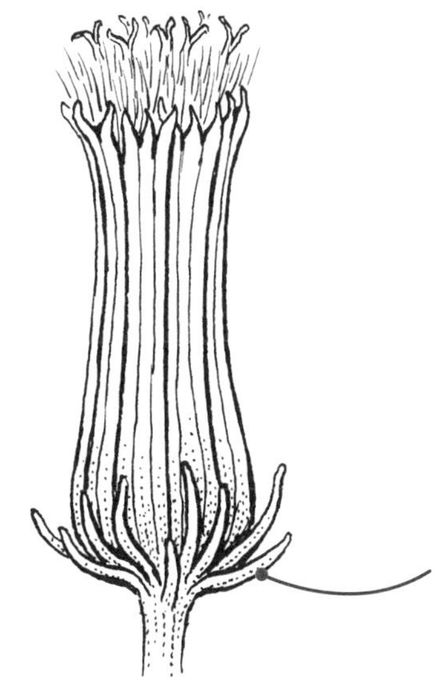

C

calyculus · 덧꽃받침, 부악

꽃을 받치는 꽃받침 외부에 윤생층으로 나타나는 포

동의어 외악(P79, epicalyx)

calyptra · 삭모

금영화(*Eschscholzia californica*) 또는 양파(*Allium*)의 융합된 꽃받침과 같은 후드 또는 뚜껑

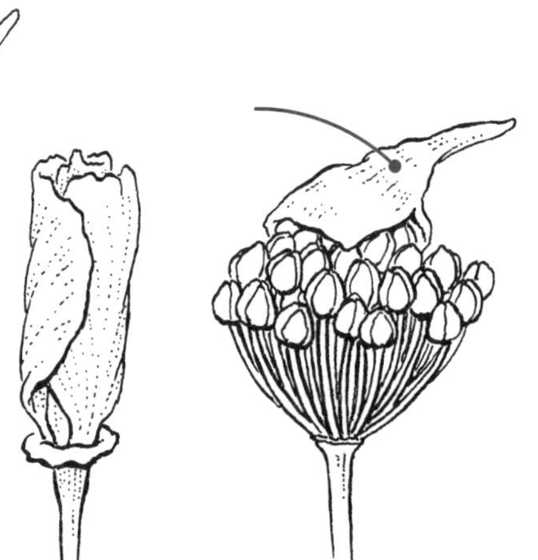

calyx · 꽃받침, 악

꽃받침의 총칭

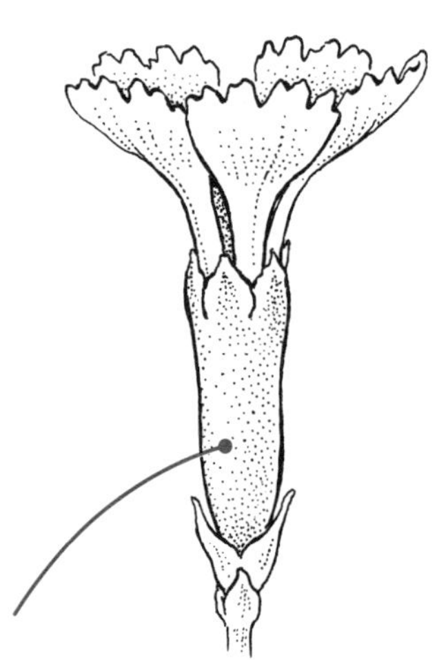

cambium · 형성층, 부름켜

코르크 또는 관속 조직(중간은 물관, 바깥쪽으로는 체관)을 생성하여 목본 줄기와 뿌리의 부피 생장을 담당하는 측생 분열 조직

campanulate · 종 모양의, 종형의

종과 같은 형태

canaliculate · 고랑상

하나 이상의 세로 홈이 있는

동의어 (p48, channeled)

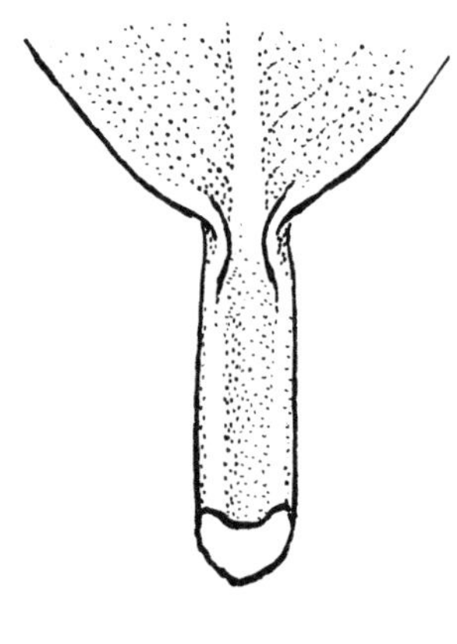

candle · 촉

눈에서 나오는 침엽수의 새싹

cane · 줄기(속이 빈)

1. 일반적으로 과일을 맺는 식물, 예를 들어 라스베리와 블랙베리(산딸기속, *Rubus*) 및 장미(*Rosa*)에 적용되는 관목의 줄기; 2. 잔디 줄기, 일반적으로 크거나 뻣뻣하거나 목본 줄기를 생산하는 종에 적용; 3. 석곡속(*Dendrobium*)과 같은 난초의 길고 가는 위인경성 줄기

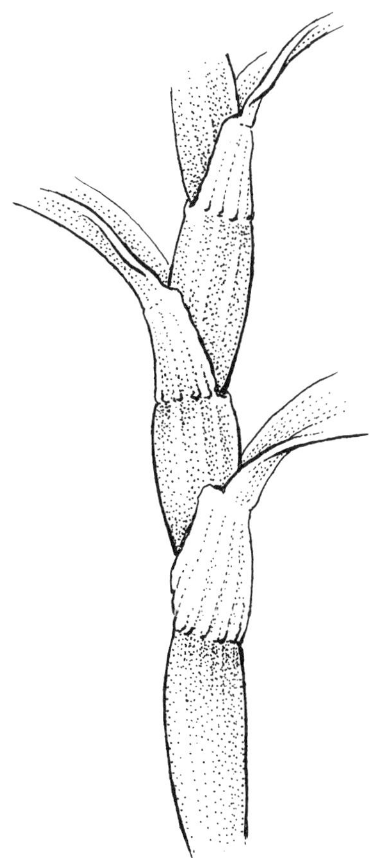

canopy · 임관

1. 나무의 위쪽 가지 부분; 2. 대부분이 나무 꼭대기로 이루어진 숲의 상층부

capitate · 두상

푸시핀과 같은 촘촘한 머리 모양; 일반적으로 암술머리를 묘사할 때 사용됨

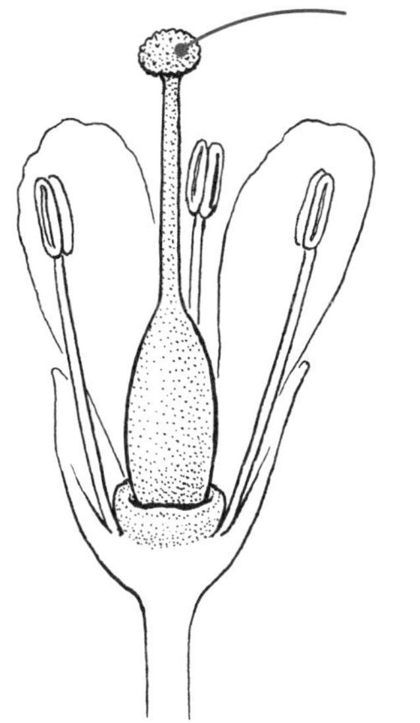

capitulum · 두상화서, 두화

(복수 capitula) 화서축의 납작하고 확장된 부분에 붙어 있는 무병성 꽃의 화서; 국화과(Asteraceae)의 화서

동의어 (p104, head)

capsule · 삭과

1. 여러 개의 선이나 위치를 따라 터져 열리는 다실성의 마른 열매-횡렬, 포배열개, 공개, 포간열개일 수 있음; 2. 이끼의 포자 함유 구조(포자낭)

carotene · 카로틴

식물의 황색, 주황색 및 적색 색소, 광합성에 중요함, 지용성

carpel · 심피

1. 암술의 기본 단위로 밑씨를 포함한 씨방, 암술대, 암술머리로 구성됨. 꽃에서 단심피(1개의 단자예) 또는 다심피(하나 이상의 단자예) 또는 합생심피(복자예)일 수 있음; 2. 속씨식물의 거대포자낭

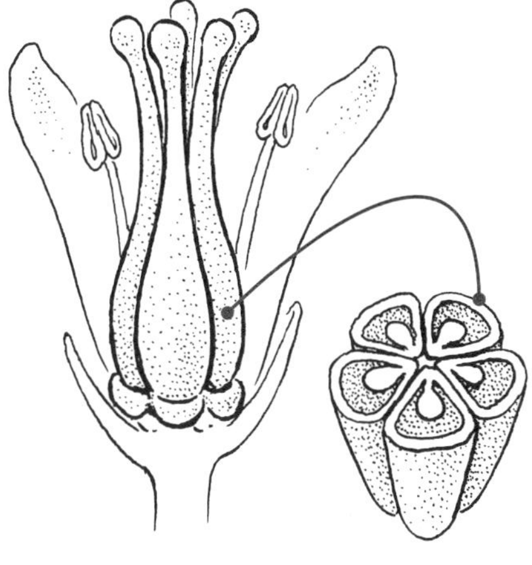

carpellate · 심피가 있는

심피가 있는

carpet-forming · 지피식물

지면을 덮고 조밀하게 자라는 포복성 또는 키가 작은 식물

carpophore · 분과병

산형과(Apiaceae), 쥐손이풀과(Geraniaceae), 미나리아재비과(Ranunculaceae)의 일부 종과 같이 중앙의 줄기 모양으로 연장된 화탁에 심피가 부착됨

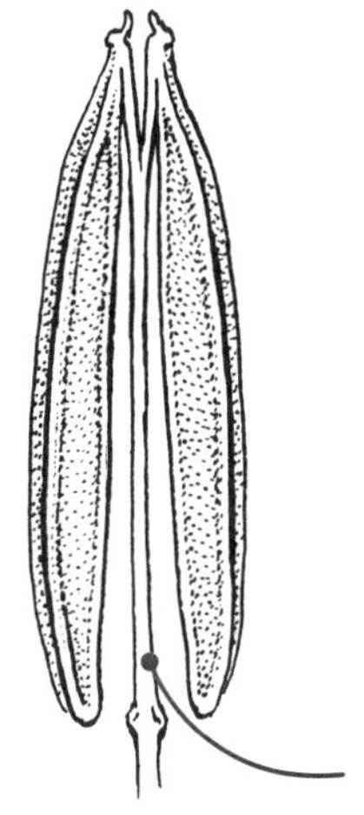

cartilaginous · 연골질

연골과 유사; 단단하지만 유연한 조직

caruncle · 종침, 종부(種阜)

밑씨의 외부 외피의 파생물, 주공과 제 근처의 종피가 융기된 영역 또는 부속물로 볼 수 있음

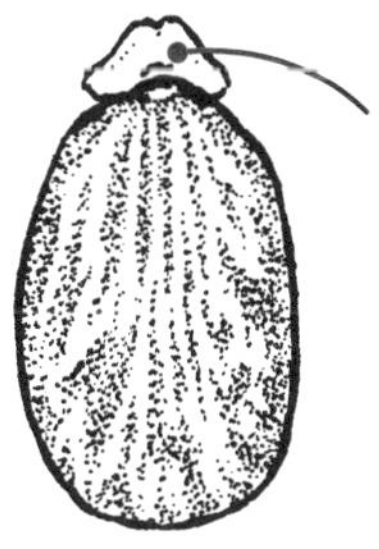

caruncular · 종침의, 종부의

종침이 있는

carunculate · 종침을 가진

종침을 가진

caryopsis · 영과

단일 종자가 과피에 융합된 건조하고 열리지 않는 열매; 단심피성 암술에서 파생된 벼과(Poaceae)의 열매

동의어 (p101, grain)

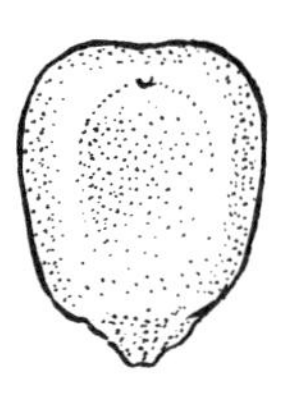

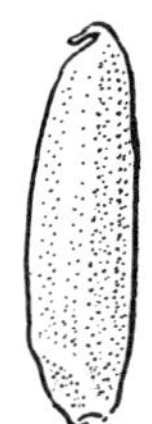

castaneous · 적갈색

적갈색, [금속의]녹 또는 밤색

동의어 (p90, ferruginous / p175, rufous, rufus)

catkin · 미상화서, 유이화서

일반적으로 단성화, 무병성에서 아무병성, 무화판성이면서 이삭 형태로 늘어지는 화서

동의어 (p16, ament)

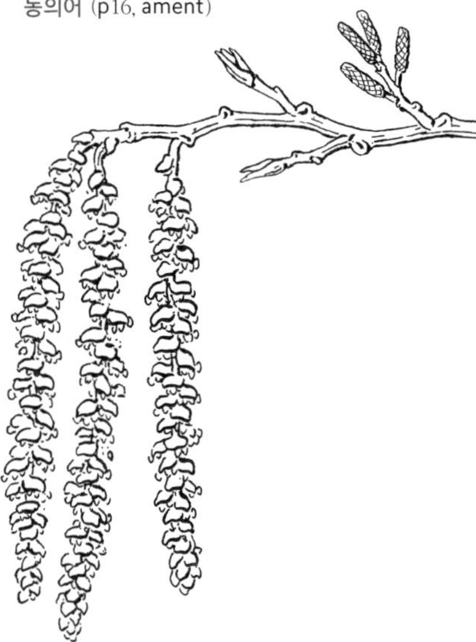

caudate · 미두

가장자리의 끝 부분이 오목하게 들어가면서 길게 가늘어지는 형태

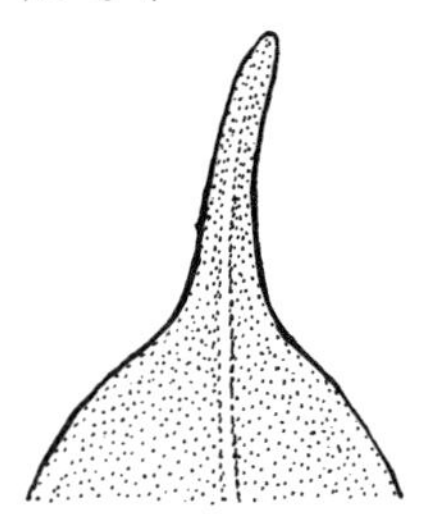

caudex · 정간

(복수형 caudices, caudexes) 1. 다년생 초본의 지면 또는 지상에서 지속되는 부분; 2. 주요 식물 축, 뿌리 및 줄기; 3. 물을 저장하는 팽창된 식물 기반

caudiciform · (수분)저장경, 팽창경

발생하는 물을 저장하는 부풀어 오른 줄기(정간)로 대극과(Euphorbiaceae), 박과(Cucurbitaceae) 및 콩과(Fabaceae)의 일부 건조 적응종에서 발견됨

caulescent · 줄기가 있는, 유경성

지상에 분명한 줄기가 있는

반의어 무경성(P10, acaulescent)

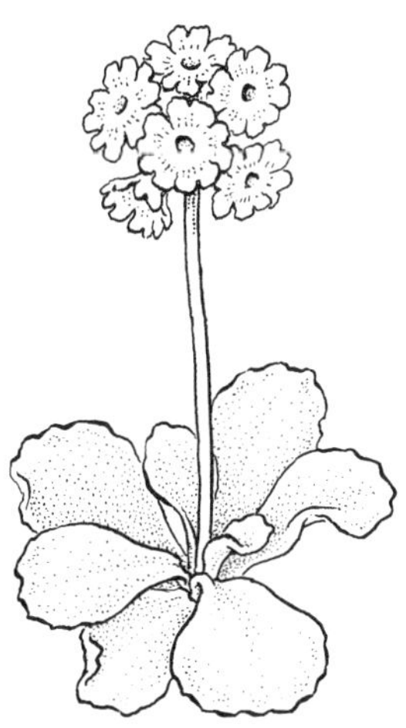

cauliflorous · 경생화, 경생화서

줄기 및/또는 가지를 따라 꽃과 열매를 맺는 것

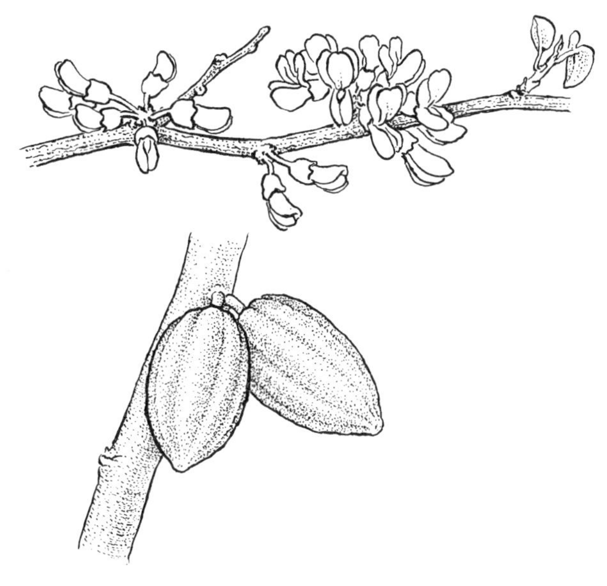

cauline · 경생

줄기에서 나오거나 줄기와 관련성이 있으며 흔히 잎에 적용됨

cell · 1.강(腔), 2.세포

1. 약낭과 약실처럼 공동 또는 방; 2. 유기체에서 가장 작은 조직 단위

ceraceous · 납질, 납질성

물리적 또는 시각적으로 왁스 같은

cernuous · 수하형

매달리거나 아래쪽으로 구부러지는, 흔히 꽃에 적용됨

동의어 (p136, nodding)

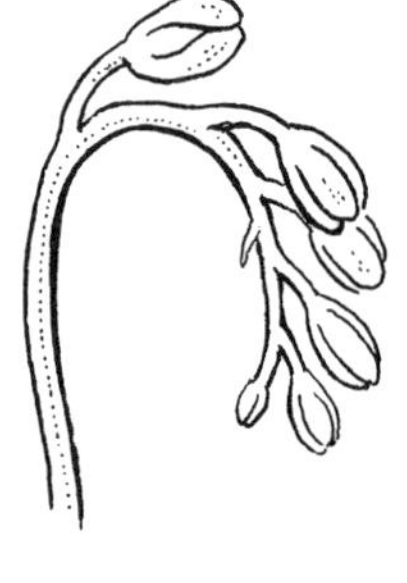

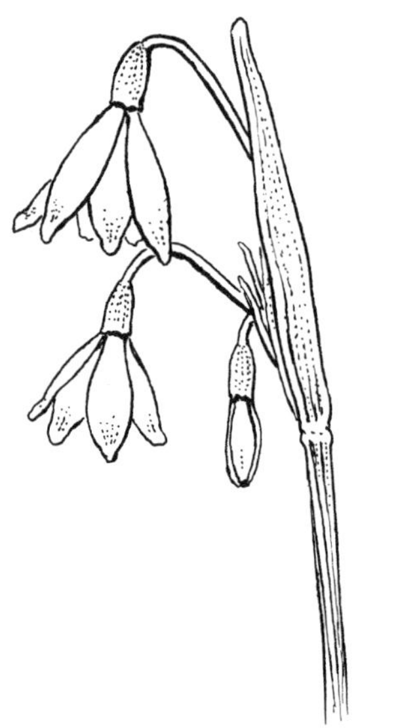

cespitose, caespitose · 총생상

밀집된 한 덩어리에서 자라는

동의어 (p52, clumped)

chaff · 화탁포, 내화영

국화과(Asteraceae) 및 벼과(Poaceae)의 엽액에 열매를 끼고 있는 것 같은 건조하고 가는 포엽 또는 비늘

chaffy · 화탁포가 있는

화탁포가 있는

chamaephyte · 지표식물

땅 위나 지표 근처에서 휴면하거나 월동하는 눈이 있는 식물

chambered · 방이 있는, 실(室)이 있는

격벽으로 분리된 여러 개의 공동 또는 중공 단면을 가진. 예) 흑호도(*Juglans nigra*)

channeled · 고랑 모양의, 고랑형의

하나 이상의 세로 홈이 있는

동의어 (p42, canaliculate)

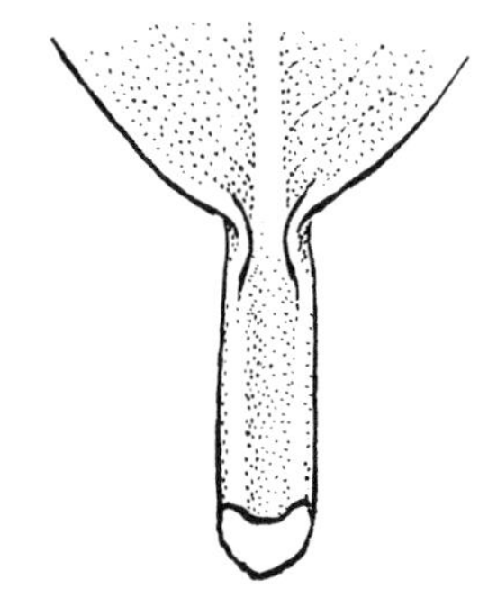

chartaceous · 지질

종이 질감이 있는

chasmogamous · 개방화

열리고(개화) 난 후 수정이 되는 꽃, 일반적으로 교차 수분

반의어 폐쇄화(p52, cleistogamous)

chimera, chimaera · 키메라

접목, 유전공학 또는 돌연변이의 결과로 두 가지 다른 유형의 DNA를 포함하는 식물

chiropterophilous · 박쥐수분

박쥐에 의해 수분되는

chiropterophily · 박쥐매

박쥐 수분

chlorophyll · 엽록소

식물에서 녹색 색소로 광합성을 하며 지용성임

chlorophyllous · 엽록소성

엽록소를 가진

chlorosis · 황백화

일반적으로 영양 결핍으로 인한 불충분한 엽록소 생성으로 인한 조직의 황변

ciliate · 성모형, 연모형

가장자리의 술처럼 늘어진 털

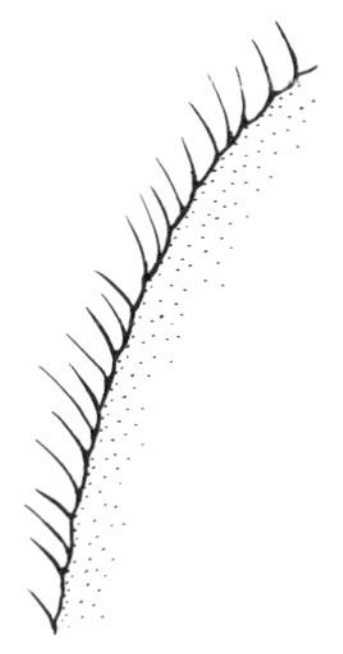

cincinnus · 안목상 취산화서

(복수 cincinni) 권산상 취산화서 또는 호산상 취산화서와 동의어로 다양하게 사용되는 모호한 용어

cincturing · 환상박피

과일을 맺는 식물에서 착과 및 크기를 증가시키기 위해 매우 좁고 얇게 수피 조직층을 제거하는 것. 예) 복숭아(*Prunus persica*) 및 포도속(*Vitis*)

동의어 (p99, girdling)

circinate · 권상, 권산상

양치식물 잎의 배열과 같이 시계 태엽 모양으로 감긴

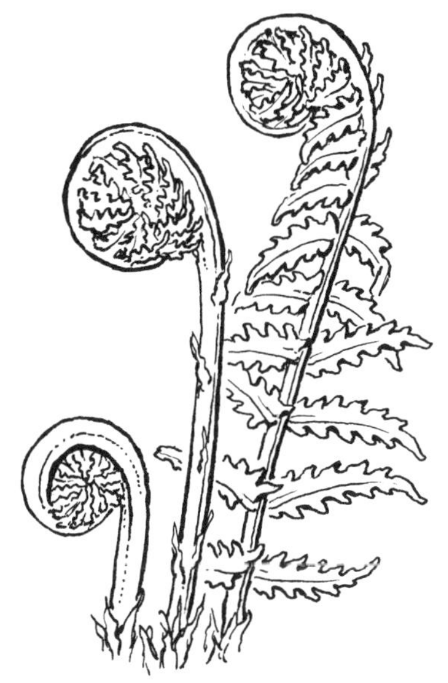

circular · 원형

둥근

동의어 (p141, orbicular)

circumscissile · 횡렬삭과

일부 꽃밥과 삭과처럼 위쪽이 벗겨지도록 가로로 터져 열리는; 참고 포배열개삭과(p125), 공개(p160), 포간열개삭과(p182)

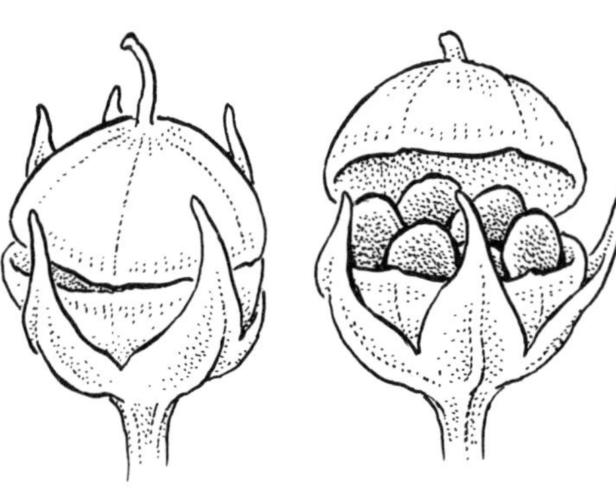

cladophyll, cladode · 엽상경

잎처럼 보이면서 기능하는 줄기

동의어 엽경(p153, phylloclade)

cirrose, cirrhose · 덩굴손형, 권산형

덩굴손이 있거나 덩굴손으로 끝나는

cladoptosic · 낙지(落枝)

가지와 잎이 함께 떨어지는 낙엽. 예) 낙우송(*Taxodium disistichum*)

clambering · 약만경성, 평반경성

등반하지만 지지 구조물에 매우 약하게 또는 전혀 부착되지 않음

clasping · 포경형의, 포경상의

벼과(Poaceae)의 일부 잎자루와 같이 줄기를 부분적으로 또는 거의 완전히 둘러싸고 있음

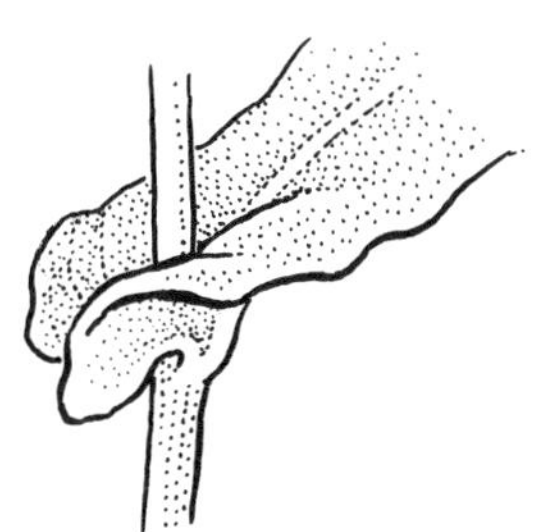

class · 강(綱)

목(目)의 위며, 문(門)의 아래인 분류학적 계급

clavate, claviform · 곤봉형, 곤봉상

곤봉과 같은 형태

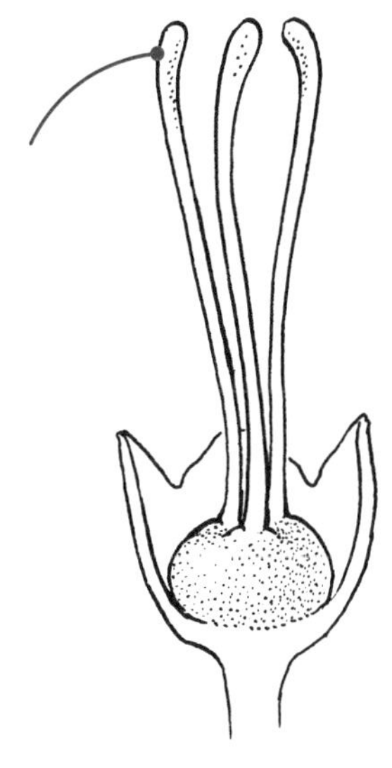

claw · 화조

넓은 구조가 아닌 폭이 좁은 기저부. 예) 일부 꽃잎과 꽃받침, 화조형(p213) 참고

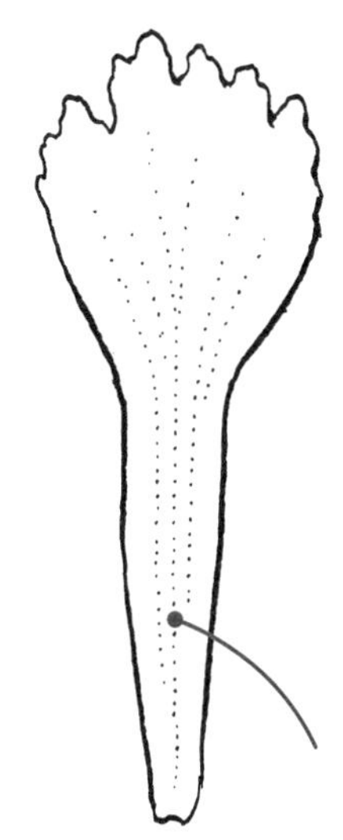

cleft · 중렬

구조의 거의 중앙까지 연장되는 패임이나 결각, 주로 꽃잎이나 잎과 관련하여 사용

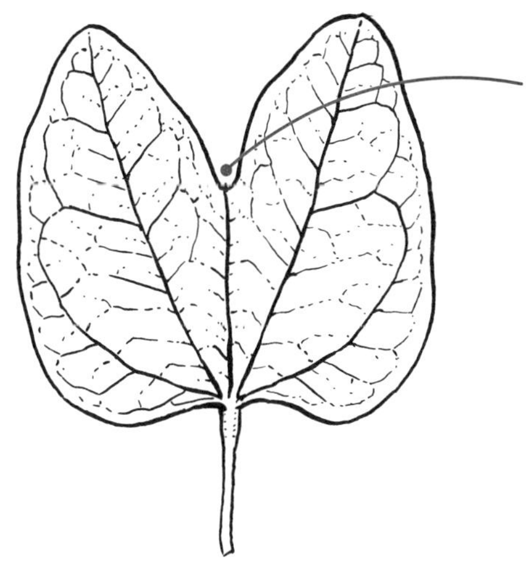

cleistogamous · 폐쇄화

닫혀 있는 동안 자가수정 되는 꽃. 예) 제비꽃(*Viola*)

반의어 개방화(P48, chasmogamous)

climber · 덩굴식물

다른 식물과 같은 지지 구조물에 기대거나 부착하여 위로 자라는 식물

climbing · 등반경성

지지 구조물에 기대거나 부착하여 위쪽으로 성장

clinal variation · 경사변이, 형질경사

고도 또는 수분과 같은 환경적 구배에 따른 식물 개체군의 구조적 및/또는 유전적 차이

clinandrium · 약상(葯床)

꽃밥이 위치해 있는 난초 기둥의 일부 (역자: 난초과 식물에서 약 사이의 꽃술대에 있는 오목한 부분)

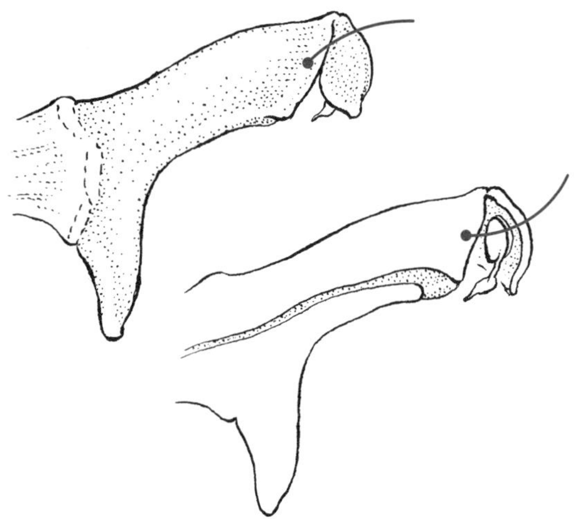

clonal · 무성번식의, 복제의

복제의 또는 복제와 관련된

clone · 클론, 분지계, 영양계

하나 이상의 다른 식물과 유전적으로 동일한 식물로, 동일한 부모 식물(자연적으로 또는 재배를 통해)에서 영양적으로 기원한 것

clove · 소인경

구근의 한 부분. 예) 마늘(*Allium sativum*)의 한 조각

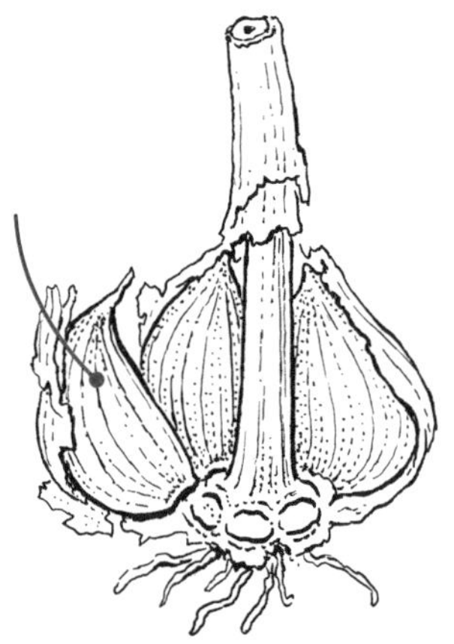

clumped · 모여나기, 총생

밀집된 군집에서 성장하는

동의어 (p40, caespitose, cespitose)

coat · 외피

씨를 덮은 것과 같은 피복

coccus · 분과

(복수 cocci) 분열과의 개별 부분으로, 합생심피 암술의 단심피에서 파생됨. 예) 쥐손이풀(쥐손이풀속)

동의어 (p128, mericarp)

cochleate · 나선형의, 달팽이 모양의

달팽이 껍질과 같은 나선을 형성함

coherent · 위동합, 동착

유사한 구조가 서로 약하게 붙어 있는

coleoptile · 자엽초

발아하는 단자엽 종자의 성장하는 줄기 끝(어린 싹)을 보호하는 덮개

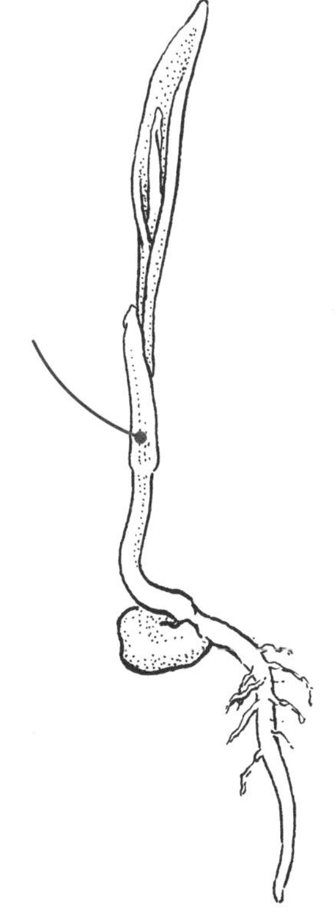

coleorhiza · 유근초, 근초

벼과(Poaceae)에서 발아하는 종자의 성장하는 뿌리 끝(유근)을 보호하는 덮개

collar · 경령(莖領)

1. 풀잎의 잎집이 잎과 만나는 부분 2. 원줄기와 만나 보통 약간 부풀어 오른 가지의 밑부분

columella · 원주

열매에서 지속되며, 심피가 붙어 있는 일부 꽃의 중심축

column · 1. 합체웅예, 예주, 2. 자웅예 합체

1. 하나의 중심 구조로 결합된 수술의 수술대. 예) 무궁화속(*Hibiscus*); 2. 수술 및 암술이 융합된 구조. 예) 난초과(Orchidaceae)

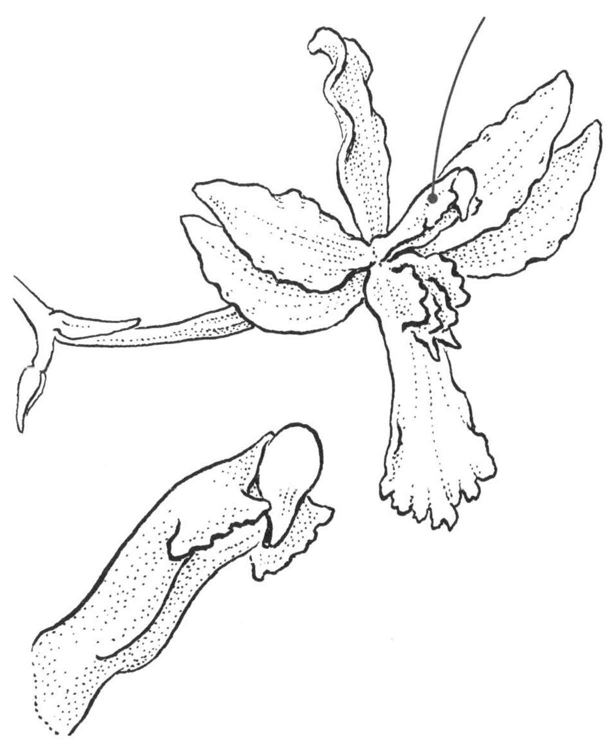

columnar · 원주의, 원주 모양의

기둥 모양의 형태

coma · 씨털, 종발

바람에 의한 분산을 용이하게 하는 종자 끝에 붙은 촘촘한 털 뭉치, 금관화속(*Asclepias*)에서 씨털은 종종 관모(갓털)라고 불림

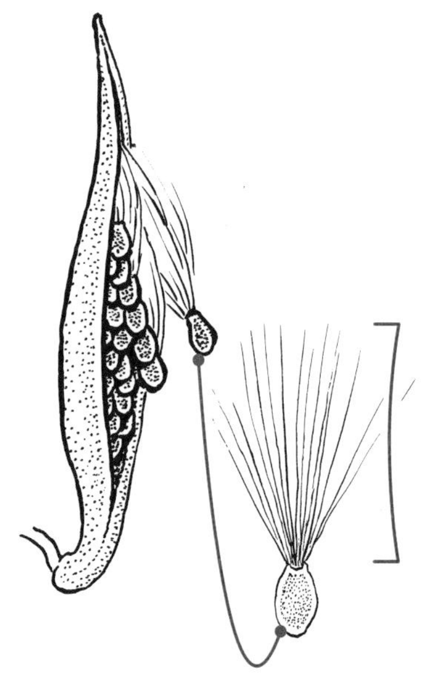

comose · 정단총생모상

촘촘한 털 뭉치(씨털)가 있는

compatible · 화합성

1. 성적으로 번식이 가능한 2. 접목으로 생존 가능한

반의어 불화합성(P111, incompatible)

complete · 완전화

네 개의 윤생층(꽃받침, 화관, 수술군, 암술군)이 있는 꽃처럼 모든 부분을 갖춘

composite · 국화과

국화과(Asteraceae)의 모든 구성원에 대한 통속명. 이 이름은 오래되고 여전히 받아들여지는 과명인 Compositae에서 비롯됨

compound · 복합성

하나 이상의 부분, 구획 또는 가지의 차례로 구성되며 가장 일반적으로 잎과 화서에 적용됨

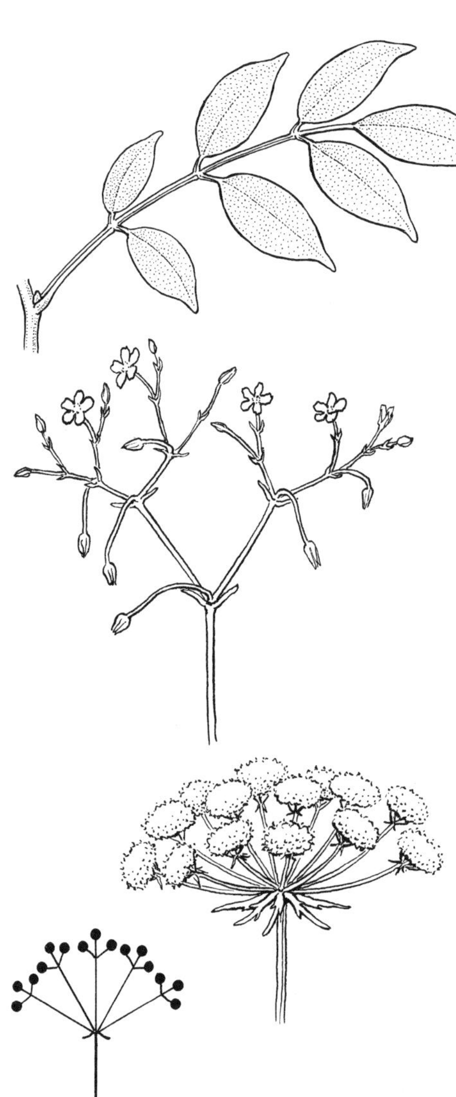

conduplicate · 접첩형

야자나무과(Arecaceae)의 많은 잎과 마찬가지로, 윗면(향축면)이 자신을 향한 상태에서 바닥에서 꼭대기까지 접힘

반의어 배접선형(p170, reduplicate)

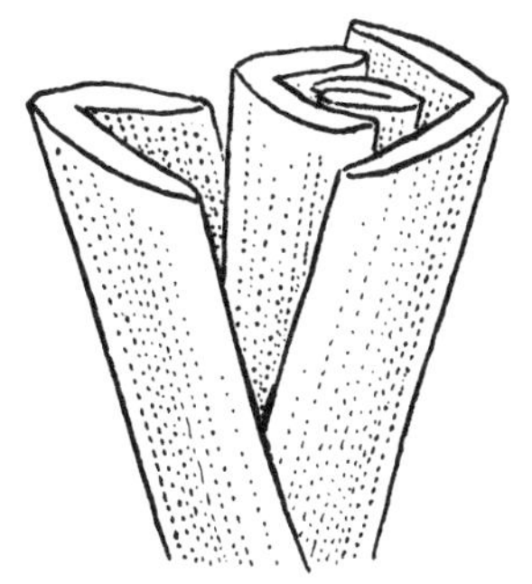

cone · 원추체, 구과, 포자낭수

침엽수의 생식 구조, 중심축에 종자 또는 꽃가루를 함유한 포자엽이 배열되어 있음

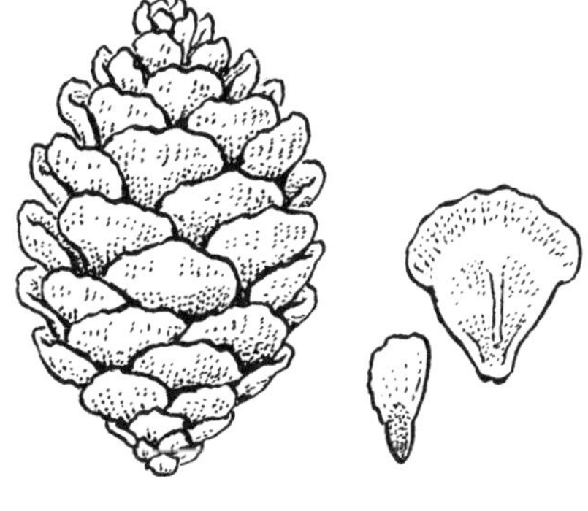

congested, conglomerate · 밀집한

빽빽하게 모여 있는

동의어 (p100, glomerate)

conic, conical · 원뿔의, 원추형의

넓은 끝 부분에 부착된 원뿔 모양

conifer · 원추체식물, 구과식물

원추형이고 일반적으로 바늘 또는 비늘, 상록수의 잎이 있는 식물. 예) 소나무속(*Pinus*) 또는 주목속(*Taxus*)

coniferous · 구과 식물의, 침엽수의

구과가 있는

connate · 동합, 동종합착

유사한 구조가 함께 융합된

반의어 이생(p70, discrete / p72, distinct)

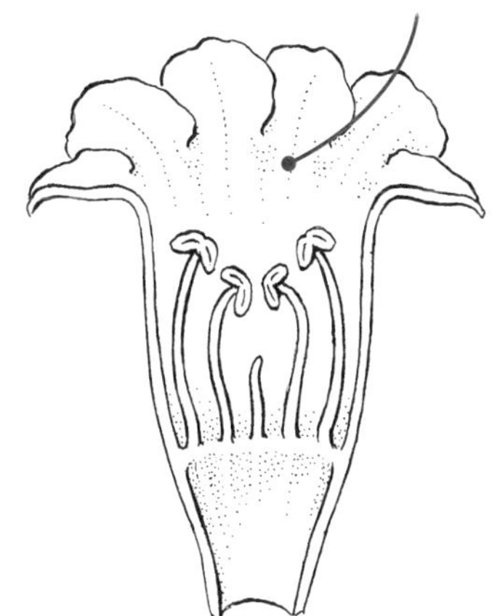

connate-perfoliate · 동합관천형

기부에서 융합되어 줄기에 뚫린 것처럼 보이는 마주나는 잎, 턱잎 또는 포

connective · 약격

수술에서 두 개의 약낭(반약)을 연결하는 조직

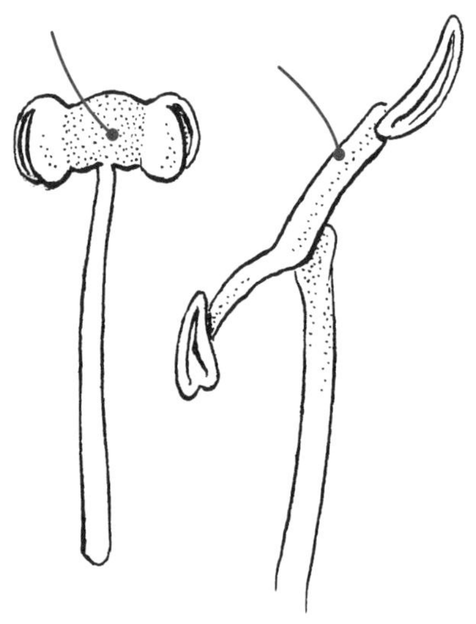

connivent · 가유합

기부는 분리되어 있지만 위쪽은 가까운, 두 개 이상의 연결되지 않은 구조가 서로 근접한 상태를 나타냄

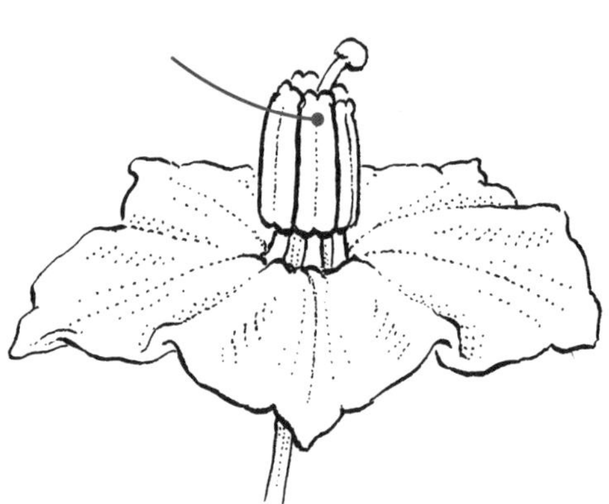

conserved · 보존명

명명법에서 조류, 균류 및 식물에 대한 국제 명명법 위반에도 불구하고 공식적으로 유지되고 있는 학명

conspecific · 동종

같은 종으로 분류

constricted · 협소한

좁은

동의어 (p57, contracted)

contiguous · 연속성의, 접촉상의

접촉되고 연결되어 있지만 융합되지 않고 분리되어 있는

continuous · 연속상

계속되는

contorted · 편권상, 회선상

비틀림, 굴곡 또는 구부러진 모양

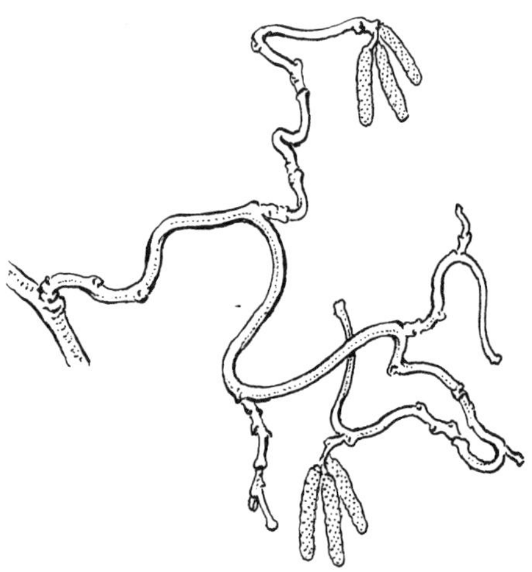

contracted · 협소한

좁은

동의어 (p56, constricted)

convolute · 회선상

일부 꽃잎에서 각각의 꽃잎이 다음 꽃잎에 겹치도록 배열된

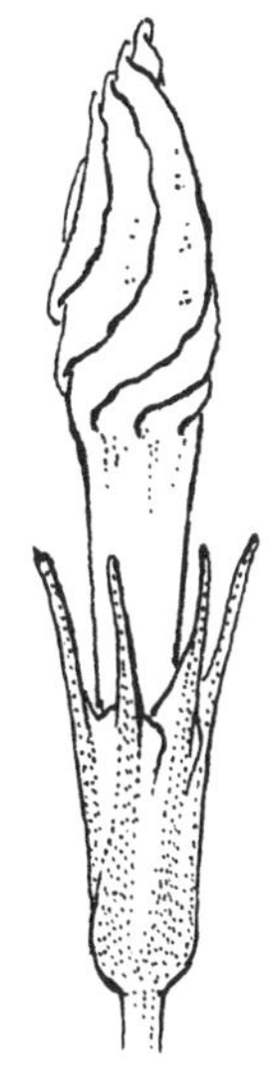

coppice · 1. 전정, 2. 그루터기

1. 그루터기에서 새싹을 만들 목적으로 목본 식물을 주기적으로 지상에서 잘라줌; 2. 싹을 틔우기 위해 땅에 베어진 교목 및/또는 관목의 대

cordate, cordiform · 심장저, 심장형

1. 밑부분이 가장 넓은 하트 모양. 2. 심장 모양의 열편이 있는 잎 기저부

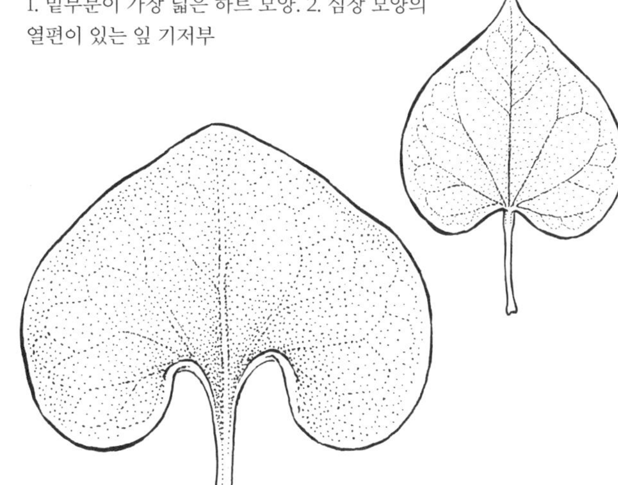

coriaceous · 혁질

가죽 같은

cork · 코르크

방수성 수피의 외층

corm · 알줄기, 구경

지질의 잎 기저부로 덮인 조밀한 줄기 조직으로 구성된 지하 저장 구조

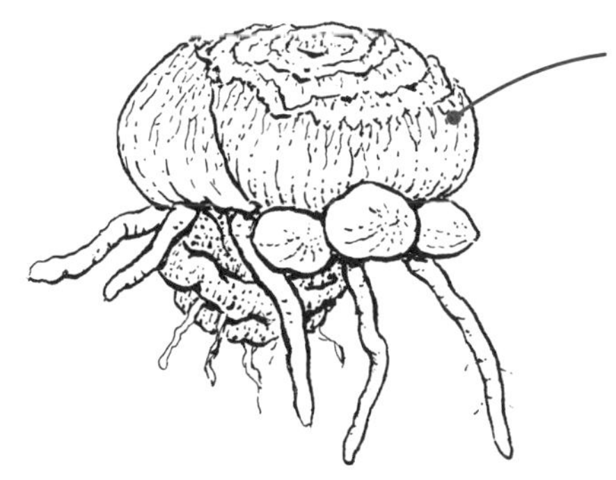

cormel · 소구경
큰 구경의 기저부에서 발달하는 작은 구경

cornute · 뿔 모양
뿔이 있는, 뿔 모양의

corolla · 꽃부리, 화관
꽃에서 꽃잎의 총칭

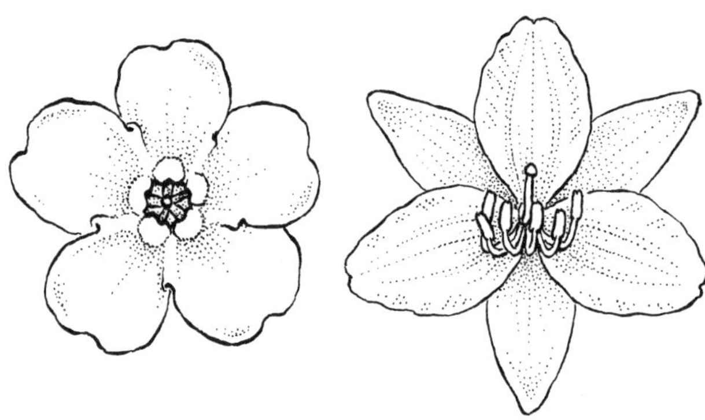

corolla tube · 판통, 화관통부
꽃잎의 융합으로 형성된 속이 빈 긴 구조

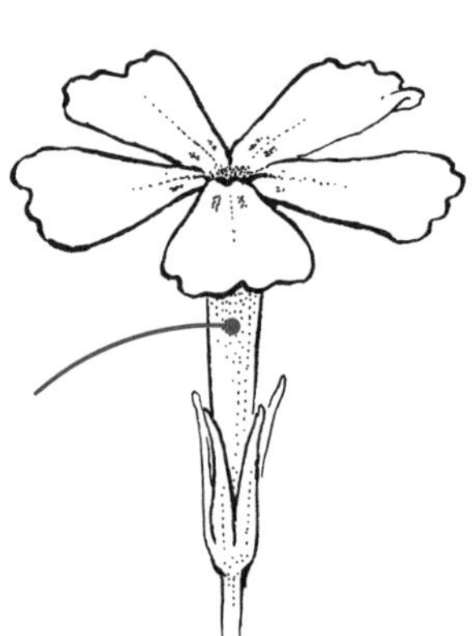

corona · 부화관
일부 꽃의 화관과 수술군 사이의 구조 또는 구조 집합체, 종종 왕관 모양. 예) 수선화속(*Narcissus*), 금관화속(*Asclepias*)

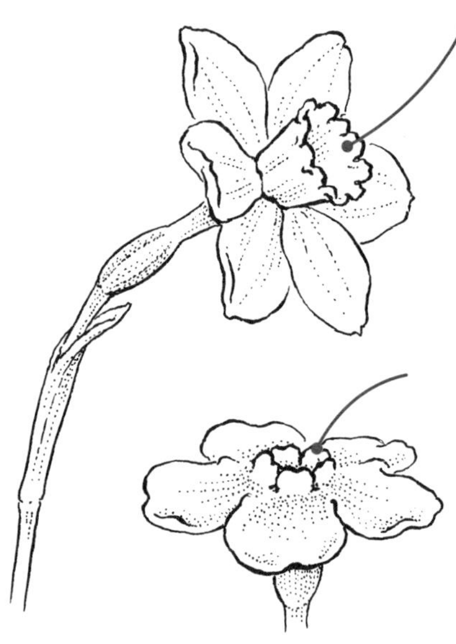

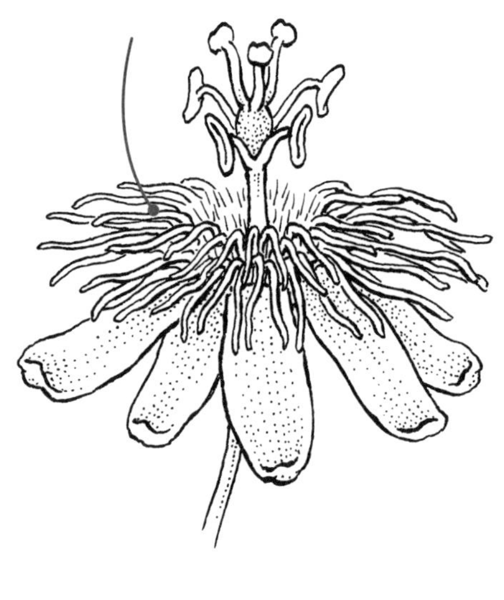

coroniform · 왕관형

왕관 모양의

corpusculum · 구상체, 점착체

금관화속(Asclepias)에서 화분괴를 고정하는 중계 가지를 연결하는 꽃가루덩이의 끈적끈적한 중앙 부분

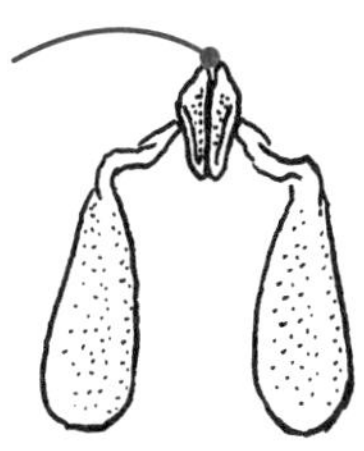

corruptule · 불임성 성숙종자

성숙한 씨앗처럼 보이지만 생존할 수 없는 수정되지 않은 소철 밑씨

cortex · 피층

뿌리와 슈트에서 관속 조직과 표피 사이의 조직

corymb · 산방화서

긴 축을 따라 꽃이 달리고 위쪽보다 아래쪽 가지가 길어서 위쪽의 둥글거나 평평한 면에 꽃을 피우는 가지가 있는 화서

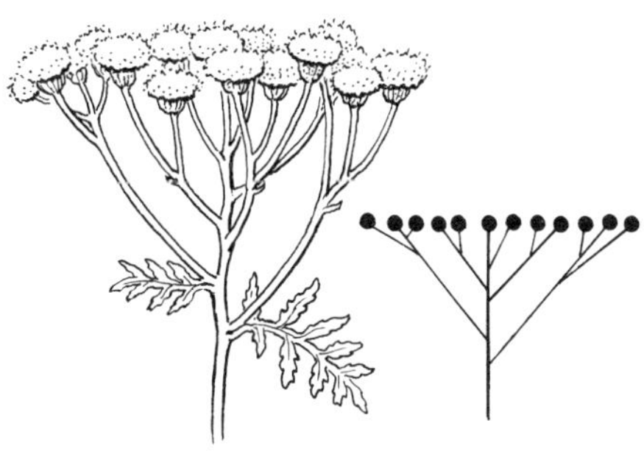

cosmopolitan · 광역분포종

전 세계 또는 거의 전 세계에 분포하는

동의어 (p212, ubiquitous)

costa · 엽륵

(복수 costae) 잎 또는 소엽 잎맥 또는 돌출된 중앙맥; 종려나무(Arecaceae, 야자나무과), 잎몸으로 뻗어 있는 엽병

cotyledon · 떡잎, 자엽

씨앗의 첫 잎 중 하나

동의어 (p181, seed leaf)

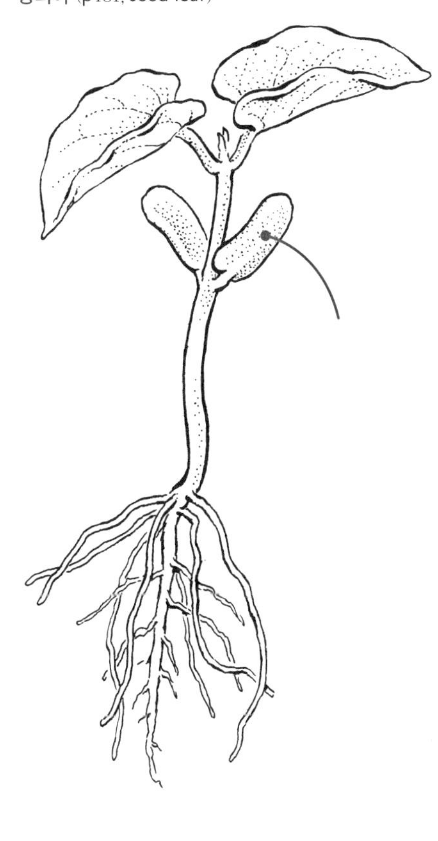

creeping · 포복성

땅을 따라 자라며, 마디에서 뿌리를 내림

crenate · 둔거치

가장자리가 부채꼴 모양인 거치

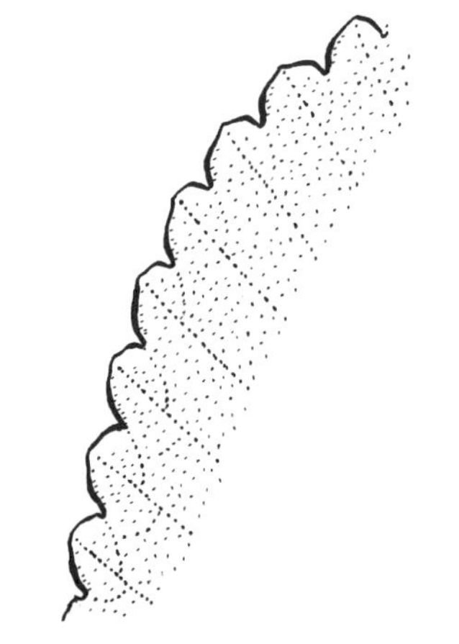

crenation · 둔거치상

둔거치연에서 각각 거치를 일컬음

crenulate · 소둔거치

가장자리가 작은 부채꼴 모양의 거치

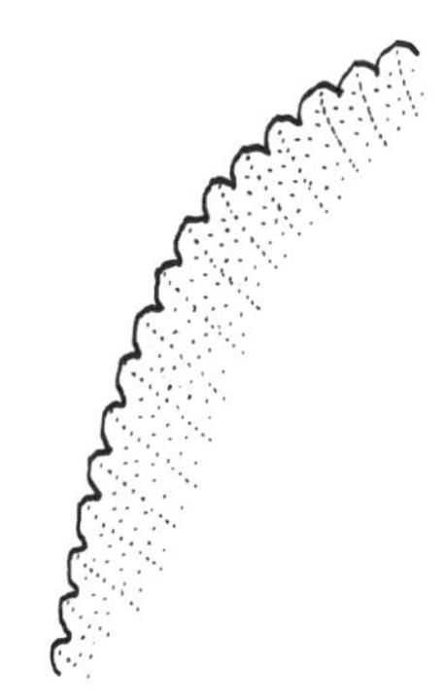

crest · 마루, 능선

이랑처럼 떠오른

crested · 갈기 모양으로 된, (이상 발육으로) 넓적해진

불규칙한 성장으로 인해 일반적으로 줄기나 화서의 끝에 조직 덩어리가 생성됨

동의어 (p88, fasciated)

crispate, crisped · 끝이 말린, 오그라든

주름지거나 오그라든

cross · 1.교배, 2.교잡종

1. 같은 종이거나 다른 종이지만 다른 특성을 가진 한 유기체를 다른 유기체와 교배하는 것. 2. 이러한 육종으로 생긴 식물; 잡종(p107) 참고

cross-compatible · 교차수정체

하나가 다른 하나에 의해 수정될 수 있고, 그 반대의 경우도 가능할 때 한 쌍의 식물을 말함

cross-pollination · 타가수분

한 식물의 꽃가루가 다른 식물의 암술머리에 착지하여 발아할 때

cross section · 횡단면

주축을 가로질러 절단하고, x.s.로 축약하여 사용

반의어 종단면(p125, longitudinal section)

crotch · 액(腋), 겨드랑이

두 개의 가지 또는 가지와 줄기가 연결되는 겨드랑이

crown · 수관, 엽관

1. 나무 꼭대기; 2. 다년생 초본의 마르지 않는 부분의 꼭대기; 3. 부화관

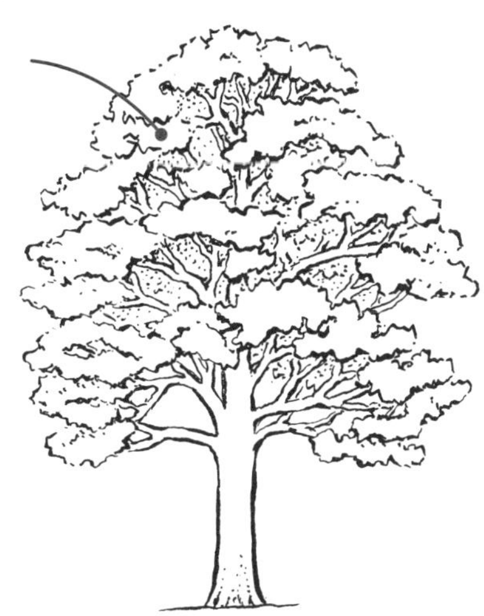

crozier · 양치유엽, 권상유엽

눈이 펼쳐지는 과정에 있는 꼬인 양치류의 엽상체

동의어 (p90, fiddlehead)

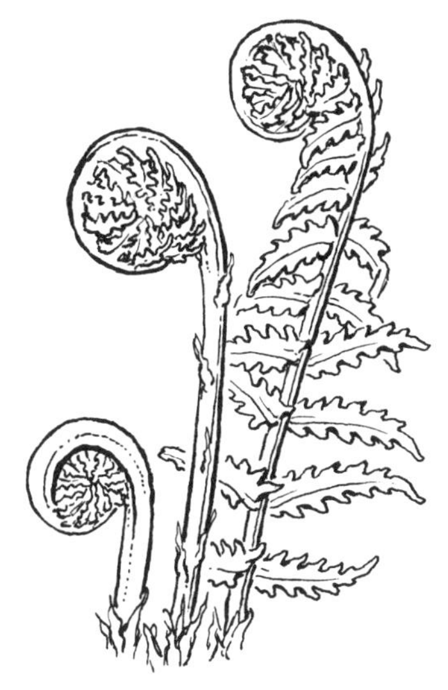

crucifer · 십자화과형

십자화과(Brassicaceae)의 모든 구성원에 대한 고유 이름; 이 이름은 오래되고 여전히 받아들여지는 과명인 Cruciferae에서 유래함

cruciform, cruciate · 십자형, 십자화형

십자가와 같은 모양

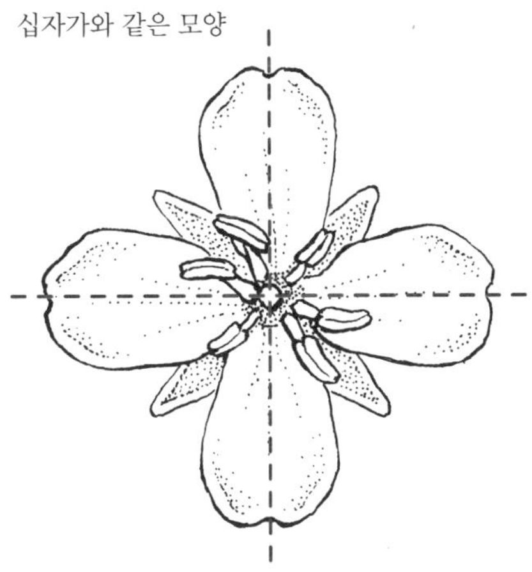

crustaceous · 조강(粗强)

부서지기 쉬운, 깨지기 쉬운

cryptogam · 은화식물

종자가 아닌 포자로 번식하는 식물

반의어 현화식물(P152, phanerogam)

cucullate · 승모형

두건 모양의

cucullus · 고깔, 후드

후드 모양의 구조, 특히 금관화속(*Asclepias*)의 부화관; 투구형(p97) 참조

동의어 (P107, hood)

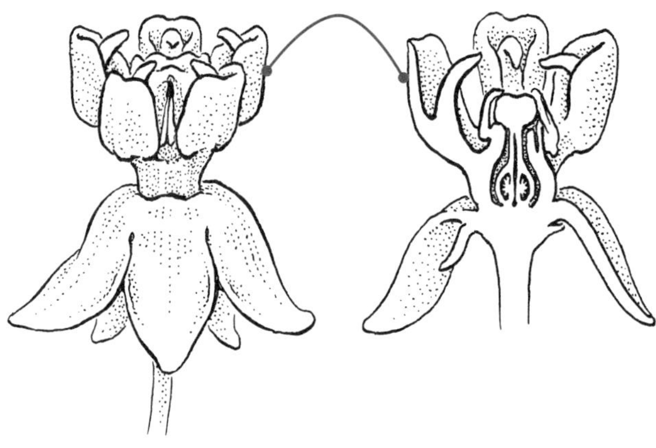

cucurbit · 박과

오이, 호박, 애호박을 포함한 박과(Cucurbitaceae)의 모든 구성원에 대한 고유 이름

culm · 줄기, 대, 간(幹)

벼과 및 사초과의 관절이 있는 줄기

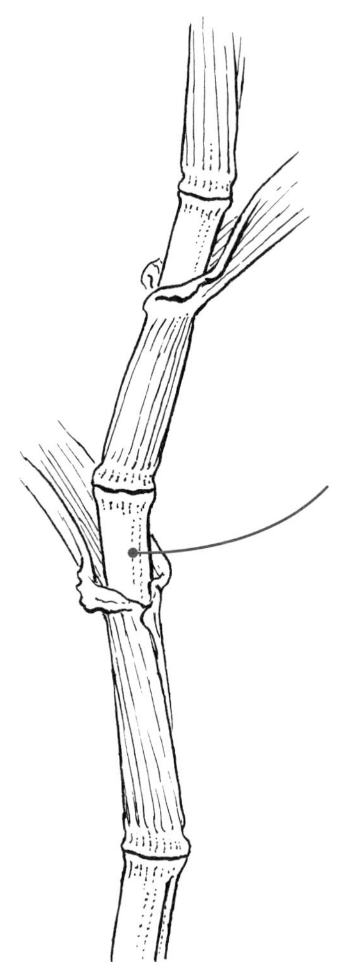

cultigen · 재배종

야생 개체가 존재하지 않는 재배로만 알려진 식물

cultivar · 품종

야생 또는 의도적으로 다르게 자란 식물 중에서 선택되거나 재배된 종으로 전형적인 구성원과 다른 식물; 품종 이름은 대문자로 표기하고 학명 뒤에 작은따옴표로 묶어야 함. 예) *Rhus typhina* 'Tiger Eyes'

cuneate, cuneiform · 예저, 설저

밑 부분이 가장 좁은 쐐기형

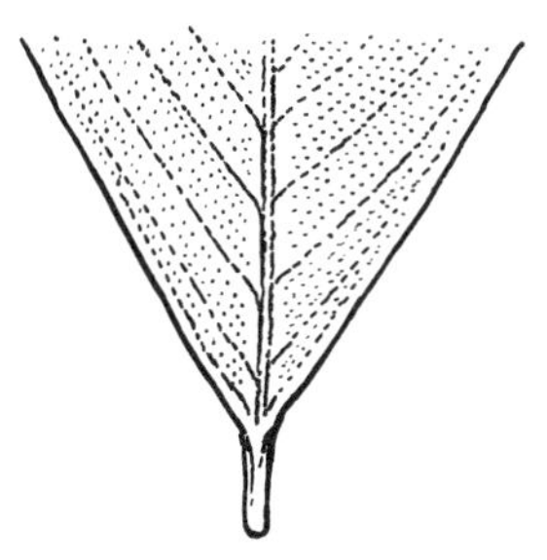

cupulate · 각두형

컵과 같은 형태, 각두가 있는

cupule · 깍정이, 각두

열매을 받치고 있는 컵 모양의 구조. 예) 도토리의 캡

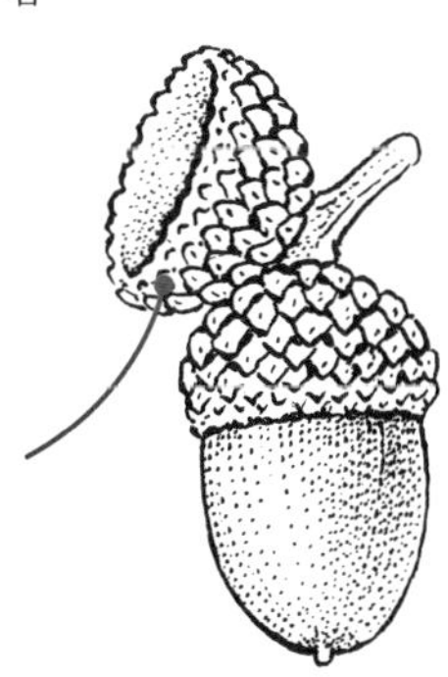

cusp · 첨두

갑작스럽고 날카로운 끝; 미철두(p131) 참고

cuspidate · 예철두

갑자기, 짧고, 뻣뻣하고, 날카로운 끝에 이르는

동의어 미철두(p131, mucronate) (역자 : **동의어**라고 원문에는 되어 있지만 약간 다른 의미임)

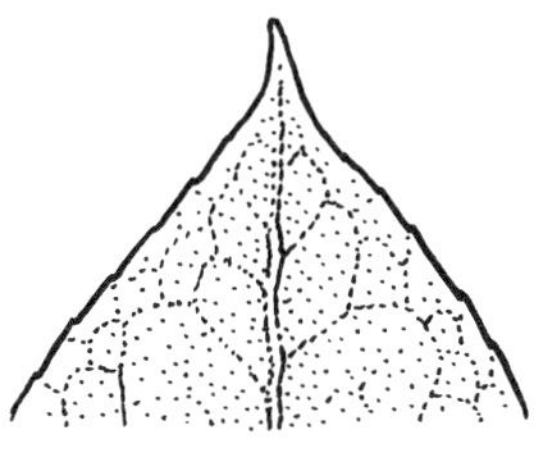

cuticle · 큐티클, 각피

표피의 왁스 같은 외부층

cutting · 삽수

보통 번식용으로 사용하는 식물의 일부

cyathium · 배상화서

(복수형 cyathia) 대극속의 "위화(僞花)" 화서

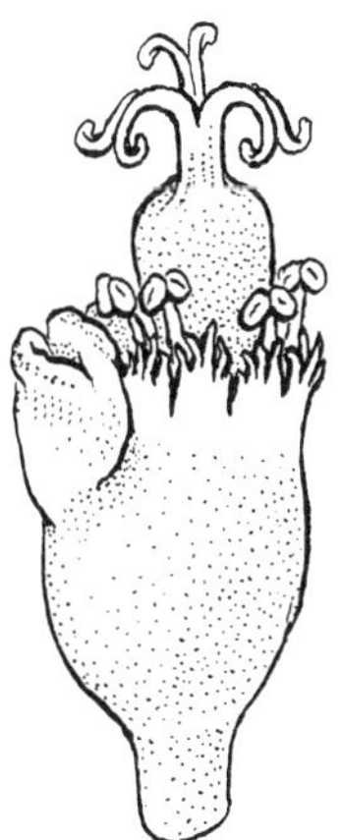

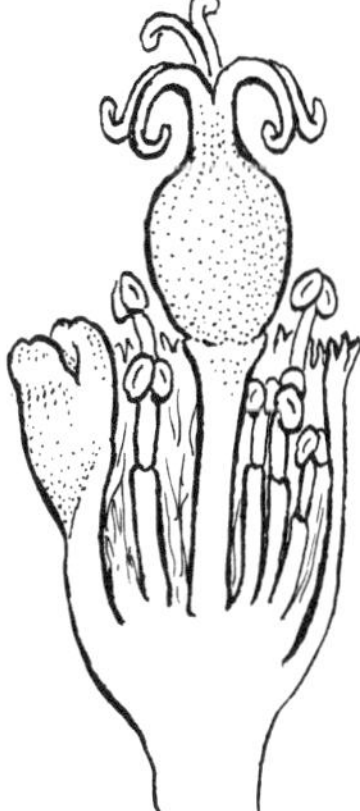

cycads · 소철류

종려나무(Arecaceae, 야자나무과)와 비슷하지만 구과로 번식하는 겉씨식물(포자엽이 원추형으로 뭉쳐지지 않는 소철속의 암그루 제외)

cyclic · 환상배열의

나선형으로 발생함

cylindrical, cylindric · 원통형, 관상

실린더 모양의

cyme · 취산화서

화서의 가지는 있거나 없으며 축이 끝나는 부분의 오래된 꽃은 기부 또는 중앙에 위치하고, 어린 꽃은 한쪽 또는 그 이상의 면에서 분지함; 복취산화서는 상단에 둥근 또는 평평한 평면에 꽃이 나타남

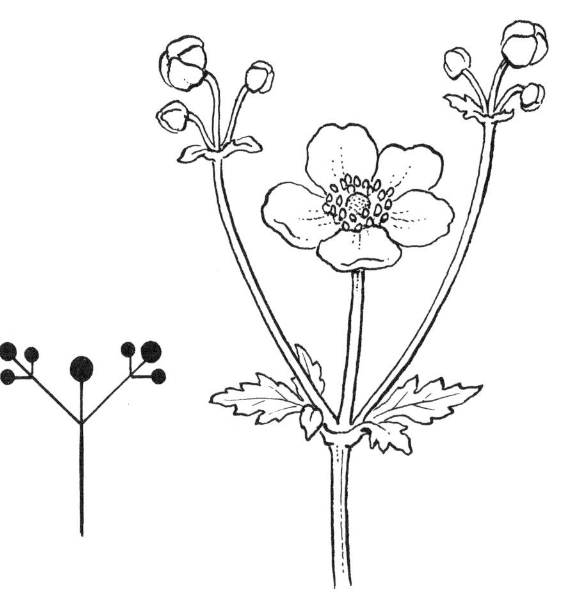

cymose · 취산상, 취산형

취산화서가 있는

cypsela · 수과

2개의 융합된 심피의 암술에서 파생된 작고 건조하며 열리지 않은 열매. 예) 서양민들레(*Taraxacum officinale*) 씨앗 및 기타

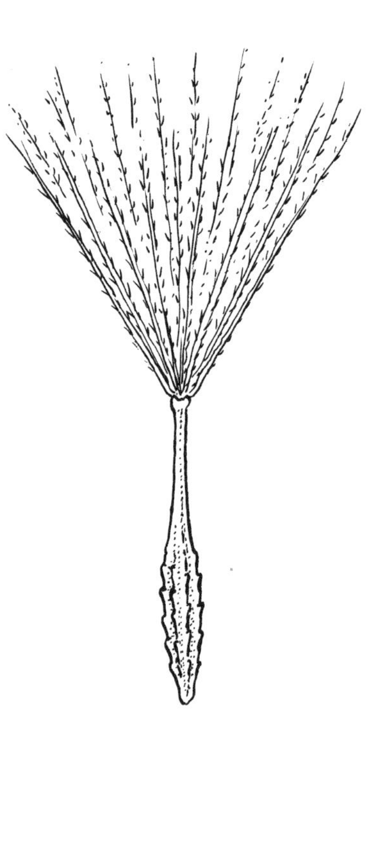

D

damping off · 모잘록병, 잘록병

다수의 병원균에 의한 묘목의 썩음과 그로 인한 죽음

DBH · 흉고직경

가슴 높이에서의 지름; 성인의 평균 가슴 높이인 지상 약 1.5m(5피트) 높이에서 측정한 줄기의 지름

deadhead · 데드헤드, 시든 꽃을 잘라냄

더 많은 꽃을 피우기 위해 오래된 꽃을 잘라냄

deciduous · 낙엽성의, 탈락성의

잎이나 탁엽과 같이 붙어 있다가 떨어지는; 숙존성(p151) 참고

반의어 상록성(P84, evergreen)

decumbent · 경복성

끝이 위를 향하도록 지면을 따라 평평하게 눕거나 자라는 것

decurrent · 연하형

일부 잎 기부 및 탁엽과 같이 아래로 융합되거나 껴안는 형태

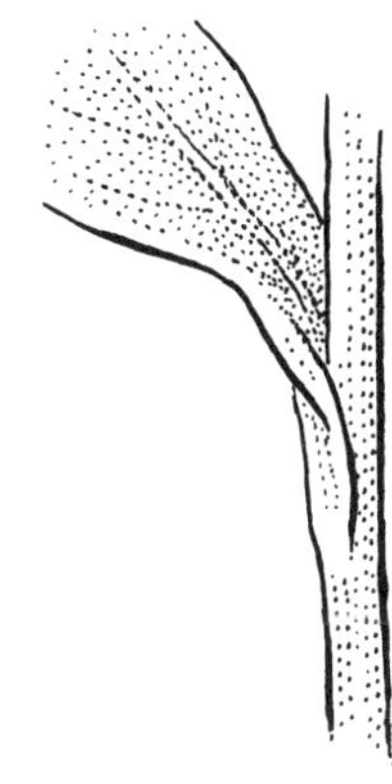

decussate · 교호대생, 십자대생

줄기에 대향하는 잎이 90도 각도로 교대로 배열되어 가지 끝에서 밑으로 또는 그 반대로 보았을 때 십자형 패턴을 형성함

dehiscence · 열개(裂開)

열리는 방법. 예) 횡렬삭과, 종개, 공개, 포간열개

dehiscent · 열개성의

꽃가루를 방출하기 위한 꽃밥, 씨를 방출하기 위한 일부 열매와 같이 성숙기에 열림

반의어 비열개성의, 열개하지 않는(p112, indehiscent)

deltoid, deltate · 삼각형, 삼각뿔형

바닥의 평평한 면 중 하나와 그 면의 중간에 부착점이 있는 정삼각형 모양

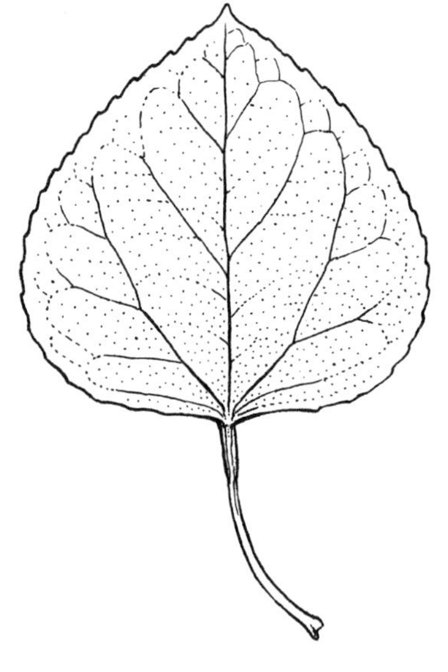

dendriform, dendroid · 나무꼴의, 목본상의

나무 형태의

dendritic · 수지상

나무 가지처럼 뻗은

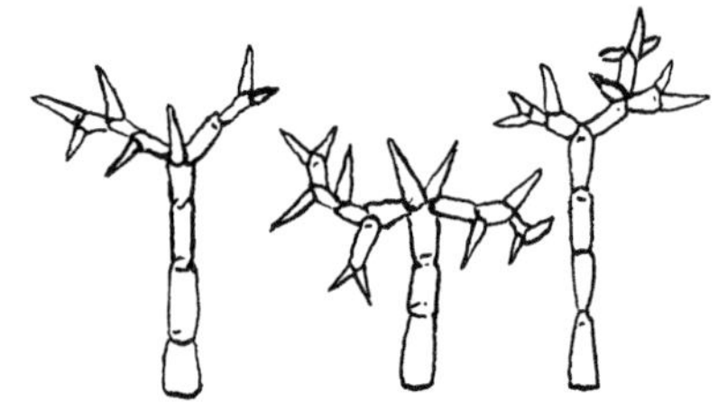

dentate · 치아상거치

가장자리에서 수직으로 바깥쪽 끝을 향한 치아 모양 거치

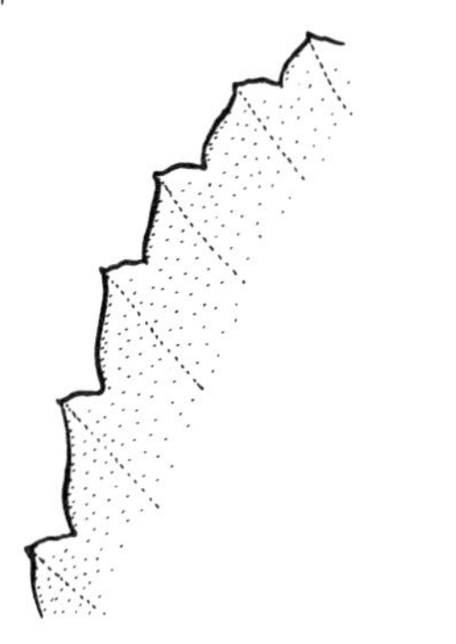

dentation · 톱니 모양

가장자리 치아상거치의 개별 거치 또는 가장자리 자체

denticulate · 소치아상거치

가장자리에 수직이며 바깥쪽을 향한 미세한 거치가 있음

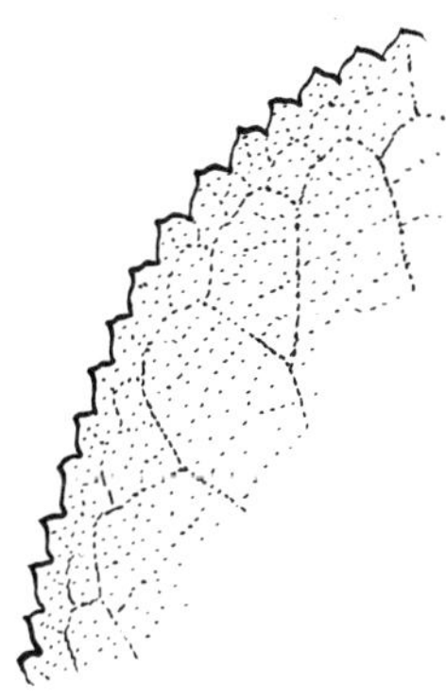

depauperate · 발육 부전의

일반적인 예상보다 작거나 적음

depressed · 하방압착, 하압착성

위에서 밀어 넣거나 납작하게 만든 (역자: 축방향에서 아래쪽으로 밀착하여 붙은 것)

descending · 사하성

아래쪽을 가리키는

determinate · 유한

1. 위에서 아래로 또는 중앙에서 측면으로 성숙하는 꽃의 화서; 2. 꽃과 같은 기관의 생산으로 끝나는 성장 또는 정단 분열 조직의 발육 정지

di-

둘을 의미하는 접두사

diadelphous · 양체웅예

수술대가 두 개의 그룹으로 융합된 수술. 예) 완두콩 꽃(콩과 콩아과)

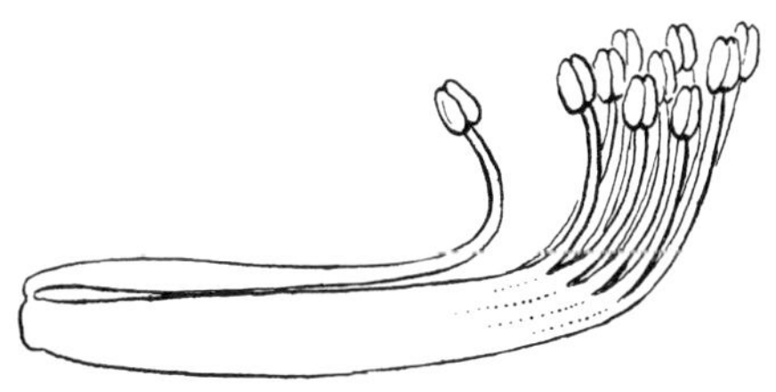

diandrous · 2웅예의, 이수술의

두 개의 수술을 가진

dichasium · 기산화서

두 개의 맞은편 꽃(단순) 또는 각 축에서 횡으로 생성된 가지로 구성(복합)된 취산화서

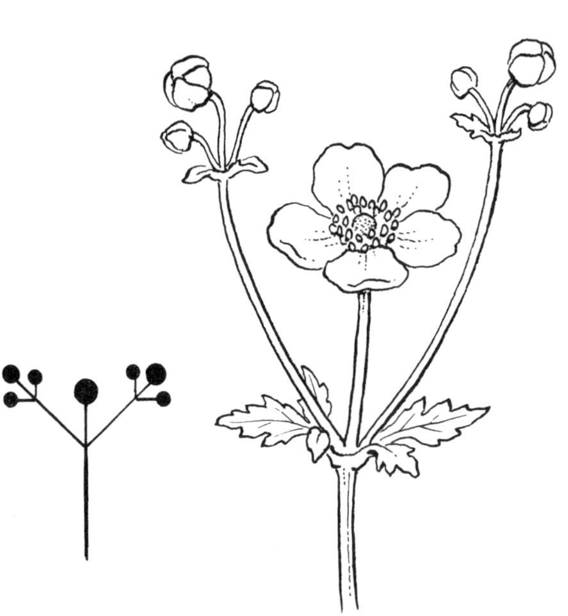

dichogamous · 자웅이숙성

자성과 웅성의 생식기관이 서로 다른 시간에 성숙하는

반의어 자웅동숙성(p107, homogamous)

dichotomous · 차상분지성, 차상형

1. 각 가지가 두 가지로 갈라지는 가지 모양; 2. 식별 키의 유형, 각 단계에는 두 가지 선택 사항이 있고 각 선택 사항은 옵션의 다른 하위 집합으로 이어짐

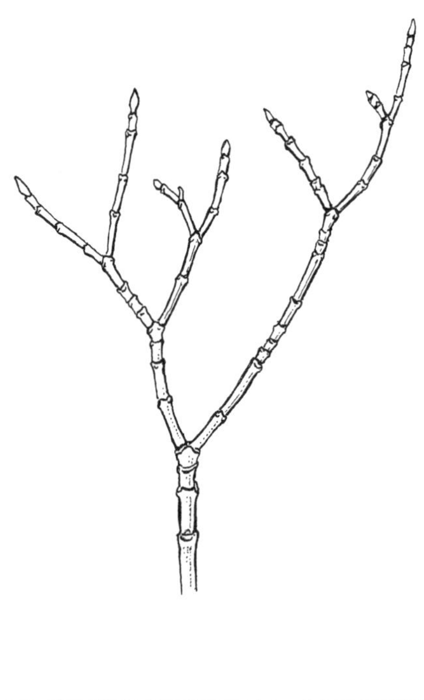

dicot · 쌍자엽식물의 단축형

일반적으로 두 개의 종자 잎(자엽), 4 또는 5의 배수로 된 꽃 부분 및 그물맥이 있는 잎을 갖는 식물의 인위적 집합체에 대한 단축형 이름(dicotyledon에서 유래)

반의어 단자엽식물(p130, monocot)

dicotyledonous · 쌍자엽식물형

두 개의 종자 잎(자엽)이 나는

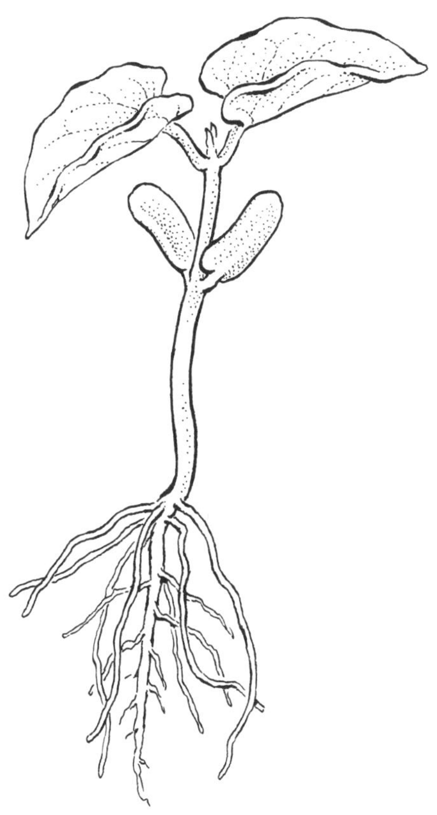

didymous · 이쌍웅예

쌍으로 발생하는

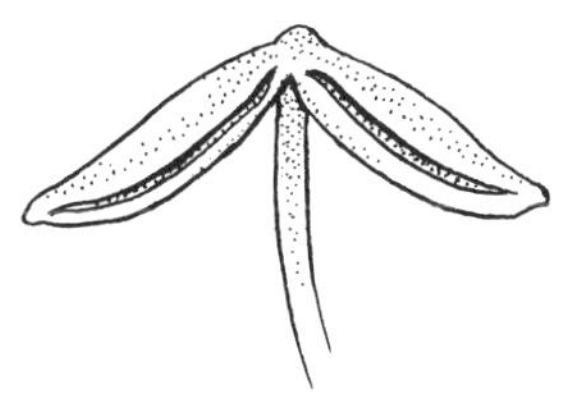

didynamous · 이강웅예

길이가 같지 않은 두 쌍의 수술

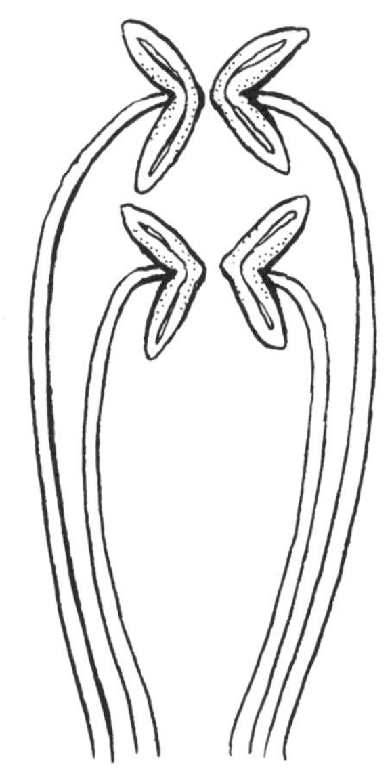

diffuse · 확산하다, 산포하다

퍼짐

digitate · 손 모양의, 장상의

손바닥에서 손가락처럼 일반적으로 잎자루 상단의 단일 지점에서 발생하는 잎맥, 열편, 소엽 또는 절편이 모두 있음

동의어 (p144, palmate)

dilated · 옆으로 퍼진, 팽창한

확장하는, 퍼지는

dimorphic · 이형성

두 가지 다른 형태의 불임성과 임성의 잎을 갖는 것과 같이 두 가지 다른 형태를 가짐. 예) 야산고비(*Onoclea sensibilis*)

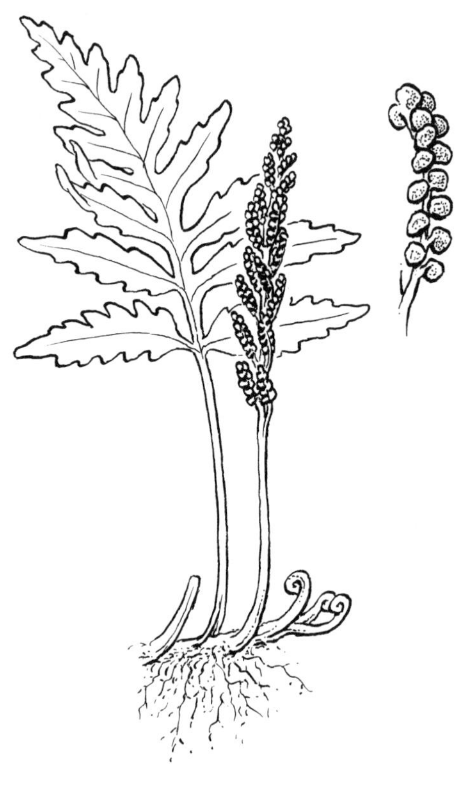

dioecious · 암수딴그루, 자웅이주

암꽃과 수꽃이 서로 다른 그루에 꽃을 피우는 것

반의어 자웅동주(p130, monoecious)

diploid · 이배체

두 셋트(2n)의 염색체를 가짐; 참고, 반수체(p103), 다배체(p160), 사배체(p205)

diplostemonous · 1.배수웅예, 2.화피대생이열웅예

1. 수술이 꽃잎보다 2배 많음; 다체웅예(p103) 참조; 2. 2개의 구분되는 수술군 중, 바깥쪽은 꽃받침과 마주하고 안쪽은 꽃잎과 마주함

반의어 2.화피호생이열웅예(p137, obdiplostemonous)

disarticulating · 분리되다

성숙기에 관절을 따라 분리

discoid · 1.원반상 2.통상화형

1. 디스크 모양; 2. 국화과(Asteraceae)의 일부 식물과 같이 통상화로만 구성된 화서

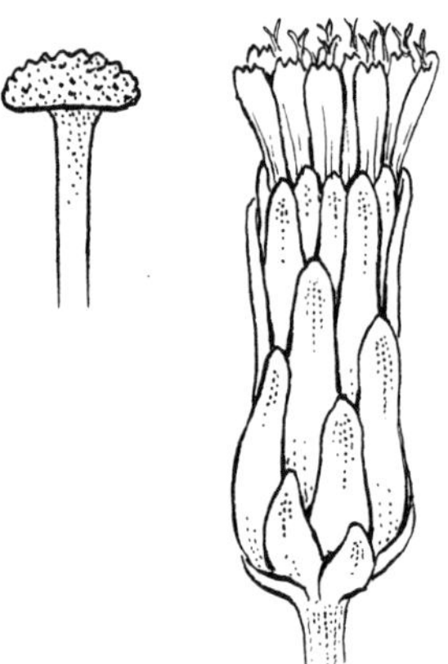

discrete · 이생

비슷한 부분이 서로 분리된

동의어 (p72, distinct)

반의어 합생(p55, connate)

disk, disc · 화반, 밀선반

일부 꽃에서 화탁 조직의 확장, 꿀을 분비할 수 있음

disk flower · 통상화, 반상화

화관이 퍼지지 않는 국화과(Asteraceae)의 꽃으로, 보통 두상화서의 중앙 부분에 생김

반의어 설상화(p123, ligulate flower / p169, ray flower)

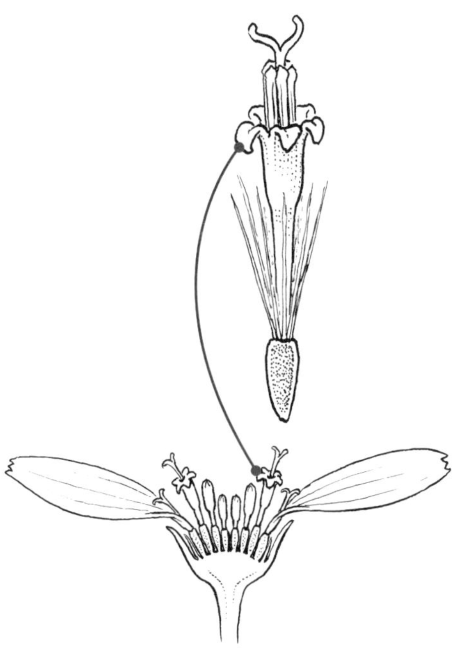

dissected · 세열

깊게 갈라진

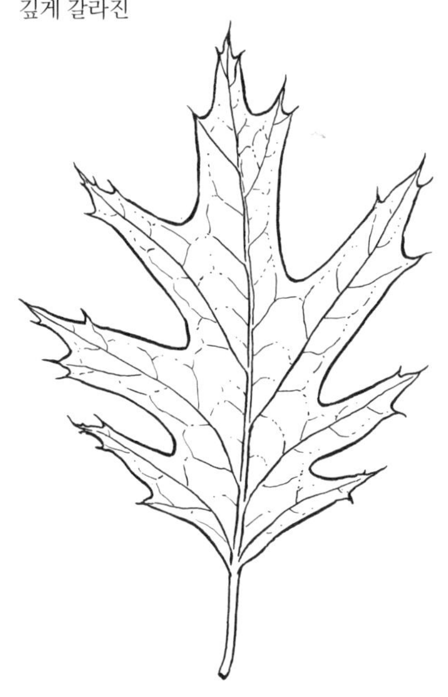

distal · 원심부

끝 부분, 부착점에서 가장 먼 끝

반의어 향심부(p163, proximal)

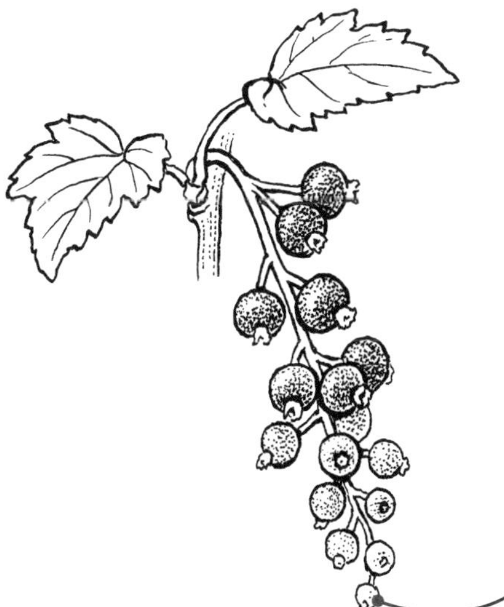

distichous · 이열호생

줄기의 잎과 같이 중심축을 따라 두 개의 반대 열로 발생하며, 축을 따라 끝에서 아래쪽으로 또는 그 반대로 보았을 때 전체 구조가 평평하게 보임

동의어 (p211, two-ranked)

distinct · 이생

비슷한 구조가 분리된

동의어 (p70, discrete)

반의어 동합(p55, connate)

divaricate · 분기된

넓게 펼쳐진, 일반적으로 분기에 관련된 용어

divergent · 분기하는

퍼짐

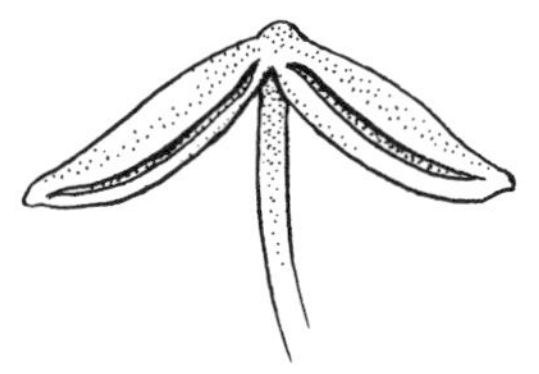

divided · 전열

둘 이상의 조각으로 분할

division · 1.분할, 분구, 2.문(門)

1. 다년생 식물(또는 더 일반적으로 다년생 식물의 클론 덩어리)이 물리적으로 둘 이상의 식물로 분할되는 번식 방법; 2. 분류학적 순위는 강(綱)보다 높고 동물은 문(phylum)에 해당하는 계급, 식물 문의 이름은 "-ophyta"로 끝남

domatium · 소혈, 도마티아

(복수 domatia) 무척추동물의 은신처 역할을 하는 작은 구덩이 또는 연모로 덮인 표면, 종종 잎맥의 겨드랑이에 있음

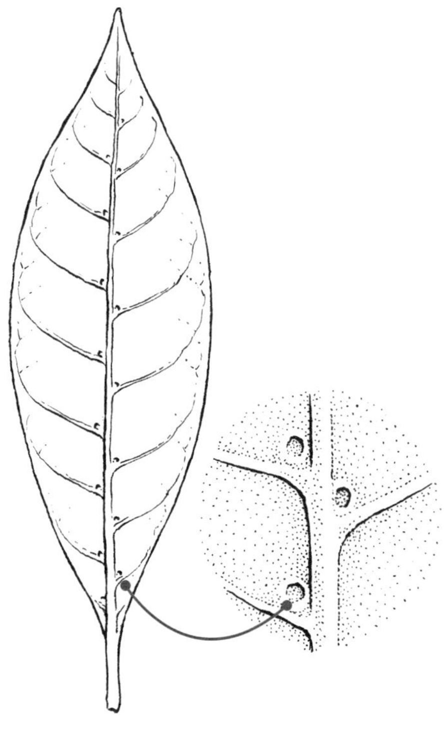

dormant · 휴면

활발히 자라지 않고, 쉬고 있음

dorsal · 1.등쪽의 배면의, 2.등꽃받침, 배악편

1. 뒷면과 관련되어, 축에서 바깥을 향한 표면이며, 윗면(향축면) 또는 뒷면(배축면)과 동의어로 다양하게 처리됨; 2. 난초 꽃의 상부, 등꽃받침

반의어 1. 복면(p215, ventral)

dorsifixed · 측착

꽃밥의 뒷면에 부착된 수술대와 같이 뒷면에 부착된; 저착(p29), 정자착(p127), 정자착(p215) 참고

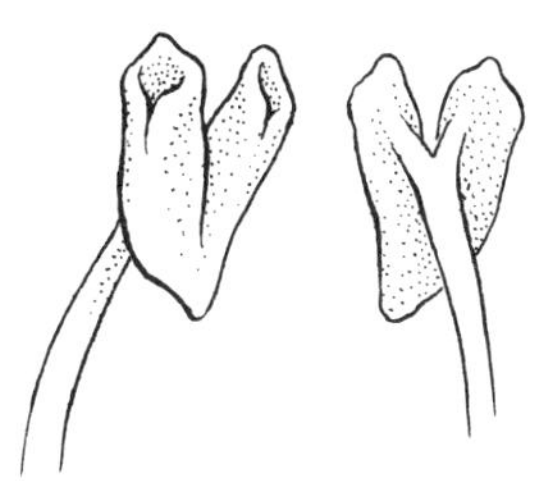

dorsiventral · 배복성

1. 상부(복면) 및 하부(등쪽) 표면의 모양이 다른; 2. 평평한

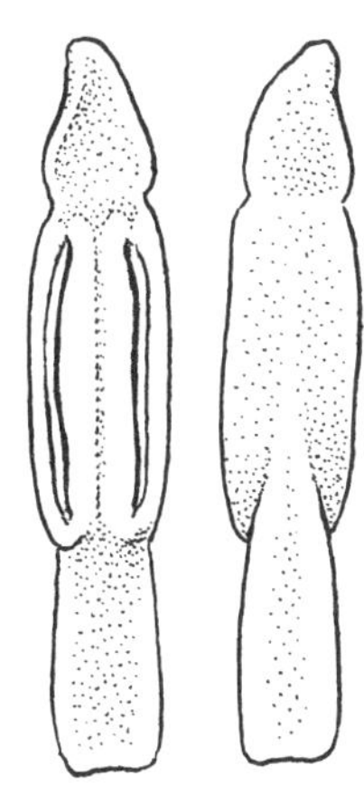

doubled · 겹꽃

꽃의 윤생층에 일반적인 수보다 많은 꽃잎이 있음. 예) 꽃잎이 많이 자라는 장미(Rosa)

동의어 (p157, pleiomerous)

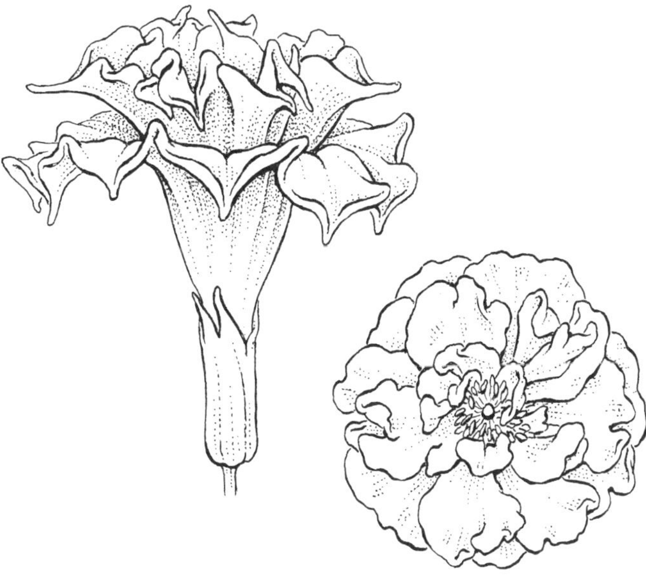

double samara · 쌍날개형의, 시과형 분열과

성숙 시 2개의 날개 부분(시과와 유사한 분과)으로 나뉘며 2심피 씨방에서 파생된 열매. 예) 단풍나무속(Acer) 열매

동의어 (p178, samaroid schizocarp)

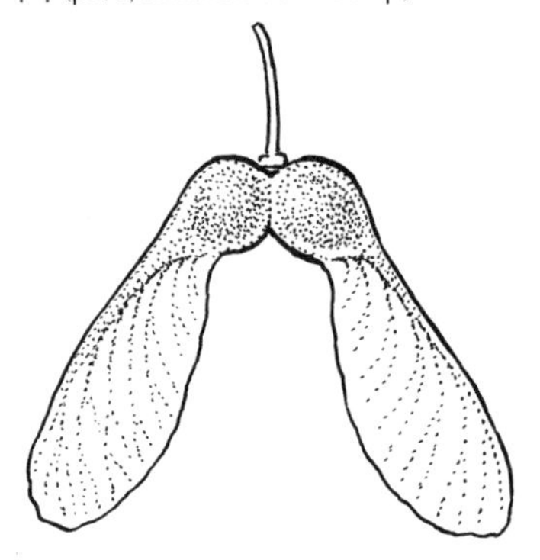

doubly crenate · 이중둔거치, 복둔거치

잎 가장자리가 큰 부채꼴 거치에 작은 부채꼴 거치가 있는 2단 부채꼴의 형태

동의어 (p31, bicrenate)

doubly serrate · 이중거치, 중거치, 겹톱니

거치 자체의 가장자리가 치아 모양이고 거치의 끝이 모두 정점을 향함

동의어 (p33, biserrate)

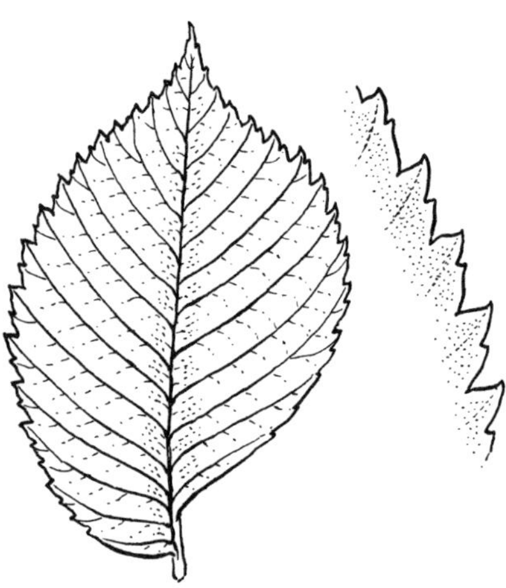

drip tip · 적하선단

가늘고 뾰족한 잎 끝부분으로 잎 표면의 과도한 물이 빠르게 배수되도록 함

drooping · 늘어진

수분이 빠진 초본의 한 부분처럼 아래로 매달려 있거나 구부러져 있음

dropper · 수하구, 드로퍼

구근 또는 구경에서 아래쪽으로 자라는 슈트 또는 새로운 구근 또는 구경으로 자람

동의어 (p186, sinker)

drupaceous · 핵과상

1. 핵과 모양; 2. 핵과가 열리는

drupe · 핵과

외과피(보통 얇음), 중과피(보통 다육질), 골질 또는 딱딱한 내과피(핵 또는 씨라고도 함)로 구성된 다육질의 열개하지 않는 열매. 예) 복숭아와 체리(살구속, *Prunus*)

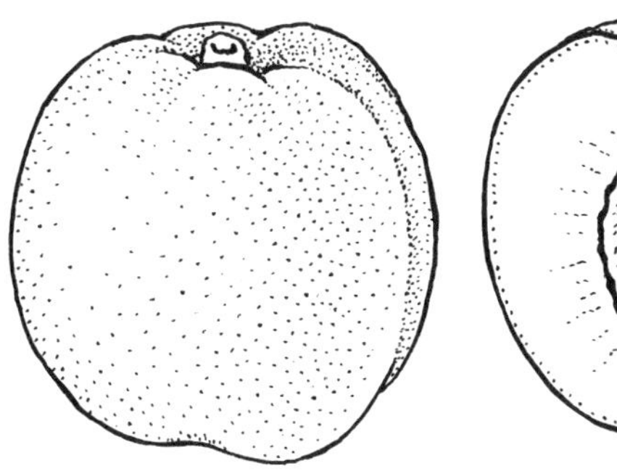

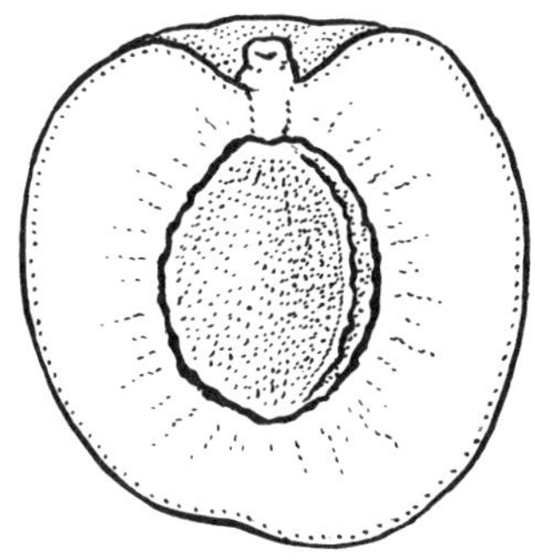

drupelet · 소핵과

취과에서 각각의 암술에 의해 형성된 것과 같은 작은 핵과. 예) 라스베리 및 블랙베리(산딸기속, *Rubus*)

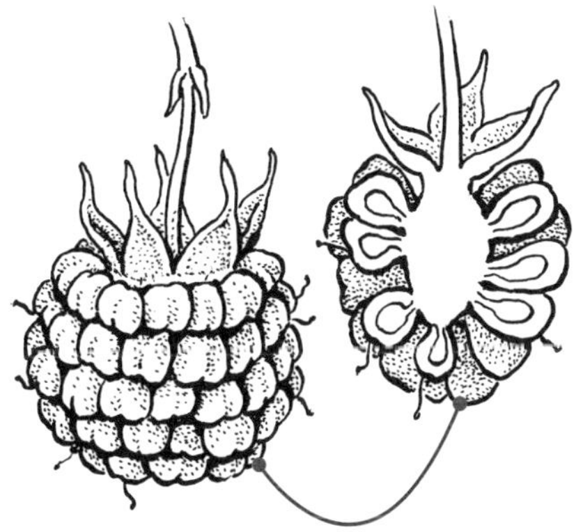

E

e-

없음, 결여를 의미하는 접두사; ex- 참조

ear · 이삭, (옥수수의)열매

벼과형 수상화서와 그것에서 발달하는 과서. 예) 옥수수(*Zea mays*) 이삭

eared · 이저

귓불 모양, 귓바퀴가 있는

동의어 (p25, auriculate)

eccentric · 편심성, 치우친

축의 중앙에 위치하지 않음

echinate · 자상
짧고 뻗뻗한 털이나 가시를 가진

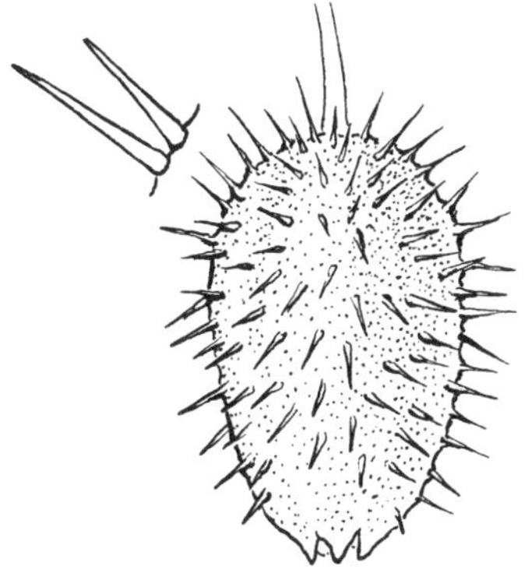

echinulate · 잔가시, 세자상
매우 짧고 뻗뻗한 털이나 가시를 가진

edaphic · 토양성, 토양의 영향을 받는
토양에 관한 것; 토양이 식물의 성장과 지역 군집에 미치는 영향의 맥락에서 사용

eglandular · 샘이 없는, 선(腺)이 없는
샘이 없는

elaiosome · 유상체, 종침
제비꽃(*Viola*) 종자와 같이 종자 분산을 위해 개미를 유인하는, 종피의 제(hilum) 근처에 있는 다육질 부속물

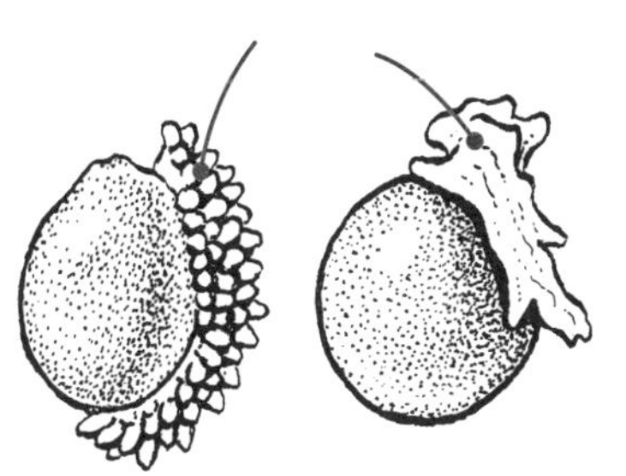

ellipsoid · 타원체
가운데가 가장 넓고 단면이 원형인 3차원 타원형

elliptic · 타원형, 타원의
타원 모양으로 가운데가 가장 넓음

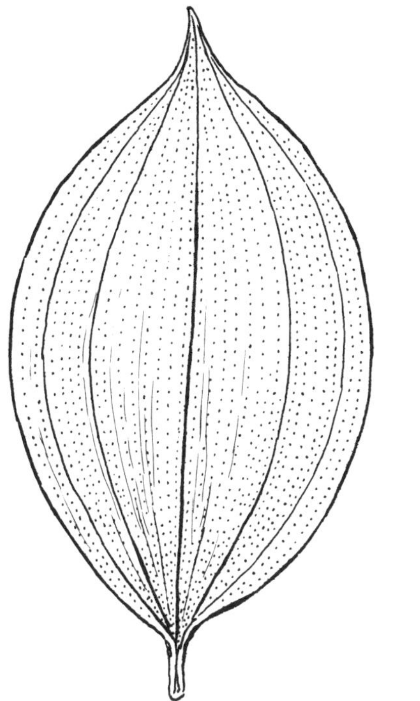

elongate · 가늘고 긴
폭보다 긴

emarginate · 요두
중앙에 급격하고 얕게 만입되어 있는 둥근 끝부분

동의어 미요두(p172, retuse) (역자: 요두와 미요두는 크기에서 차이가 있음)

embryo · 배

씨앗 속의 미성숙한 식물

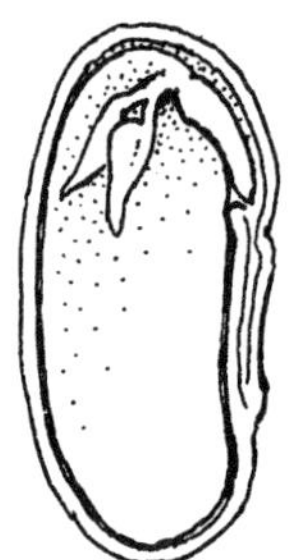

emergent · 정수식물

예를 들어, 물 또는 임관의 표면 위로 자라는

emersed · 정수성

일부 수생식물처럼 수면 위로 성장하는

반의어 침수성(P197, submerged, submersed)

enation · 엽상돌기

솔잎란속(*Psilotum*) 식물의 잎과 같은 구조에서처럼 표면에서 파생된 것

동의어 (p84, excrescence)

endemic · 고유종

고유한 특정 지역, 서식지 또는 토양 유형으로 제한되는 토착종

endocarp · 내과피

과일 벽(과피)의 가장 안쪽 층. 예) 복숭아와 체리의 씨(벚나무속, Prunus)

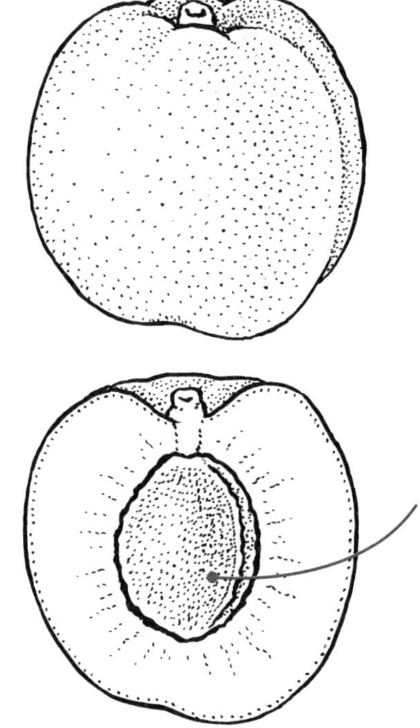

endosperm · 배젖, 배유

발달 중인 배아를 위한 종자의 영양 조직

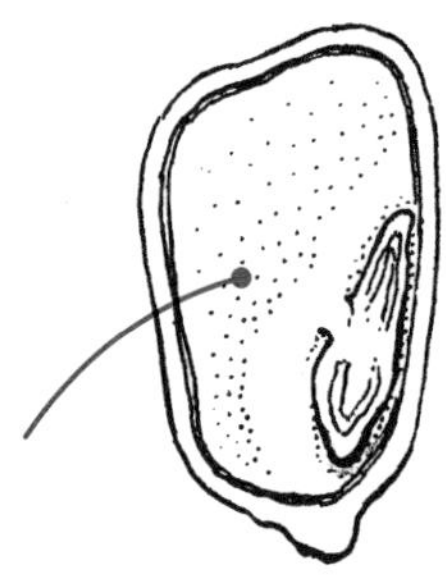

ensiform · 검형

창 또는 검 모양으로 기부로 향하는 끝부분이 가장 넓음

동의어 (p99, gladiate), 피침형(p120, lanceolate)

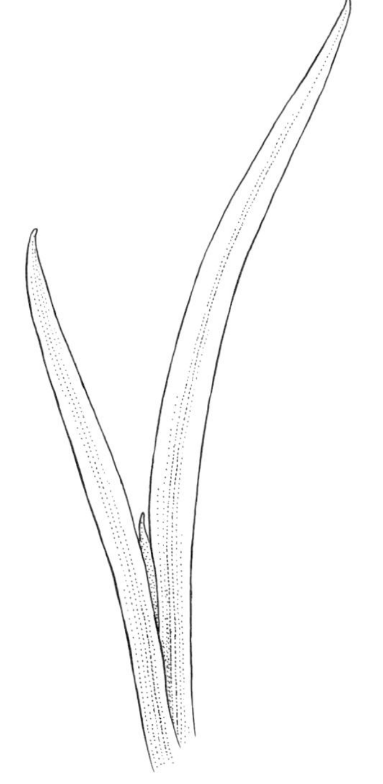

entire · 전연

분활되지 않고 가장자리를 따라 열편이나 톱니가 없음

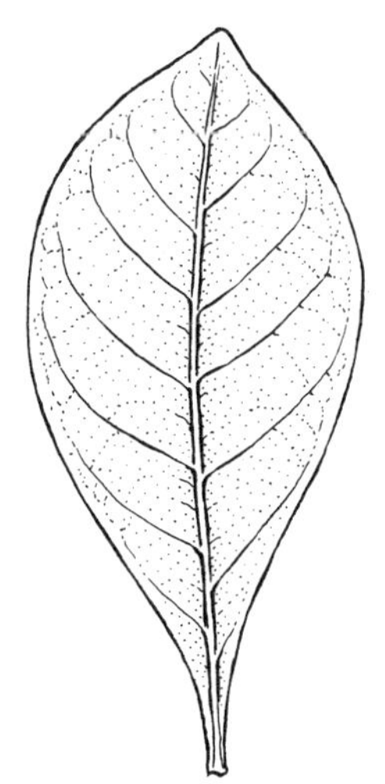

entomophagous · 식충성

곤충을 먹는

동의어 (p79, insectivorous)

entomophilous · 충매화, 충매의

곤충에 의해 수분되는

ephemeral · (춘계)단명식물, 순간출현한 해살이

단명 또는 단속성; 한여름까지 자라고 꽃이 피고 열매를 맺었다가 완전히 시드는 식물인 초봄 식물에 가장 일반적으로 적용됨

동의어 (p83, evanescent)

epi-

위(예, 화판상생)나 넘어(예, 지상발아)를 의미하는 접두사

epicalyx · 덧꽃받침, 외악

꽃을 받치는 꽃받침 외부에 윤생층으로 나타나는 포

동의어 부악(p42, calyculus)

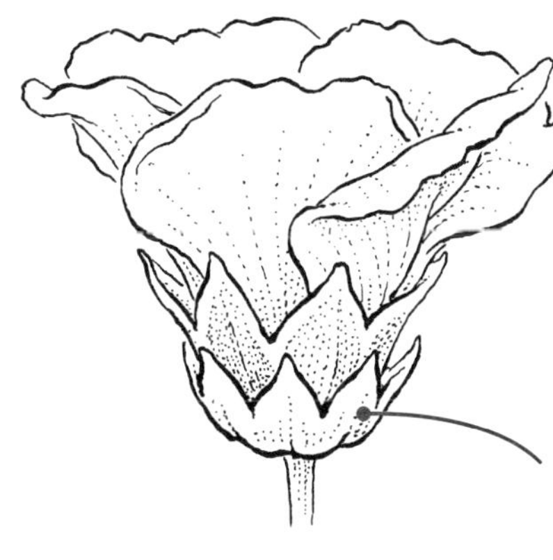

epicarp · 외과피

과일 벽(과피)의 가장 바깥층. 예) 복숭아 (*Prunus persica*) 껍질

동의어 (p84, exocarp)

epicotyl · 상배축

떡잎 위의 배아 또는 실생묘의 부위 (식물계통학 : 종자식물의 첫 번째 슈트로 종자의 배에서 발달)

반의어 하배축(p108, hypocotyl)

epidermal · 표피의, 외피의

표피에 관한

epidermis · 표피

식물의 가장 바깥쪽의 다층 표면 조직

epigeal, epigeous · 지상발아, 현생자엽

땅 위로 솟아올라 자라는 실생묘에 붙어 광합성을 하는 발아형

반의어 지하발아(p109, hypogeal, hypogeous)

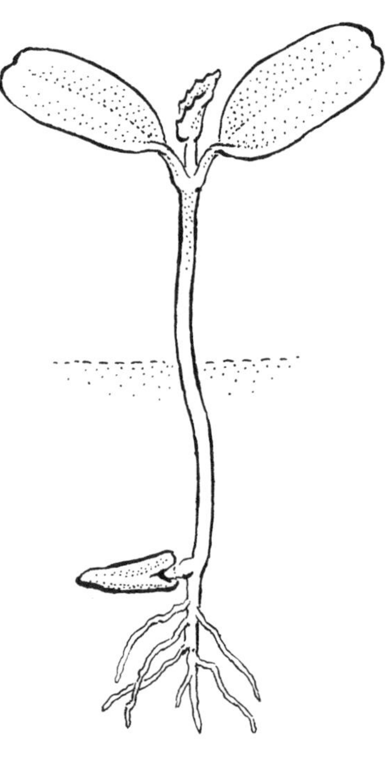

epigynous · 자방상생, 하위자방

하위 자방이 있는 꽃

epilithic · 암생의

바위에 붙어 자라는

동의어 (P84, epipetric)

epipetalous · 화판상생

꽃잎에 붙은

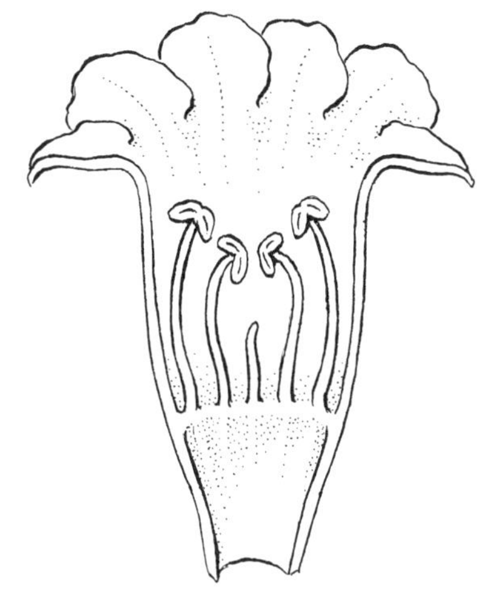

epipetric · 암생

바위에 붙어 자라는

동의어 (p84, epilithic)

epiphyllous · 착엽식물

다른 식물의 잎에 붙어 자라지만 그 식물에 기생하지 않음

epiphyte · 착생식물

다른 식물에 붙어 자라지만 그 식물에 기생하지 않는 식물

epiphytic · 착생

다른 식물에 붙어 자라지만 그 식물에 기생하지는 않음

epizoochory · 동물표면산포

동물의 털에 달라붙는 씨앗이나 열매처럼 동물의 표면에 의해 분산되는 씨앗

equilateral · 등변성

동등한 측면을 가진

equitant · 과상

붓꽃속(*Iris*)처럼 잎 기부가 부분적으로 동심원을 이룬

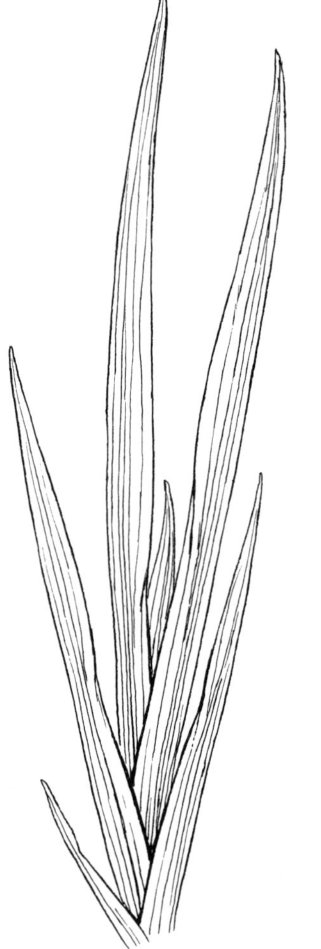

erect · 직립

수직으로 똑바로 선

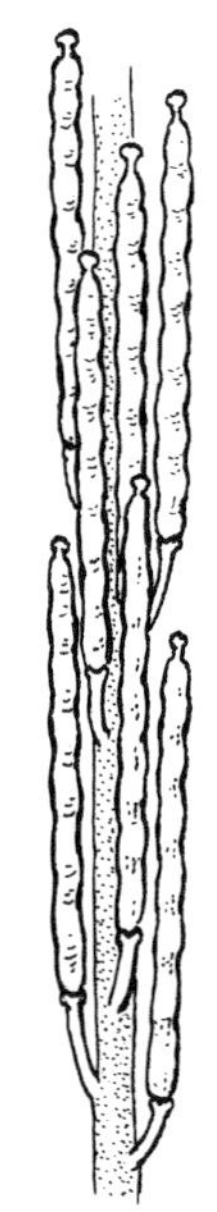

erose · 불규칙톱니

톱니가 불규칙한

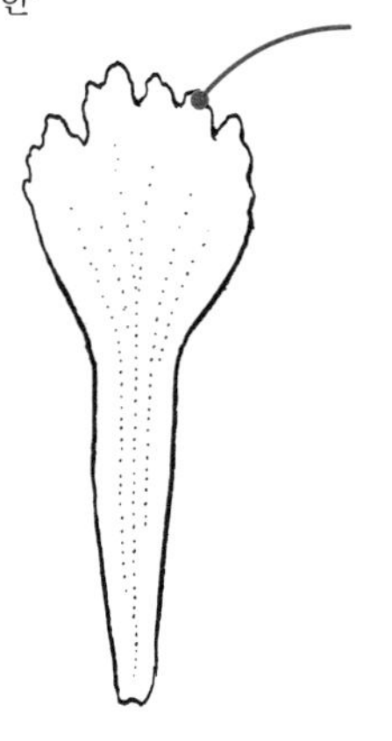

escaped · 일출식물, 야생화(野生化)

재배를 통해 그 지역에 도입되었지만 현재 야생에서 스스로 번식하고 있는 식물

espalier · 에스펠리어, 가지시렁, 울타리 유인

1. 나무나 관목을 벽이나 울타리에 기대어 평평하게 자라게 하거나 벽의 형태로 가지를 다듬는 방법 2. 이렇게 자란 식물

estipellate · 무소탁엽성

소탁엽이 없는
동의어 (p85, exstipellate)

estipulate · 무탁엽성

탁엽이 없는
동의어 (p85, exstipulate)

estivation, aestivation · 꽃눈내배열, 화아내형태

눈(芽) 속에서 화피 부분의 배열, 유엽형태 (p215) 참고

etaerio · 취과, 집합과

하나의 꽃에서 여러 개의 분리된 단심피성 암술이 융합되어 형성되며, 시과, 핵과, 수과, 골돌과를 포함한 여러 유형의 다양한 열매들로 구성됨. 예) 라스베리와 블랙베리(산딸기속, *Rubus*)
동의어 (p14, aggregate fruit)

etiolated · 연화식물(軟化植物)

햇빛 부족으로 가늘고 길쭉하게 성장함

evanescent · (춘계)단명식물, 순간출현 한해살이

단명 또는 단속성; 한여름까지 자라고 꽃이 피고 열매를 맺었다가 완전히 시드는 식물인 초봄식물에 가장 일반적으로 적용됨
동의어 (p79, ephemeral)

even-pinnate · 짝수우상, 우수우상

짝수 개의 소엽으로 이루어진 우상복엽으로 한 쌍의 소엽으로 끝남; 기수우상(p111, imparipinnate), 기수우상(p140, odd-pinnate) 참조
동의어 (p147, paripinnate)

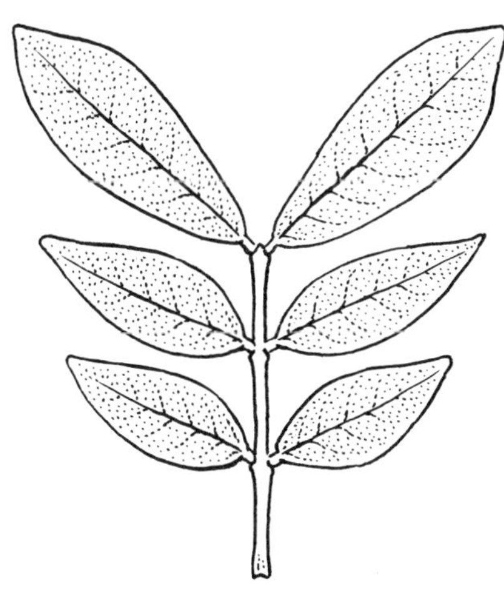

E

everbearing · 사철성, 사계절성

성장기 내내 꽃과 열매를 계속 생산함

evergreen · 상록성의

일년 내내 적어도 일부는 살아있는 잎을 유지하는

반의어 낙엽성(p65, deciduous)

everlasting · 무변성의

건조할 때 신선한 상태와 매우 유사한 꽃. 예) 밀짚꽃(*Xerochrysum bracteatum*) 및 국화과(Asteraceae)의 다른 구성원

ex-

없음, 결여를 의미하는 접두사; e- 참조

excrescence · 엽상돌기

솔잎란속(*Psilotum*) 식물의 잎과 같은 구조에서처럼 표면에서 파생된 것

동의어 (p78, enation)

exfoliate · 박리되다, 벗겨지다, 탈락하다

자작나무(*Betula*) 껍질처럼 외부 층이 얇은 조각으로 떨어지는

exine · 표벽

화분립(꽃가루 알갱이) 벽의 가장 바깥층

exocarp · 외과피

과일 벽(과피)의 가장 바깥층. 예) 복숭아(*Prunus persica*) 껍질

동의어 (p80, epicarp)

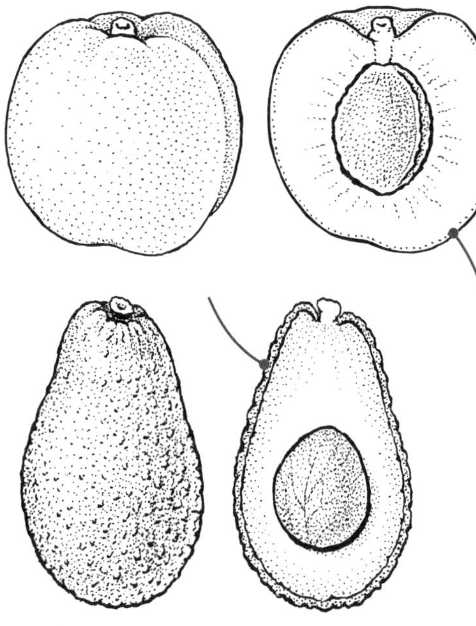

exotic · 외래종

특정 지역, 서식지 또는 토양 유형이 원산지가 아닌; 도입종. 예) 온대 기후에서 자라는 열대 식물

explant · 외식편, 절편체

조직 배양에서 배양을 위해 성장 배지로 옮겨지는 모 식물의 단편

exserted · 외출, 돌출

화관 넘어 확장되는 암술대와 같이 튀어나오거나 비어져 나오는

반의어 내포(p111, included)

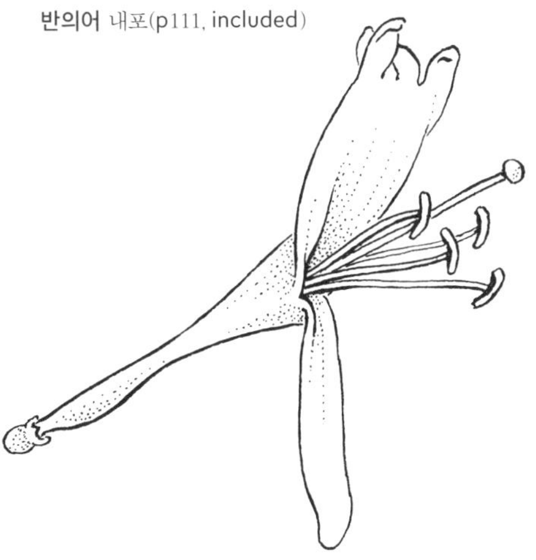

ex situ · 현지 외

창조된 환경에서, 재배에서

exstipellate · 무소탁엽성

소탁엽이 없는

동의어 (p83, estipellate)

exstipulate · 무탁엽성

탁엽이 없는

동의어 (p83, estipulate)

extra-

바깥을 의미하는 접두사

extrafloral · 화외밀선

잎에 있는 꿀샘과 같이 꽃의 외부에 있는

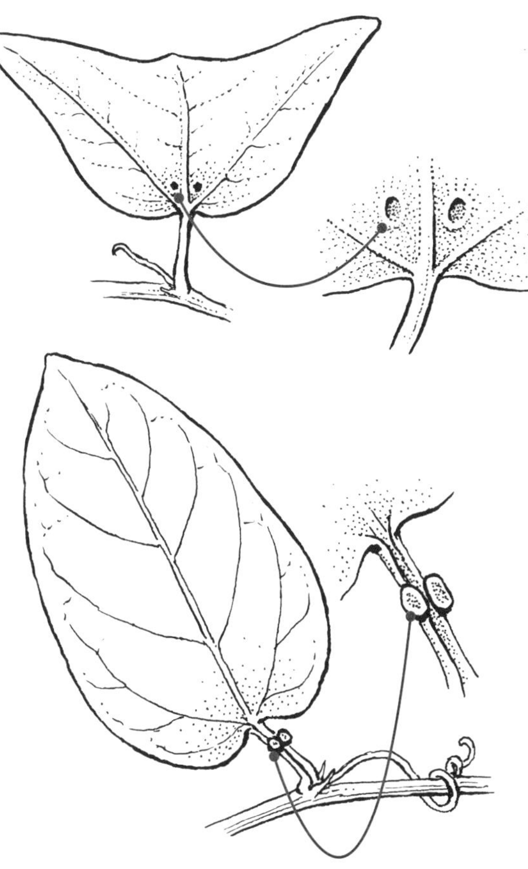

extrastaminal · 웅예외밀선반

수술의 윤생층 바깥쪽

extrorse · 외향

꽃의 중심에서 바깥쪽을 향하고 열개하는 수술

exudate · 삼출액(滲出液)

손상된 조직에서 방출되는 액체

eye · 1. 눈, 2. 싹

1. 감자(*Solanum tuberosum*)와 같은 일부 괴경의 결절; 2. 달리아(*Dahlia*)의 지하에 있는 어린 식물 또는 생식용 새싹

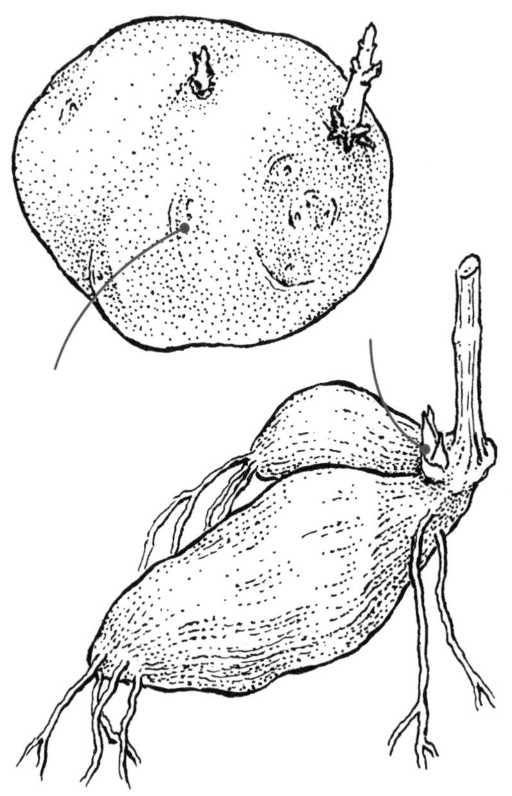

F

face · 표면

식물 기관의 내부 또는 상부 표면

falcate, falciform · 낫형

낫처럼 한쪽으로 휘어진

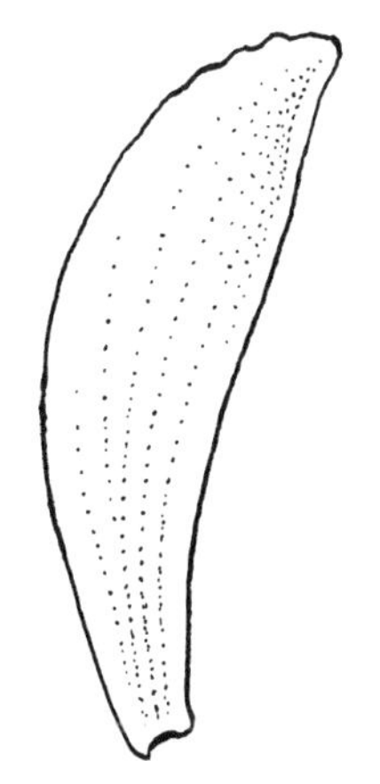

fall · 외화피편

붓꽃(*Iris*)의 꽃에 있는 3개의 외화피(모든 꽃받침) 중 하나; 내화피편 참조(p197)

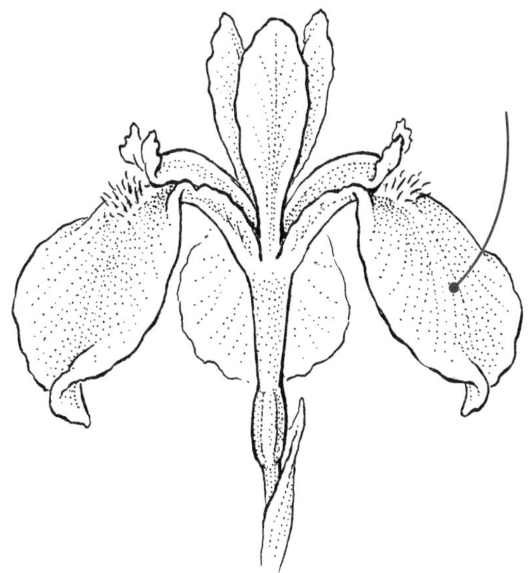

fall-bearing · 가을걷이

성장 첫 해 가을에 열매를 맺는 1년차 가지가 있는 과실 관목. 예) 일부 라스베리와 블랙베리(산딸기속, *Rubus*); 여름걷이 참고(p198)

false flower · 헛꽃, 위화, 가화

홑꽃과 매우 유사한 화서. 예) 꽃산딸나무(*Cornus florida*), 대극속(*Euphorbia*) 배상화서, 국화과의 두화

동의어 (p163, pseudanthium)

false fruit · 헛열매, 가과

종자를 포함하는 구조는 열매와 유사하고 종종 열매로 오인되지만 조직의 대부분은 씨방에서 유래한 것이 아님(화탁통 또는 화탁과 같은 구조에서 유래할 수 있음). 예) 장미과(薔薇果)(*Rosa*)

동의어 (p19, anthocarp / p164, pseudocarp)

false indusium · 위포막

(복수형 false indusia) 엽상체 가장자리에 있는 주머니 또는 양치류의 포자낭군을 덮는 양치잎의 접힌 부분

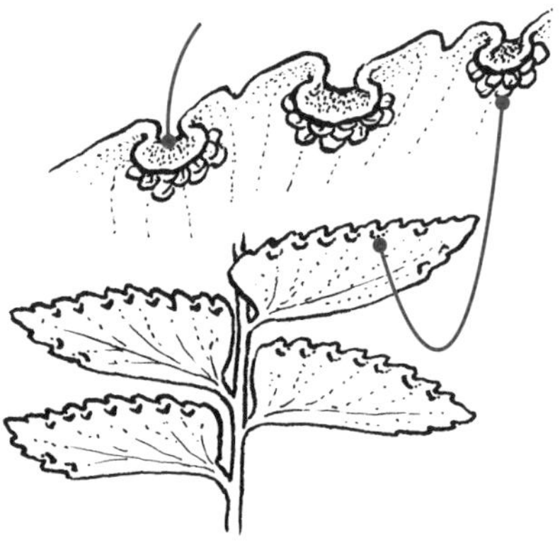

family · 과(科)

속(屬)의 위, 목(目) 아래의 분류학적 계급; 식물에서 과의 이름은 "-aceae"로 끝남

fasciated · 갈기 모양으로 된, (이상 발육으로) 넓적해진

불규칙한 성장으로 인해 일반적으로 줄기나 화서의 끝에 조직 덩어리가 생성됨

동의어 (p60, crested)

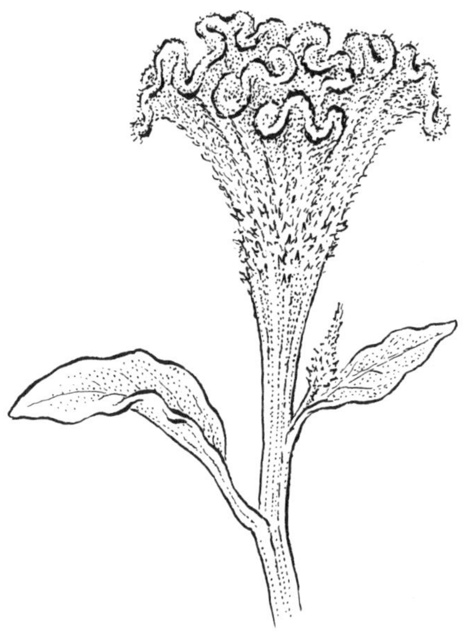

fascicle · 속생지

유사한 기관의 묶음. 예) 솔잎

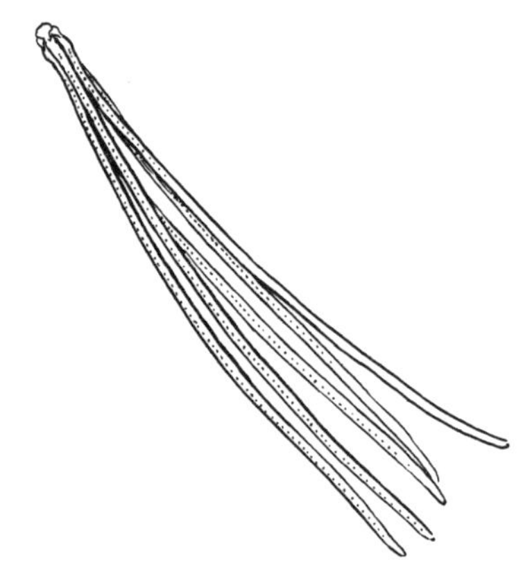

fasciculated · 속생의

묶음 또는 송이로 발생

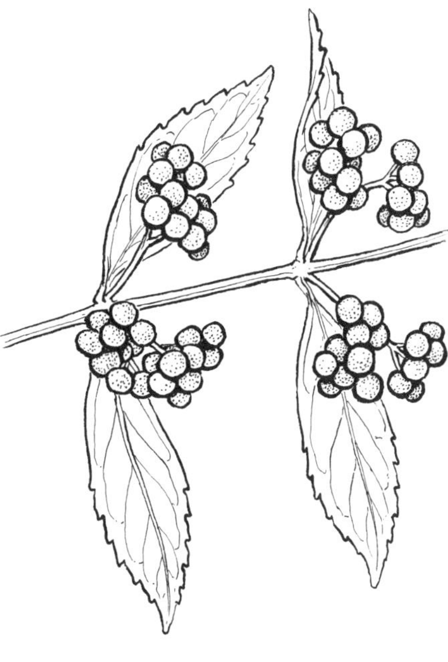

fastigiate · 속생한

직립하는 빗자루와 같이 군생으로 발생하는 가지가 있음

faveolate, favose · 벌집형

깔끔하게 배열된 구덩이와 능선이 있는 벌집 형태

동의어 alveolate

feather · 깃가지

올해 난 줄기의 옆 가지

female flower · 암꽃

임성인 자성 구조(암술)를 갖고 있는 꽃과 웅성 구조(수술)가 없거나 불임성 수술이 있는 꽃

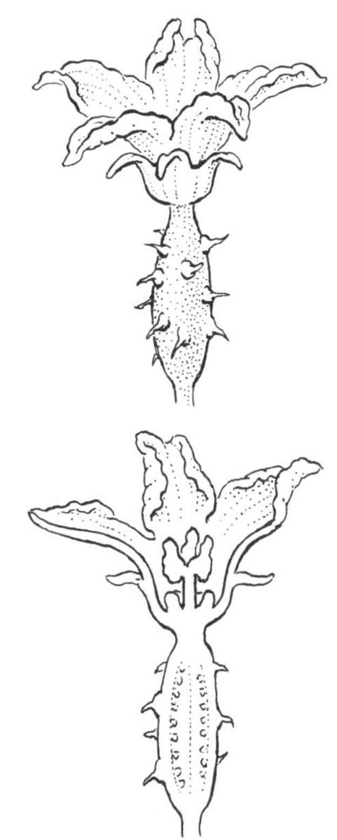

fenestrate · 창문상

작은 창과 같은 영역이 있는

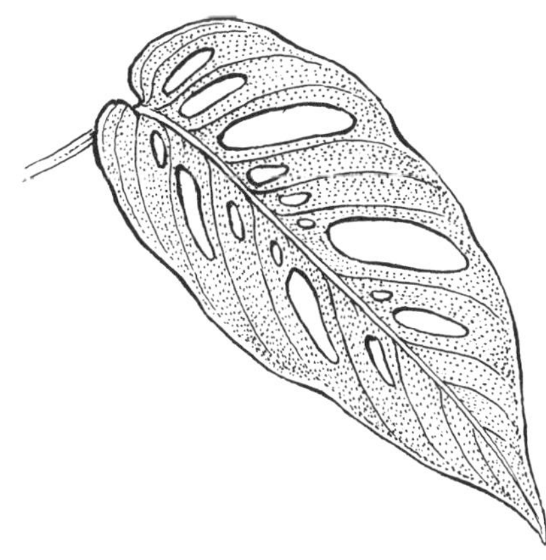

ferruginous · 적갈색

적갈색, [금속의]녹 또는 밤색

동의어 (p46, castaneous / p175, rufous, rufus)

fertile · 염성, 임성

1. 유성 생식이 가능하며, 개별 부분(예: 꽃, 잎, 암술, 수술) 또는 전체 개체를 지칭할 수 있음 2. 꽃, 구과, 포자 또는 씨앗을 맺는

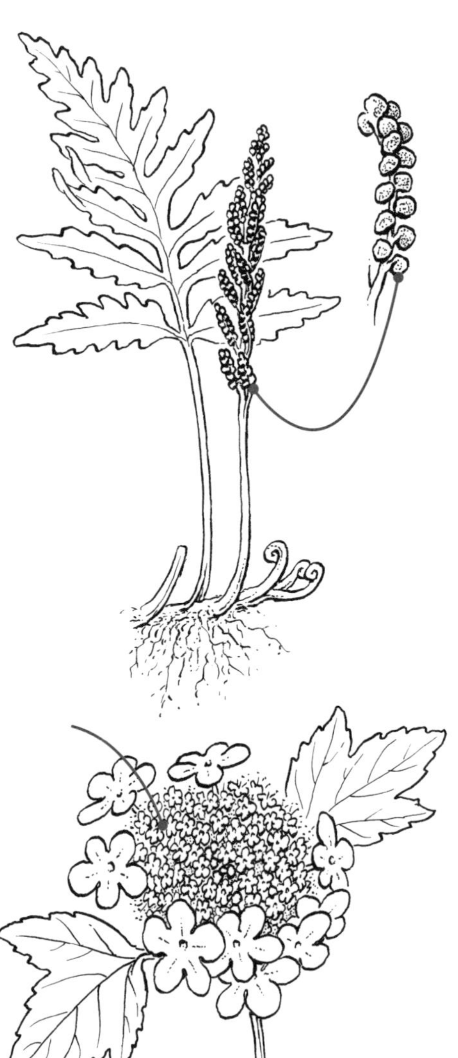

fetid · 악취가 나는

고약한 냄새가 나는

fibrous · 섬유성, 섬유상

1. 섬유질이 있음; 2. 섬유 모양

fibrous roots · 수염뿌리, 사상근, 수근

뿌리의 직경이 거의 비슷한 뿌리 체계

fiddlehead · 양치유엽, 권상유엽

눈이 펼쳐지는 과정에 있는 꼬인 양치류의 엽상체

동의어 (p61, crozier)

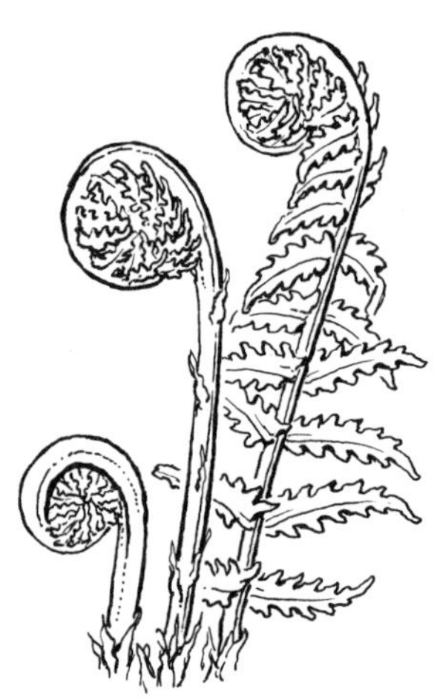

filament · 수술대, 화사

1. 수술에서 꽃밥이 달리는 줄기; 2. 가는 섬유

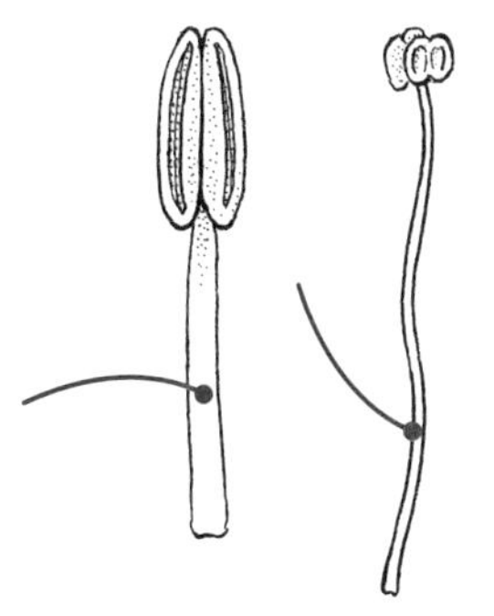

filamentous · 화사형

1. 수술대가 있는; 2. 수술대 모양

filiform · 실 모양의, 사상

실 모양

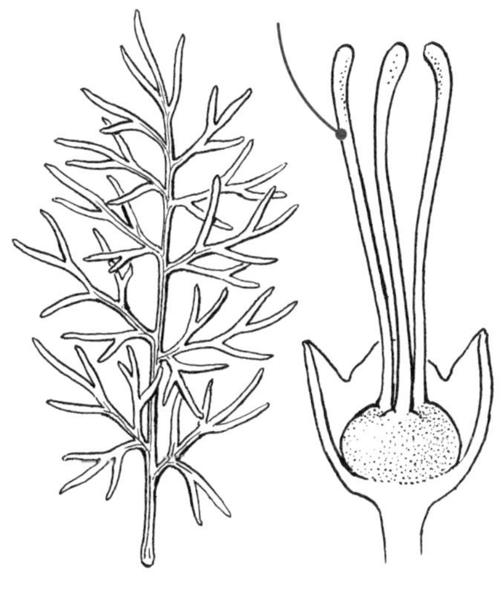

fimbriate · 술 모양의

톱니처럼 갈라진 털, 가장자리에 적용

first leaf · 제1엽

떡잎이 나온 후에 나오는 첫 번째 잎, 종종 성숙한 식물의 잎과 형태학적으로 현저히 다름

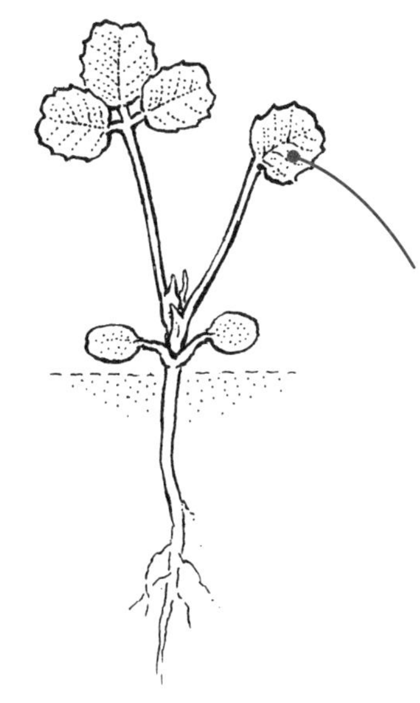

flabellate, flabelliform · 부채살형

부채와 같은 형태. 예) 은행나무(*Ginkgo*)의 잎

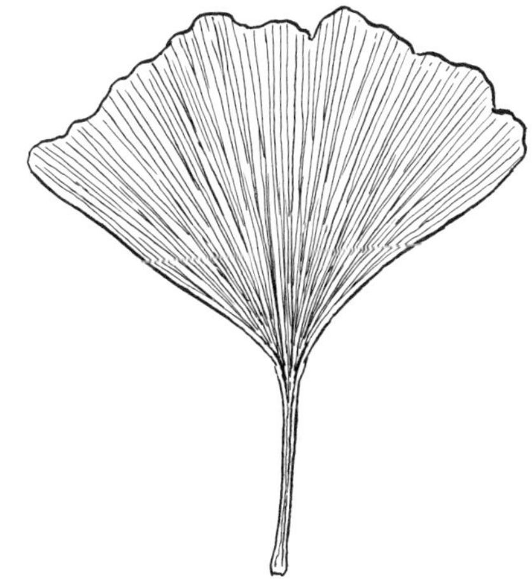

flagellate · 덩굴줄기성

길고 얇은 기는 줄기(포복경)가 있는
동의어 (p179, sarmentose)

fleshy · 다육성, 다육질

즙이 많고, 수분을 보존하는 조직

flexuose, flexuous · 물결형

가축분지성으로 성장하는 줄기와 같이 반대 방향으로 앞뒤로 구부러지고 지그재그로 움직임

floral · 꽃의, 식물상의

꽃과 관련된

floral cup · 화탁통

자방을 둘러싸고 융합되거나 자방에서 분리된 관형 구조로 화탁의 확장 및/또는 외부 3개의 꽃 윤생층(꽃받침, 화관, 수술군)의 다양한 구성 요소의 융합일 수 있음
동의어 (p108, hypanthium)

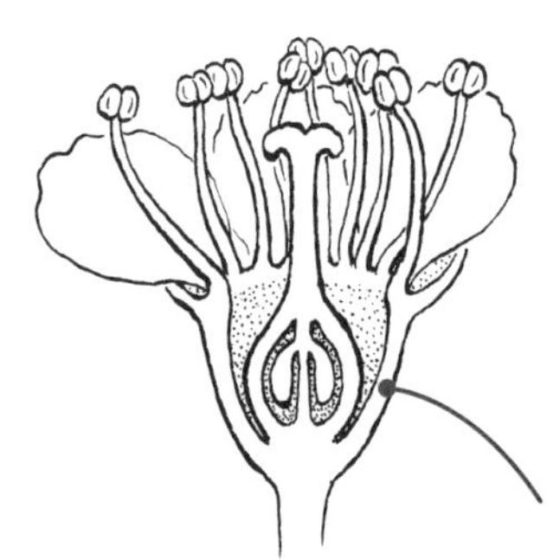

floral envelope · 화피

꽃받침(꽃받침잎)과 화관(꽃잎)의 총칭
동의어 (p150, perianth)

floral tube · 화통

융합된 관 모양의 꽃받침 또는 화관

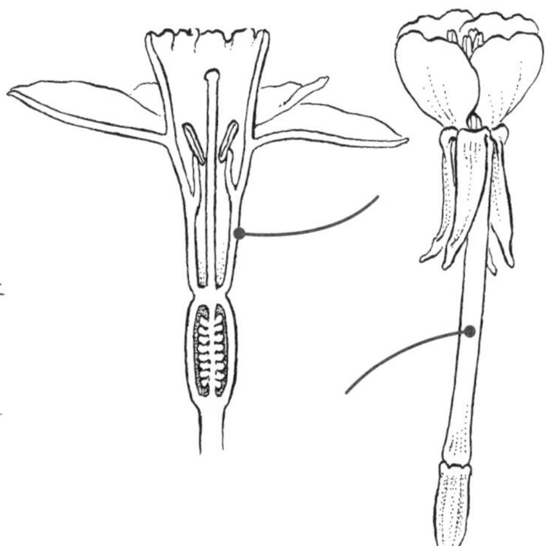

floret · 소화

1. 작은 꽃; 2. 화서 내의 단일 꽃, 예를 들어 국화과(Asteraceae), 산형과(Apiaceae), 십자화과(Brassicaceae) 등의 과들; 3. 벼과(Poaceae) 화서의 가장 작은 단위로, 꽃과 두 개의 마주하는 포(호영 및 내영)로 구성됨

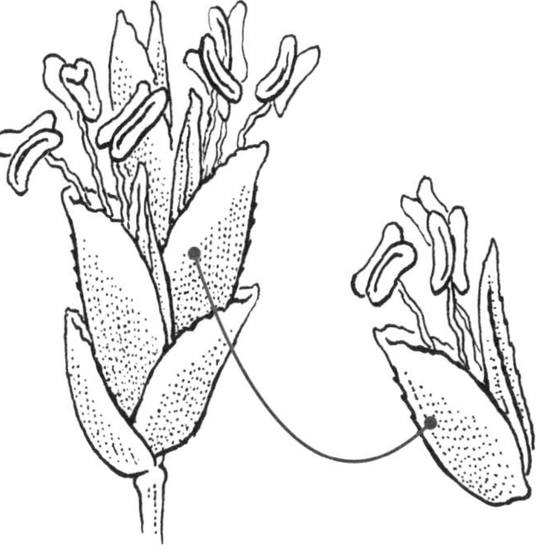

floricane · 결실지

성장기 중반에 열매를 맺는 과실 관목의 2년차 줄기; 라스베리 및 블랙베리(산딸기속, *Rubus*)와 같은 일부 식물에서는 결실지가 있는 개체를 여름걷이라 함

반의어 생장지(p161, primocane)

flower · 꽃

완전하면 자성(암술)과 웅성(수술)의 생식 구조와 꽃받침과 화관을 지닌 속씨식물의 기관

flush · 싹트다, 싹틈

목본 식물에서 잎이나 꽃의 출현

fluted · 세로 홈이 있는

일정한 간격으로 홈이 있는 원통형 구조에 적용

foliaceous · 엽상

잎 모양, 일반적으로 포 또는 꽃받침에 적용

foliage · 잎, 군엽(群葉)

식물의 잎을 총칭하는 용어(한 나무의 나뭇잎이나, 나뭇잎과 줄기를 총칭)

foliar · 잎의

1. 잎에 관한 것; 2. 잎 모양

foliate · 잎이 있는

잎이 돋는

foliolate · 소엽의, 소엽상

1. 소엽이 돋는; 2. 소엽 모양

follicle · 골돌과

단심피성 암술에서 유래한, 한 줄의 봉합선을 따라 열리는 건조하고 열개하는 단자방실 열매. 예) 금관화속(*Asclepias*)

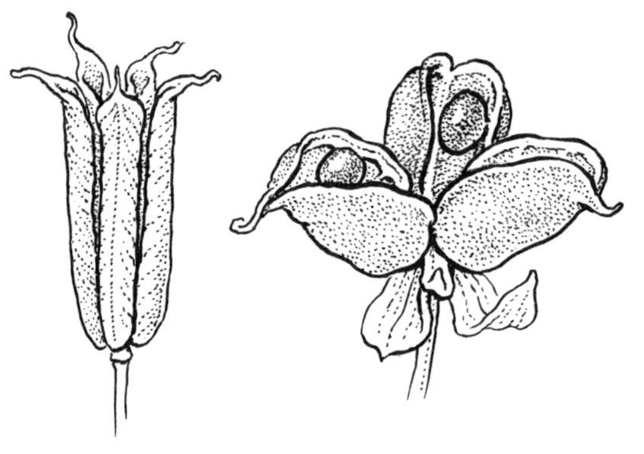

fornix · 덧꽃부리, 부속체

(복수형) 지치과(Boraginaceae)의 많은 구성원에서와 같이 꽃의 판인(관상화관 내부)에 있는 작은 아치형 돌출부

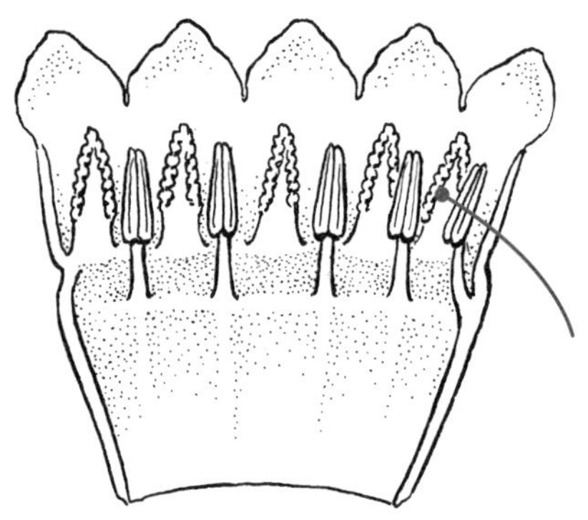

forb · 광엽초본

잎이 넓은 초본, 나무가 아닌 식물, 종종 동물을 방목하기 위한 벼과 식물이 아닌 초본에 적용

force · 촉성 재배

원예 기술을 사용하여 식물이 정상적인 계절이나 순서를 벗어나 꽃을 피우게 하는 것

form, forma · 품종

종 아래의 분류학적 계급; 개체 또는 개체군은 일반적으로 아종 또는 변종을 정의하는 특성과 비교하여 매우 협소한 방식으로 전형적인 종의 특징과 다름

foveolate · 세공상

작게 움푹 들어간 구멍이 있는

free · 분리

유합하지 않은

free-central placentation · 독립중앙태좌

단자방실 자방에서 독립적으로 서 있는 중앙의 기둥에 배주가 달리는 태좌

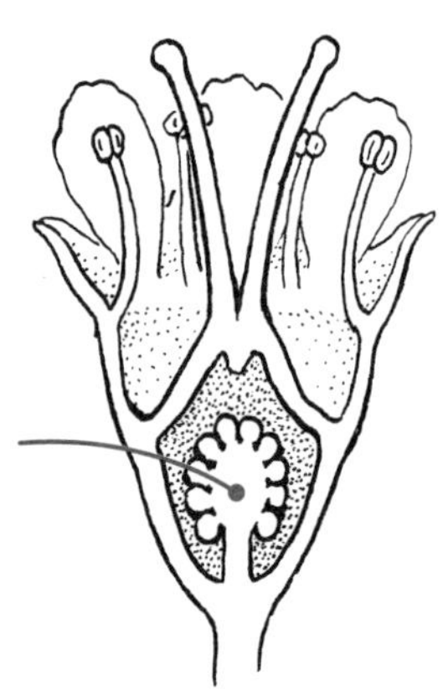

frond · 양치엽, 엽상체

양치류, 야자수 또는 소철의 잎

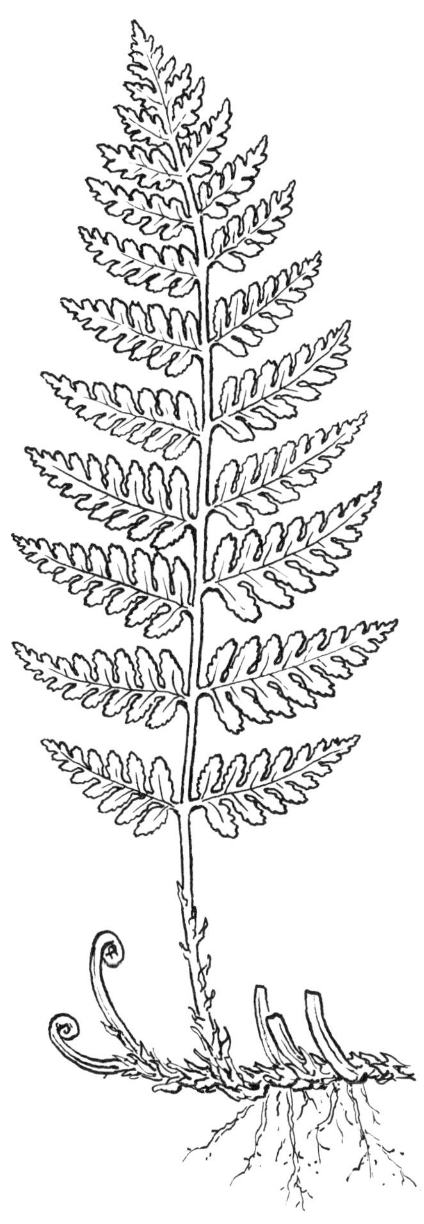

frost heaving · 서릿발융기

물이 얼면 식물과 흙이 움직이는 현상

동의어 융기(p104, heaving)

fruit · 열매

종자가 들어있는 유성생식 기관, 성숙한 씨방

fruit set · 결과, 착과

씨방이 열매로 변하기 시작하는 열매 발달의 아주 초기 단계; 종종 암술대, 화관 및 수술군이 꽃에서 떨어지는 것으로 표시되며 씨방이 약간 부풀어 오르기 시작함

fruticose, frutescent · 관목성

관목 같은

fulvous · 황갈색의

적갈색을 띤 노랑

funicle, funiculus · 주병, 종병

밑씨(배주)를 자방벽에 연결하거나 종자를 과실벽에 연결하는 줄기

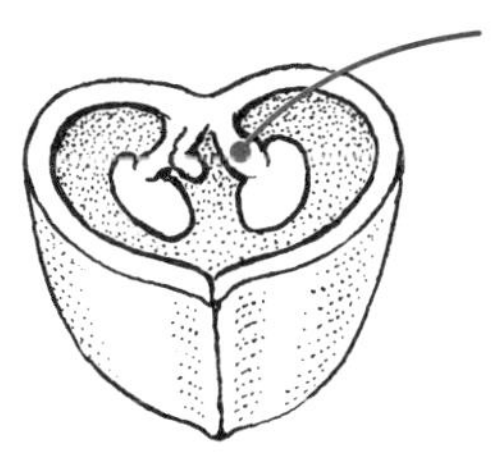

funnel-shaped, funnel-form · 깔대기 모양의, 누두상(漏斗狀)의

폭이 좁은 원통형으로 옆면이 아래쪽으로 가늘어지는 깔때기 모양

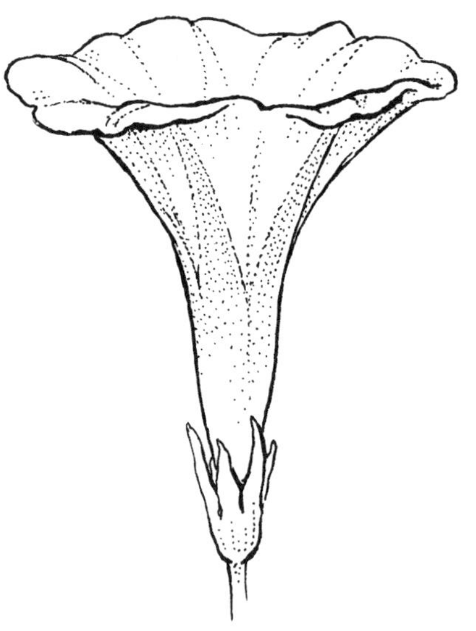

furfuraceous · 비듬상, 비듬 모양의

부드럽고 얇은 비늘로 덮인

furrowed · 고랑형의

깊은 세로 홈이 있으며, 흔히 수피에 적용됨

fused · 유합

붙은; 이합과 동합을 모두 포함

fusiform · 방추상

방추형의 3차원적 형태로 가운데가 가장 넓고 양 끝으로 갈수록 점차 좁아짐

G

galea · 투구모양, 머리덮개, 도상체

헬멧 또는 후드와 같은 상부 꽃잎 또는 기타 꽃 구조. 예) 투구꽃(*Aconitum*)

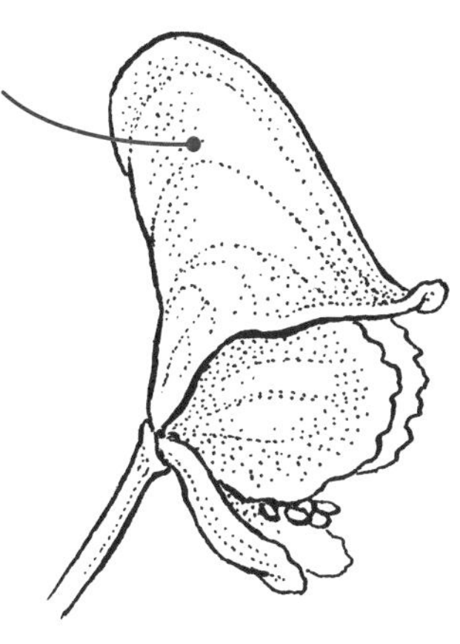

gall · 충영

기생 곤충, 진드기, 박테리아, 곰팡이 등의 상처 주위에 발달한 식물 조직의 덩어리

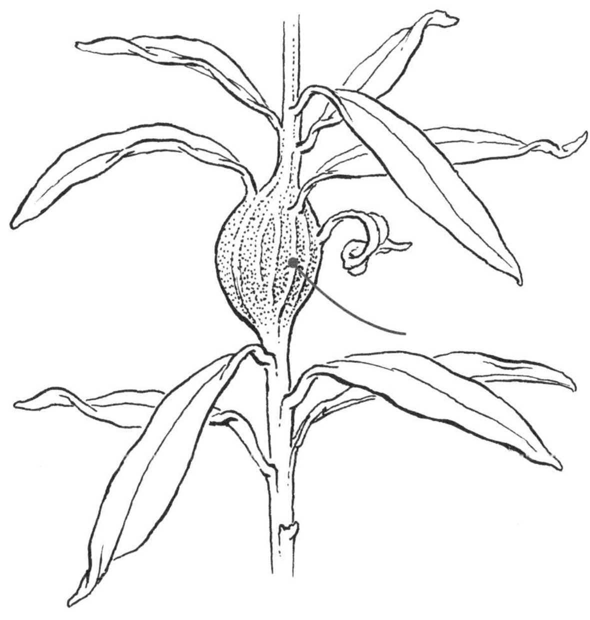

gametes · 배우자, 배우체

유성생식에서 난자와 정자를 결합하는 세포

gametophyte · 배우자체

식물이 한 세트의 염색체(즉, 반수체, 1n)를 갖고 배우자(정자 또는 난자)를 생산하는 생활환 세대; 종자 식물에서 배우자체는 밑씨와 화분립임; 배우자체는 시간과 크기 면에서 비관속 식물이 우세하므로 이끼처럼 가장 눈에 띄는 세대가 됨

반의어 포자체(p190, sporophyte)

gamo-

유사한 구조가 함께 융합(연결)됨을 뜻하는 접두사

gamopetalous · 통꽃, 합판화관

적어도 부분적으로 융합된 화관

동의어 (p199, sympetalous)

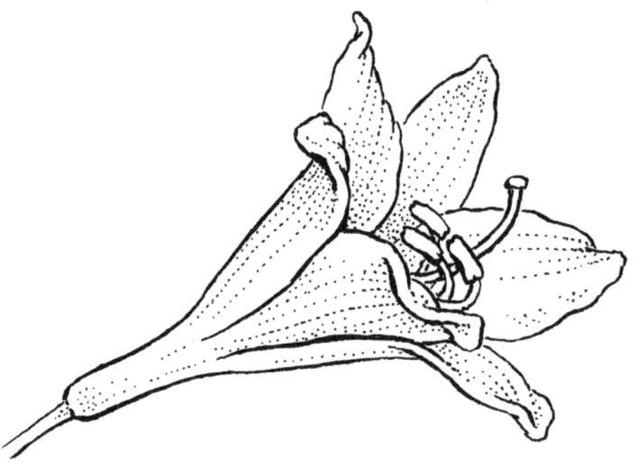

gamosepalous · 통꽃받침, 합판악

적어도 부분적으로는 융합된 꽃받침

동의어 (p201, synsepalous)

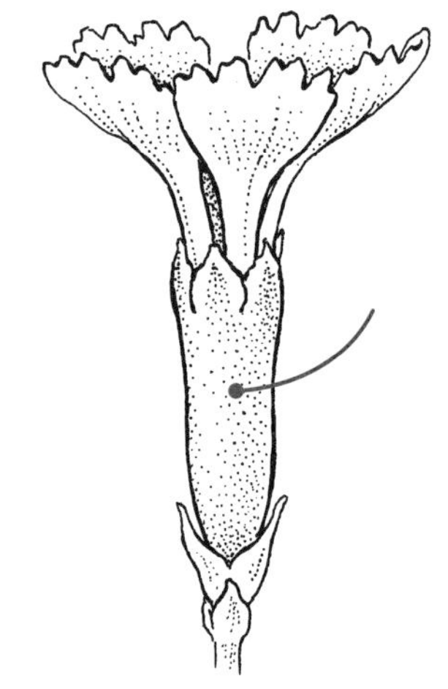

gemma · 무성아, 두상돌기

(복수 gemmae) 식물에서 세포 덩어리 또는 눈과 같은 구조로 발달한 다음 식물에서 분리되는 영양 번식체, 대부분 우산이끼와 관련이 있음

genet · 유전개체

클론, 유전적으로 동일한 군체, 군체의 개별 식물을 분지개체(p168, ramet)라고 함

geniculate · 무릎 모양의, 굴곡된, 슬상(膝狀)의

팔꿈치처럼 구부러진

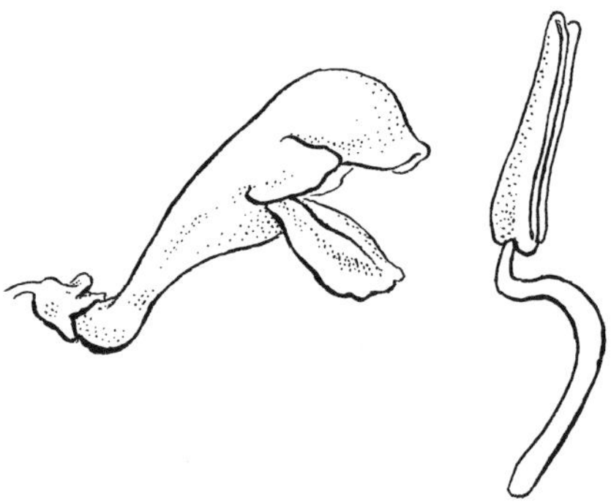

genus · 속(屬)

(복수 genera) 종(種)의 상위 및 과(科) 아래의 분류학적 계급, 아과 및/또는 족 내에 있을 수도 있음

geophyte · 지중식물

지하의 거친 환경에서 뿌리, 인경, 구경, 뿌리줄기 또는 괴경으로 생존하는 식물

geotropism · 굴지성

중력 방향으로 뿌리가 성장하고 반대방향으로 슈트가 생장함

동의어 굴중성(p101, gravitropism)

germination · 발아

씨앗이나 포자가 자라기 시작하는 과정

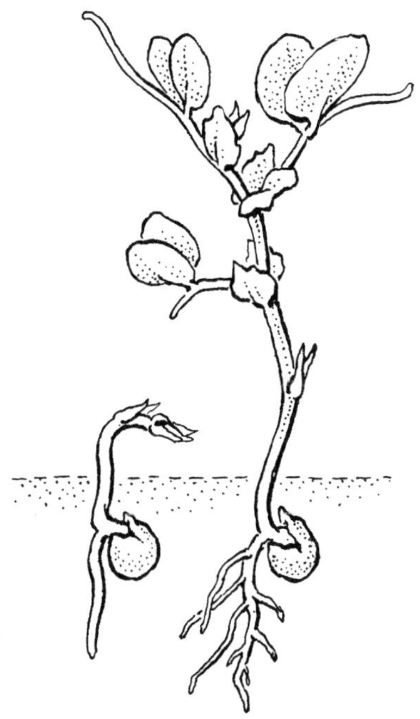

gibbous · 볼록한, 튀어나온

한쪽으로 불록하게

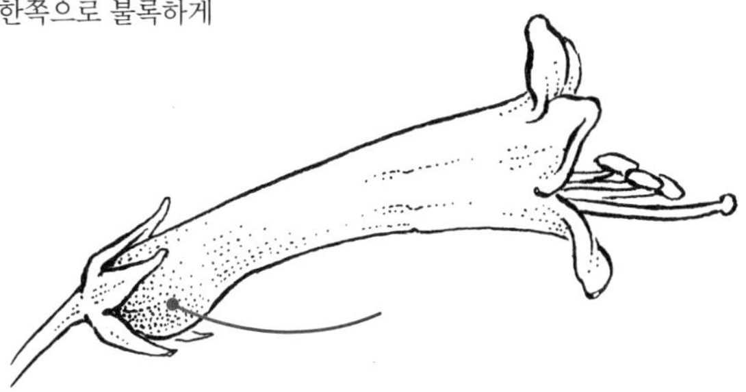

girdling · 환상박피

1. 물과 양분의 흐름을 방지하기 위해 줄기 주위의 모든 살아있는 관속 조직을 포함하여 나무 껍질을 제거하거나 절단하며, 결과적으로 띠 위의 줄기나 식물을 죽임; 2. 과일을 맺는 식물에서 착과 및 크기를 증가시키기 위해 매우 좁고 얇게 수피 조직층을 제거하는 것. 예) 복숭아(*Prunus persica*) 및 포도속(*Vitis*)

동의어 2.(p49, cincturing)

glabrate, glabrescent · 탈락성의

잎이 성장함에 따라 털이 없어짐

glabrous · 털이 없는, 무모상

털이 없는

gladiate · 검형

장 또는 검 모양으로 기부로 향하는 끝부분이 가장 넓음

동의어 (p49, ensiform), 피침형(p120, lanceolate)

gland · 샘, 선(腺)

일반적으로 곤충을 유인하기 위해 유질 또는 설탕 분비액을 생성하는 구조

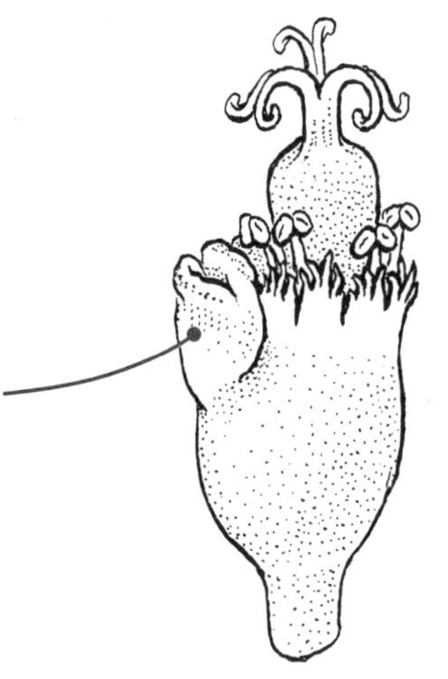

glandular · 꿀샘이 있는, 선상의

샘이 있는

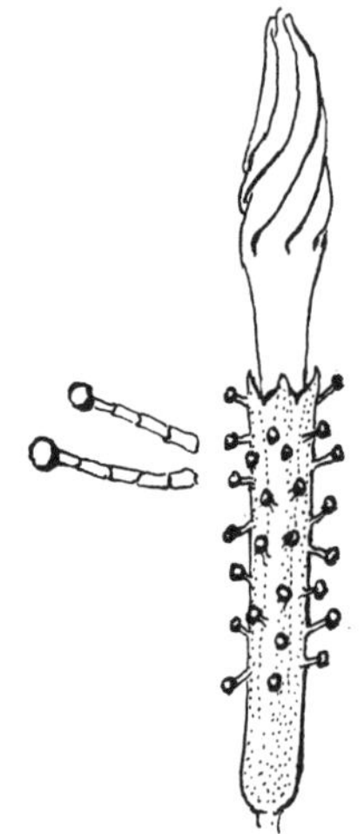

glaucous · 납분상

쉽게 닦아낼 수 있는 표면에 희끄무레한 왁스 같은 피복이 있음

globose, globular · 구형

3차원의 둥근 형태

동의어 (p188, spherical)

glochid · 구침

(복수형 glochidia) 선인장과(Cactaceae) 결절에서 발견되는 세자상 털

glomerate · 밀구형의, 밀집한

빽빽하게 모여 있는

동의어 (p55, congested, conglomerate)

glume · 포영

벼과(Poaceae)의 소수에 있는 최하의 두 포엽 중 하나

grafting · 접목

2개 이상의 목본 식물을 절단면에서 결합하는 번식 방법; 접목에는 여러 가지 유형이 있지만 가장 일반적으로 줄기(접지라고 함)의 말단을 말단 부분이 제거된 가지 또는 어린 줄기(대목이라고 함)와 연결함; 접목은 사과(*Malus*), 복숭아 및 체리(*Prunus*)와 같은 과실을 맺는 식물의 주요 번식 방법임

grain · 1. 영과, 2. 목리(木理)

1. 단일 종자가 과피에 융합된 건조하고 열리지 않는 열매; 단심피성 암술에서 파생된 벼과(Poaceae)의 열매; 2. 목재 섬유의 수직 패턴

동의어 1.(p46, caryopsis)

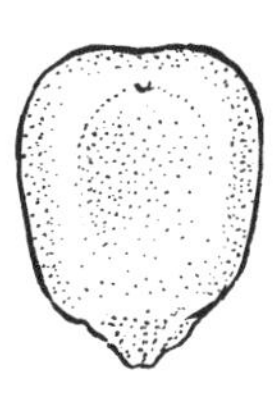

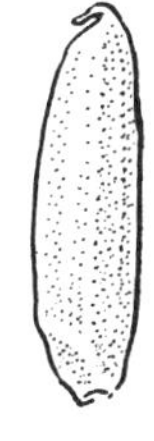

granular · 과립상

낟알과 유사한 작은 입자 또는 돌기가 있거나 구성된

gravitropism · 굴중성

중력 방향으로 뿌리가 성장하고 반대방향으로 슈트가 생장함

동의어 굴지성(p99, geotropism)

grex · 그렉스

(복수형 greges) 난초과(Orchidaceae) 및 진달래(*Rhododendron*)에서 흔하며, 특수한 의도적 잡종 교배의 모든 자손, 예를 들어; 종종 비공식적인 분류학적 계급으로 사용됨

ground cover · 지피(식물)

토양을 시선에서 숨기고 침식으로부터 보호하는 능력을 위해 재배되는 식물, 이들은 단순히 짧고 직립하며 단단히 덩어리를 이루고 있는 식물 또는 땅을 따라 자라는 식물일 수 있음

growth habit · 생장 습성, 생장형

식물의 형태 또는 모양. 예) 관목, 교목, 포복성, 등반성

동의어 습성(p103, habit)

guttation · 일액현상

잎 가장자리와 끝에서 액체 방울을 배출하는 현상

gymnosperm · 겉씨식물, 나자식물

포자엽(예: 솔방울 실편)의 밑씨가 나출되어 있는 식물로 포자엽에서 종자로 발달

gynandrium · 자웅예합체

난초과(Orchidaceae)에서와 같이 융합된 수술군과 암술군

gynandrous · 자웅합체의

웅성 생식 구조(수술)과 자성 생식 구조(암술)가 융합된 것

gynobase · 꽃턱 융기물

꿀풀과(Lamiaceae)와 지치과(Boraginaceae)에서와 같이 암술군을 지지하는 확장된 화탁

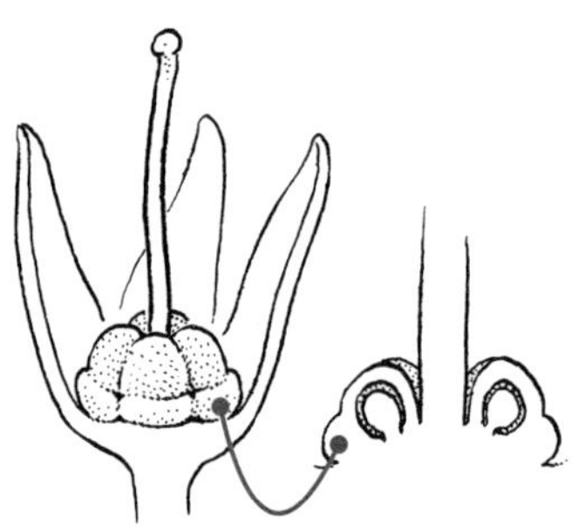

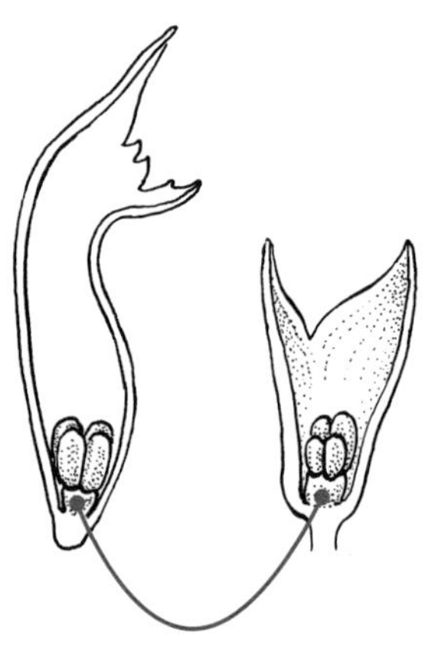

gynoecium · 암술군, 자예군

꽃의 자성 생식 부분, 하나 또는 여러 개의 암술로 구성

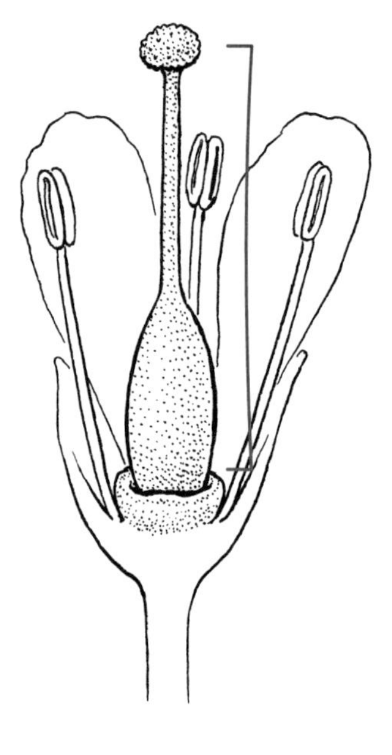

gynophore · 자방병

암술군을 높이는 줄기

gynostegium · 예주

금관화속(*Asclepias*)과 같이 웅성(수술) 및 자성(암술) 생식 구조가 융합된 기둥

H

habit · 형, 습성

식물의 형태 또는 모양. 예) 관목, 교목, 포복성, 등반성

동의어 생장 습성(p101, growth habit)

habitat · 생육지(生育地), 서식지

식물이 자라는 조건 또는 위치 유형. 예) 건조한, 습한, 사막, 초원

haft · 1. 화초자루, 2. 날개

1. 일부 꽃의 매우 좁은 꽃잎 또는 꽃받침 기부(화조); 2. 녹색 날개가 있는 잎자루 또는 줄기

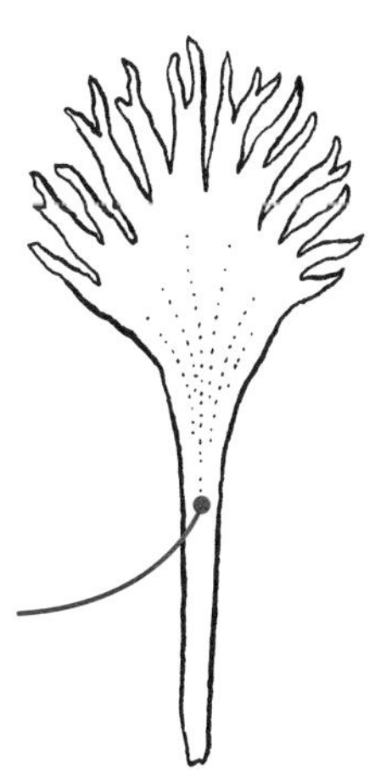

hair · 털

하나 이상의 길쭉한 세포로 구성된 표피의 파생물; 모용(p207) 참조

halophyte · 염생식물

염분 생육지에서 생존할 수 있는 식물

haploid · 반수체

한 세트의 염색체(1n)를 가짐; 이배체(p70), 배수체, 사배체 참조

haplostemonous · 1.다체웅예, 2.화피대생일열웅예

1. 수술이 꽃잎만큼 많은; 2. 한 세트의 수술을 갖는; 화피대생이열웅예, 배수웅예(p70) 참조

hardiness · 내한성

특정 위치의 평균 성장 조건에서 생존하는 식물의 능력, 내한성과 관련하여 가장 자주 사용됨

hardiness zones · 내한성 구역

특정 지역의 평균 최저 온도를 견딜 수 있는 능력을 기반으로 특정 지역에서 어떤 식물이 생존할 수 있는지 사람들에게 알려주는 지리적 분류 시스템; 미국 농무부가 최초로 개발

hastate · 극저, 극형

중앙맥에서 바깥쪽으로 향하는 기저엽이 있는 화살촉 모양

head · 두화, 두상화서

화서축의 납작하고 확장된 부분에 붙어 있는 무병성 꽃의 화서; 국화과(Asteraceae)의 화서

동의어 (p44, capitulum)

heartwood · 심재

목공에 가치가 있는 더 오래되고 어두운 나무의 중앙 부분

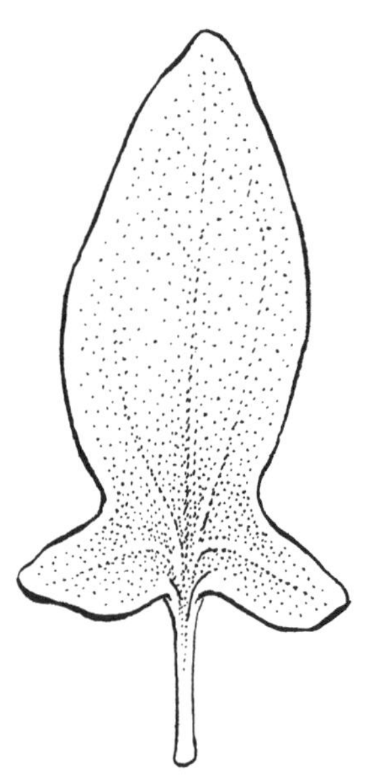

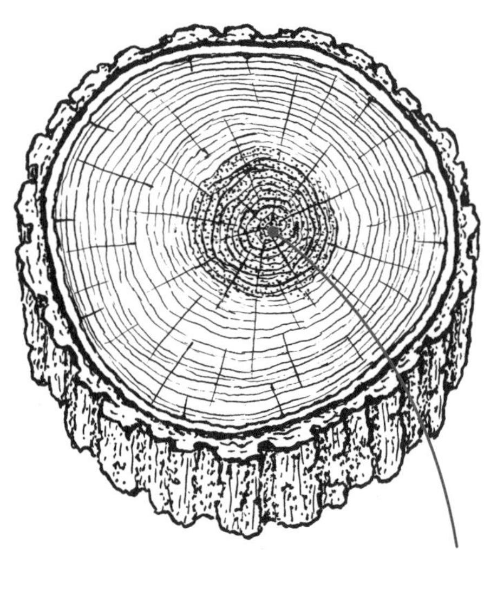

heaving · 융기

물이 얼면 식물과 흙이 움직이는 현상

동의어 서릿발 융기(p95, frost heaving)

helicoid cyme · 권산상취산화서

축의 한쪽에 꽃이 달리고 나선을 형성하는 가축분지성 화서; 안목상취산화서와 구별하기 어려움

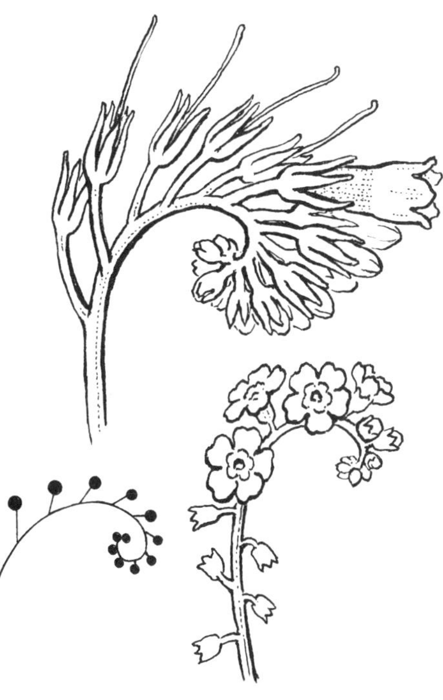

hemi-epiphyte · 반착생식물

다른 식물에 붙어서 자라는 식물로, 수명의 어느 시점에는 뿌리가 존재하지 않지만 다른 시점에서는 땅에 뿌리를 내리고 있음; 착생식물로 시작하여 나중에 뿌리를 내리거나, 뿌리를 내리기 시작하여 나중에 착생식물이 될 수 있음(덜 흔함).

herb · 1.초본, 2.허브

1. 지상부가 목질화되지 않는 식물; 2. 요리의 조미료, 식품, 향료 또는 약재로 사용되는 식물

herbaceous · 초질

지상부가 목질화되지 않거나 이와 관련된 식물

herbarium · 표본

건조되거나 보존된 식물 표본의 자연사 소장자료

hermaphrodite · 양성화주

양성화가 피는 식물

hesperidium · 감귤과

가죽 같은 외과피가 있는 다실성 장과, 열매에서 부분으로 분리되는 자방실. 예) 레몬과 오렌지의 열매(귤속, *Citrus*)

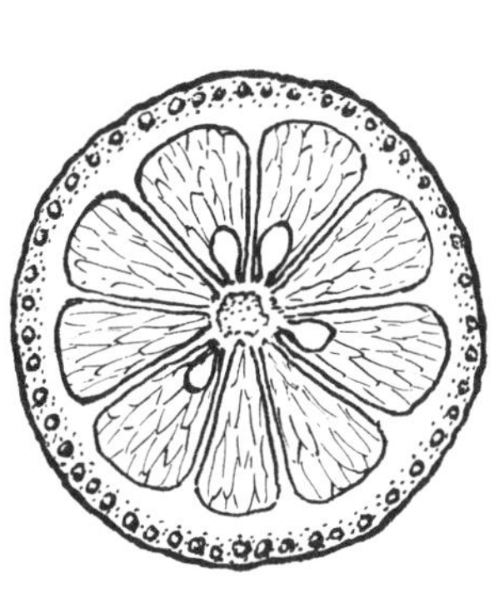

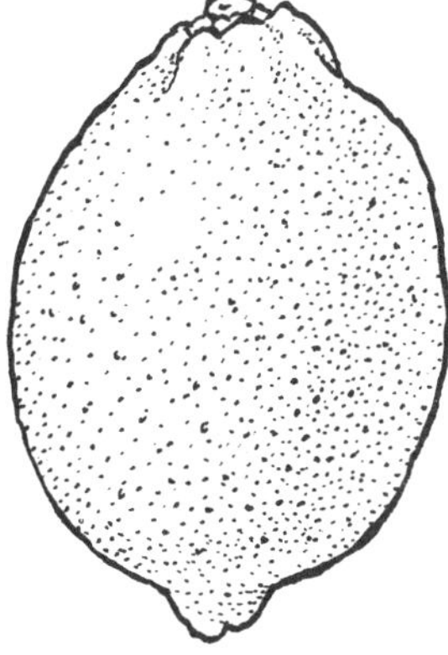

hetero-

다름을 의미하는 접두사

heterogamous · 이형화성

암꽃과 수꽃이 따로 있는

반의어 동형화성(p106, homogamous)

H

heterogonous · 이형꽃술성

암술에 대한 수술의 길이 비율이 다른 별도의 개체에 두 가지 이상의 양성화가 있음

반의어 동형꽃술성(p107, homogonous)

heteromerous · 이수(異數)의, 부등수화(不等數花)의

꽃잎이 5개, 수술이 10개 있는 꽃처럼 각 기관의 수가 다름

heterophyllus · 이형엽성

한 개체에 다른 유형의 잎이 달리는 것

heterosporous · 이형포자성

모든 종자 식물, 특정 수생 양치류(예: 물개구리밥속, *Marselia* 및 생이가래속) 및 두 개의 석송(물부추속 및 바위손속)과 같이 두 가지로 다른 종류의 포자를 가짐

반의어 동형포자성(p107, homosporous)

hilum · 제, 배꼽

종피에 배주병이 남긴 흔적

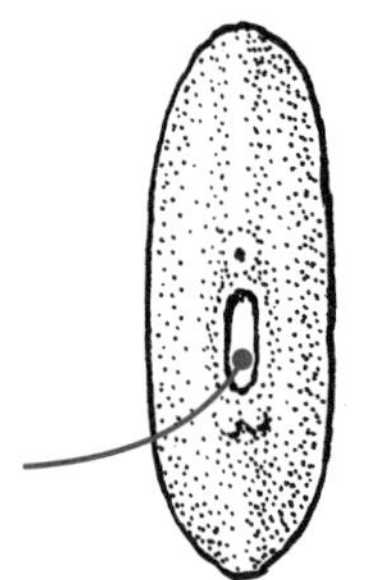

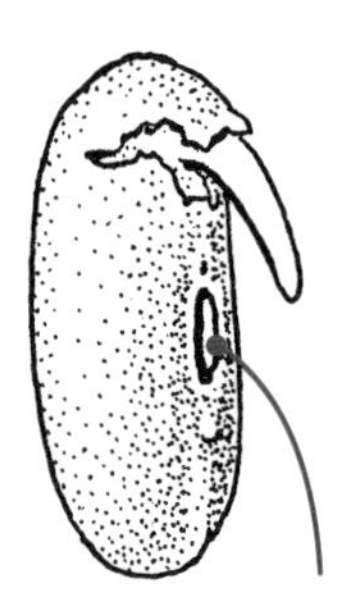

hip · 장미과

장미(*Rosa*) 열매인 수과(achenes)를 함유한 두껍고 딱딱한 화탁통으로 이루어진 가과

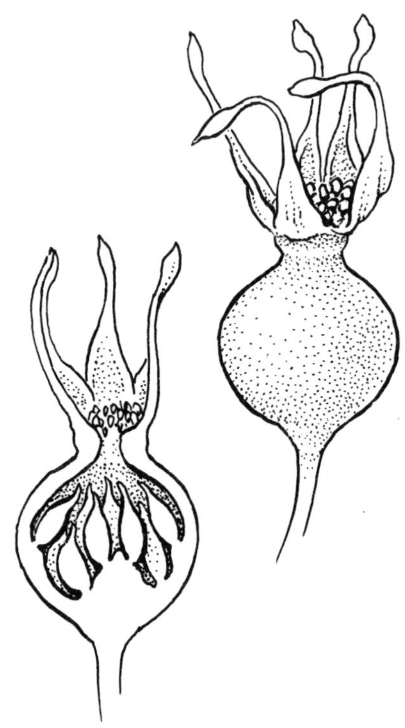

hirsute · 조장모상

뻣뻣하고 거친 털이 있는

homo-

같음을 의미하는 접두사

homogamous · 1.동형화성, 2.자웅동숙성

1. 양성화(완전화)를 피우는 것; 2. 웅성과 자성 생식기가 동시에 성숙하는

반의어 1. 이형화성(P105, heterogamous) 2. 자웅이숙성(p68, Dichogamous)

homogonous · 동형꽃술성

각기 다른 개체에 오직 한 가지 형태의 양성화만 있고 수술과 암술의 길이 비율에 차이가 없음

반의어 이형꽃술성(p106, heterogonous)

homosporous · 동형포자성

일부 양치류(pteridophytes)에서와 같이 한 종류의 포자를 가짐

반의어 동형포자성(p106, heterosporous)

hood · 고깔, 후드

후드 모양의 구조, 특히 금관화속(*Asclepias*)의 화관 구조; galea(p97) 참조

동의어 (p62, cucullus)

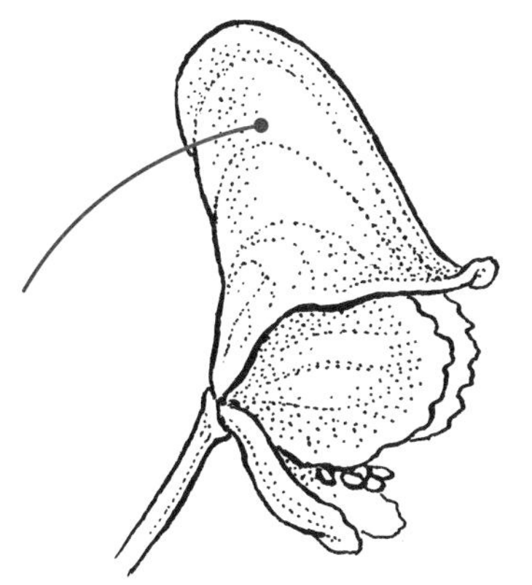

hook · 갈고리

끝이 갑자기 구부러진 좁거나 신장된 구조

horn · 뿔, 각

황소의 뿔처럼 한 지점으로 구부러지고 가늘어지는 다소 기본적인 원통형 구조

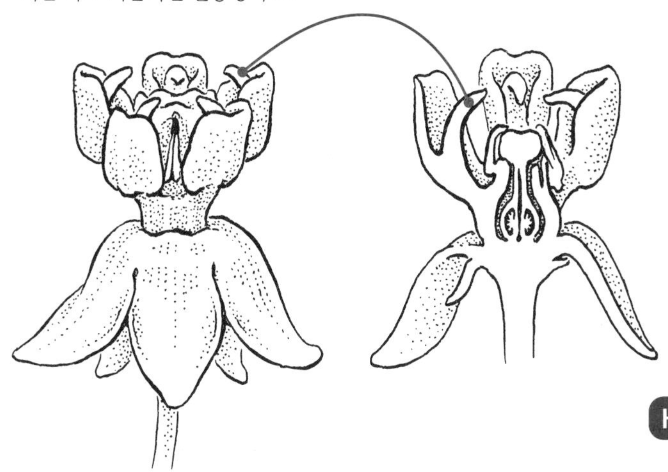

host · 숙주

다른 식물이 기생하여 영양분을 빼앗기는 식물

humus · 부식질

부패한 유기물

husk · 껍데기, 겉껍질

종자 또는 과일의 외층 또는 층들(과피 또는 종피의 전체 또는 일부에 해당할 수 있음)

hybrid · 잡종

서로 다른 두 종 또는 변종을 포함하는 유성 생식을 통해 생산된 식물

hybrid swarm · 잡종군락

원래의 모식물이 서로 교잡하고 잡종과 잡종이 서로 교잡하도록 쉽게 번식하는 잡종 식물

hydrophilous · 수매성

물에 의해 수정되는

hydrophyte · 습생식물

물에 적응해서 자라는 식물; 중생식물(p129), 건생식물(p220) 참조

hygroscopic · 건습성, 흡습성

공기 중 수분을 쉽게 흡수하는

hypanthium · 화탁통

자방을 둘러싸고 융합되거나 자방에서 분리된 관형 구조로 화탁의 확장 및/또는 외부 3개의 꽃 윤생층(꽃받침, 화관, 수술군)의 다양한 구성 요소의 융합일 수 있음

동의어 (p92, floral cup)

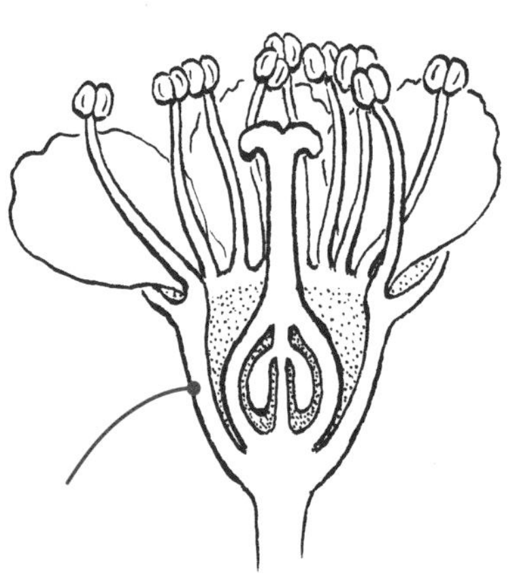

hyphae · 균사

균류의 '영양성' 가닥(분지 섬유)

hypo-

낮거나 아래를 의미하는 접두사

hypocotyl · 하배축

떡잎 아래의 배아 또는 실생묘의 부위

반의어 상배축(p80, epicotyl)

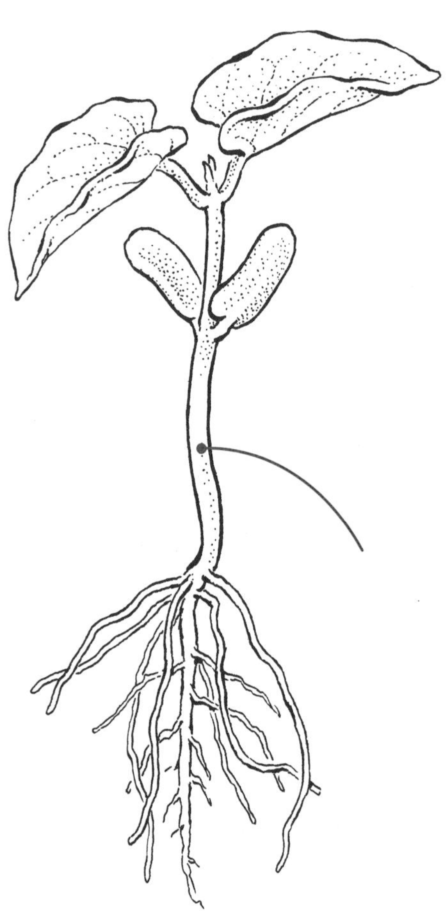

hypogeal, hypogeous · 표토내발아, 지하발아

종자가 원래 위치해 있던 땅 아래에 남아 발아하는 유형으로 광합성을 하지는 않음

반의어 지상발아(p80, epigeal, epigeous)

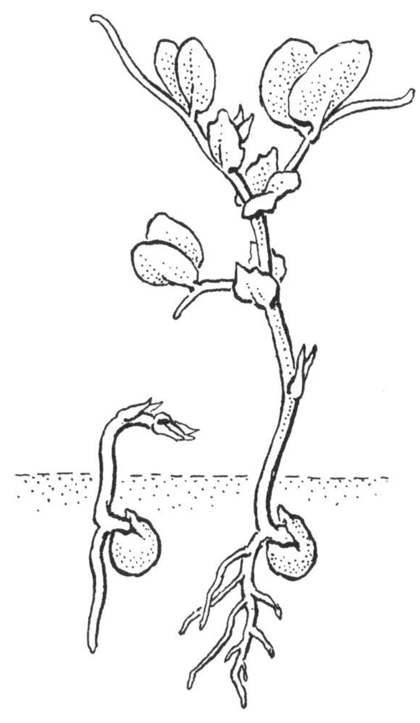

hypogynous · 자방하생, 상위자방

자방상위로 화탁통(hypanthium)이 없는 꽃

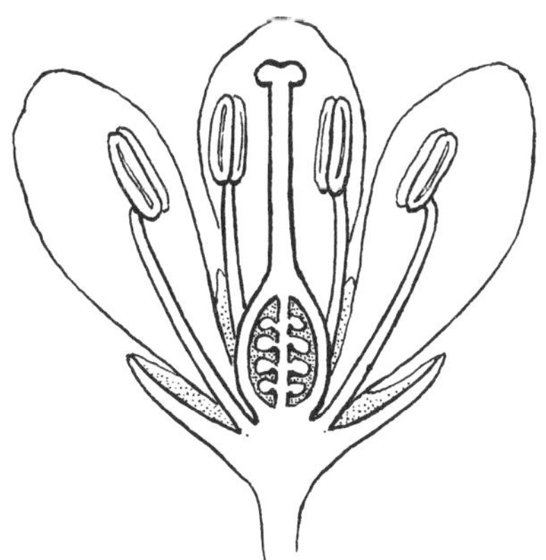

ICN · 국제명명규약

조류, 균류 및 식물에 대한 국제 명명법은 모든 자연 발생 식물의 명명 규칙을 규정함(예: 품종은 포함하지 않음). 이전에는 ICBN(국제식물명명규약)으로 알려져 있었음

ICNCP · 국제재배식물명명규약

재배 식물에 대한 국제 명명법은 ICN에서 다루지 않는 재배 식물의 명명 규칙을 규정함. 품종 및 기타 인간이 선택하거나 육종된 식물을 다룸

imbricate · 복와상

지붕 싱글처럼 겹치는 부분이 있으며, 일반적으로 눈 안에서 꽃잎 배열을 가리키는 화아내형태에 주로 사용됨

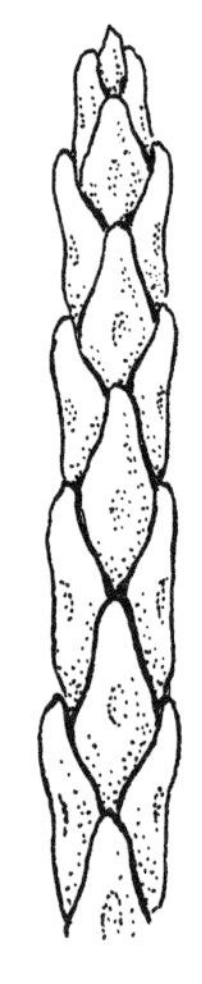

immersed · 침수성의

침수생의

imparipinnate · 홀수우상, 기수우상

홀수의 소엽으로 된 우상복엽으로 하나의 소엽으로 끝남; 우수우상(even-pinnate(p83), paripinnate(p147)) 참조

동의어 (p140, odd-pinnate)

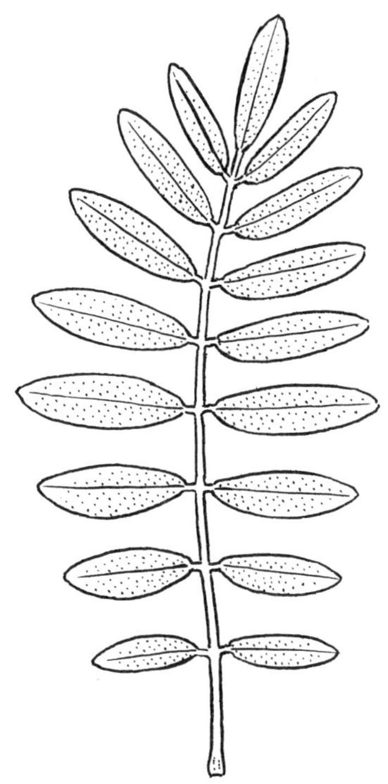

imperfect · 단성화

웅성(사진 왼쪽) 또는 자성(사진 오른쪽)의 기능적 생식 기관만 있는 경우

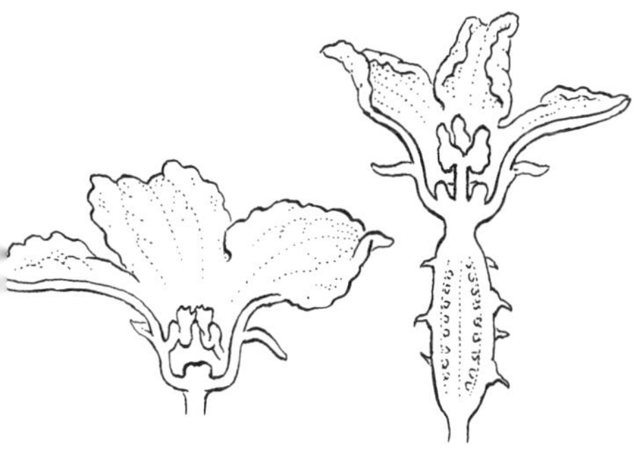

incised · 결각상거치형

각지게 잘려져 들쭉날쭉한 부분이 남은

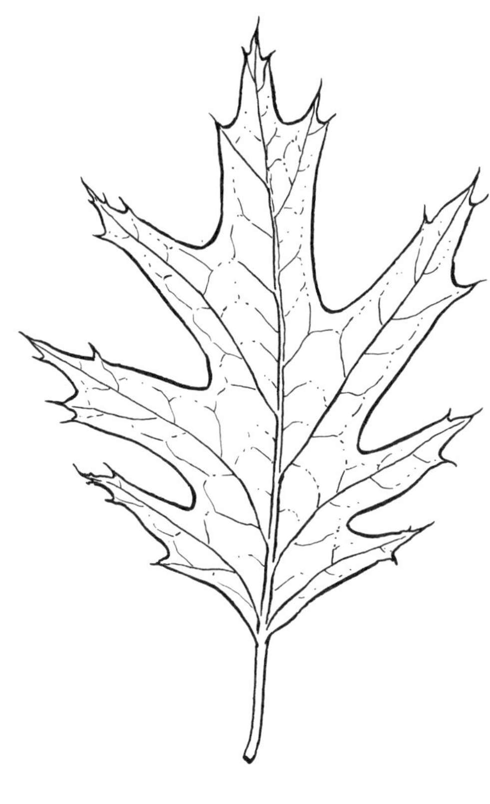

included · 내포

꽃의 부분이 화관 안에 있는 것처럼 튀어나오지 않음

반의어 외출, 돌출(p85, exserted)

incompatible · 불화합성

1. 성적으로 번식이 불가능한 2. 접목으로 생존 불가능한

반의어 화합성(p54, compatible)

incomplete · 불완전화

하나 또는 그 이상의 꽃 부분이 누락된

incurved · 안으로 굽은, 내곡형의

중앙 또는 축을 향해 안쪽으로 구부러진

indehiscent · 비열개성의, 열개하지 않는

일부 열매처럼 열리지 않는

반의어 열 개성의(p66, dehiscent)

indeterminate · 무한생장성

1. 밑에서 위로 또는 옆에서 중간으로 성숙하고 무한정 성장할 수 있는 꽃의 화서. 2. 신장하는 성장이 무한정 계속되는 싹

indigenous · 토착의, 자생의

지리적 또는 지질학적으로 특정 지역에 발생하는

동의어 (p112, native)

indumentum, indument · 피모, 피막

식물에서 표피를 덮는 털 및/또는 비늘

indusium · 포막

(복수형 indusia) 양치류 잎에 있는 포자낭군을 덮고 있는 조직

inferior · 하위

세 개의 꽃 외부 기관(꽃받침, 화관, 수술군)의 부착 지점 아래에 있는 씨방처럼 아래에 위치한

infertile · 불임성, 불염성

유성 생식이 불가능한

동의어 (p193, sterile)

inflated · 팽창성, 수포상(水泡狀)

부어오른, 팽창하는

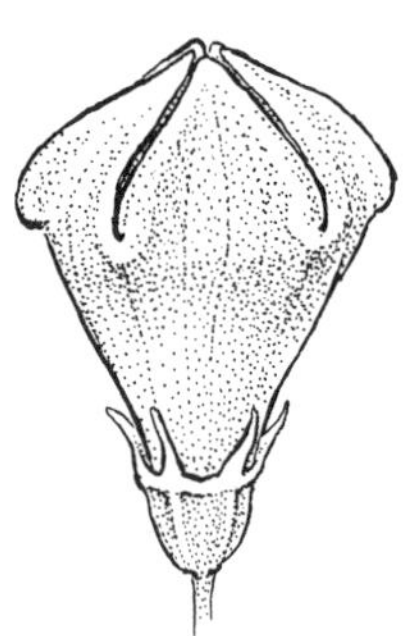

inflorescence · 꽃차례, 화서

분지하거나 분지하지 않으며 꽃이 배열되는 축

infra-

아래를 의미하는 접두사

infructescence · 과서

분지하거나 분지하지 않으며 열매가 배열되는 축

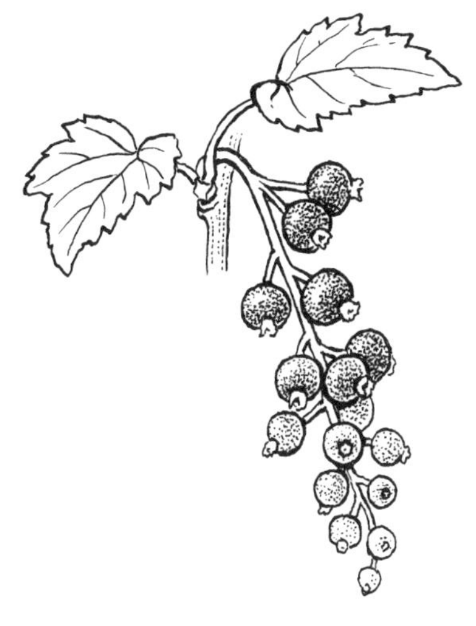

innovation · 이노베이션

부모 식물에서 분리되어 계속 살 수 있는 슈트 예) 포복경 끝에서 생성된 소식물체

inosculation · 접붙이기, 접합

서로 접촉하는 목본 줄기의 융합; 이것은 한 개체나 둘 또는 둘 이상의 개체 사이에서 발생할 수 있음

inrolled · 안으로 말린, 내권형

위쪽(향축면) 표면을 향해 위쪽으로 말려진
동의어 (p115, involute), 반의어 외권형(p172, revolute)

insectivorous · 식충성

곤충을 먹는
동의어 (p79, entomophagous)

inserted · 내재형, 은닉형

다른 조직에 융합되거나 다른 조직에서 나오는

in situ · 야생에서, 현지내보존

자연환경에서, "야생"에서.

integument · 주피

배주가 종자로 발달함에 따라 종피가 되는 배주를 둘러싸고 있는 조직

inter-

사이를 의미하는 접두사

interfertile · 교배 가능한

상호 성공적인 유성생식이 가능한 두 개 이상의 분류군

intergeneric hybrid · 속간 잡종

많은 난초 잡종의 경우와 같이 다른 속과의 교배에 의해 생성된 자손

internode · 절간

잎이 부착되는 가장 가까운 두 위치(마디) 사이의 줄기 부분
반의어 마디, 절(p136, node)

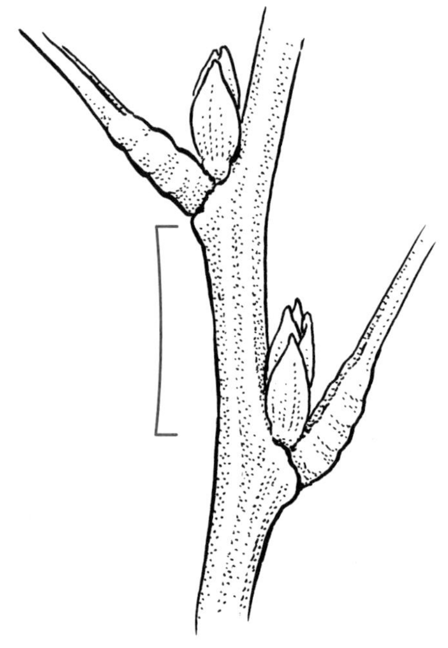

interpetiolar · 잎자루 사이의

잎자루 사이의

interrupted · 불연속성, 단절성

구조나 내용이 불연속적인

interspecific hybrid · 종간 잡종

다른 종과의 교배에 의해 생성된 자손

intra-

안쪽을 의미하는 접두사

intrastaminal · 웅예내밀선반

수술과 암술군 또는 수술과 꽃의 중심 사이에서 발생

introduced · 도입종

의도적 또는 비의도적으로 한 지역으로 들여온 외래 식물. 예) 밸러스트수에 의해 새로운 지역으로 방출된 수생 식물

introrse · 내향

꽃밥처럼 중앙을 향하거나 안쪽으로 열리는

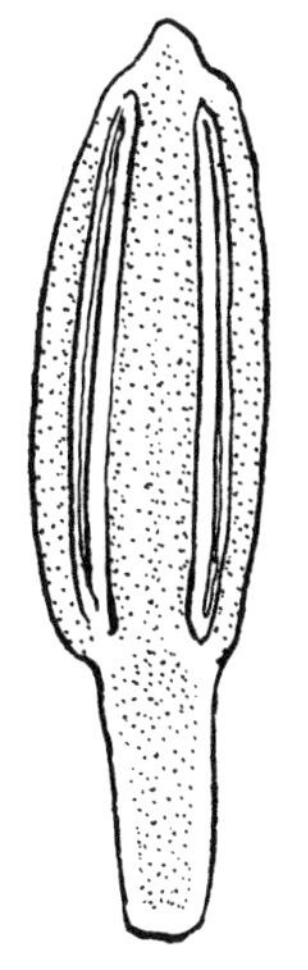

invasive 침입종

자체적으로 번식하고 생태계의 정상적인 기능 및/또는 구성을 방해하는 외래 식물

inverted 역위, 도립

정상과 반대 방향으로 발생

involucre · 총포

국화과의 화서와 같이 꽃 또는 꽃의 무리를 감싸는 포

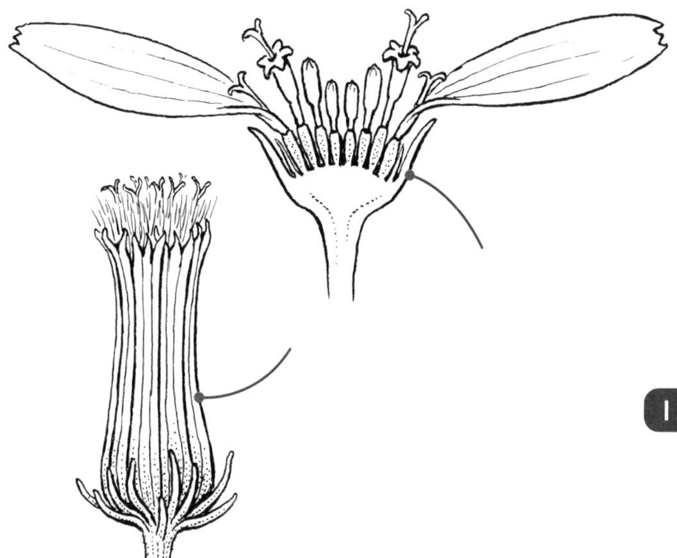

involute · 안으로 말린, 내권상, 내권형

위쪽(향축면) 표면을 향해 위쪽으로 말려진

동의어 (p114, inrolled)
반의어 (p172, revolute)

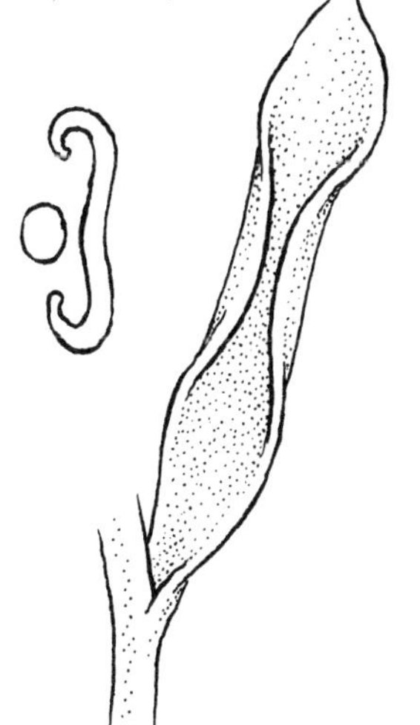

irregular · 부정제, 부제

중앙을 지나는 하나의 선만이 두 개의 거울 이미지를 생성하도록 대칭의 단일 평면을 가짐

동의어 좌우대칭, 양면대칭(p32, bilaterally symmetrical / p221, zygomorphic)

반의어 방사대칭, 방사상칭(p12, actinomorphic / p168, radially symmetrical), 정제(p171, regular)

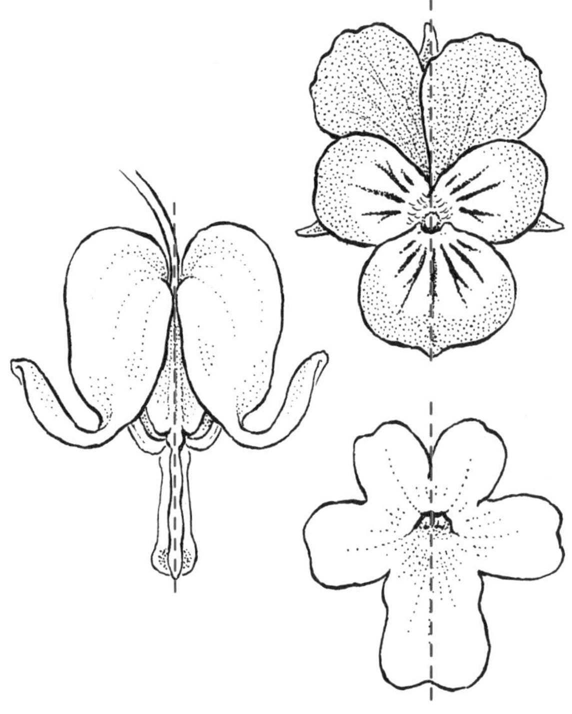

isolation · 격리

식물이 번식하지 못하도록 시간적, 공간적으로 분리된 상태

isomerous · 동수성

꽃의 윤생층에 동일한 수의 부분이 있음

J

joint · 관절

1. 결절; 2. 마디(절), 특히 벼과(Poaceae)

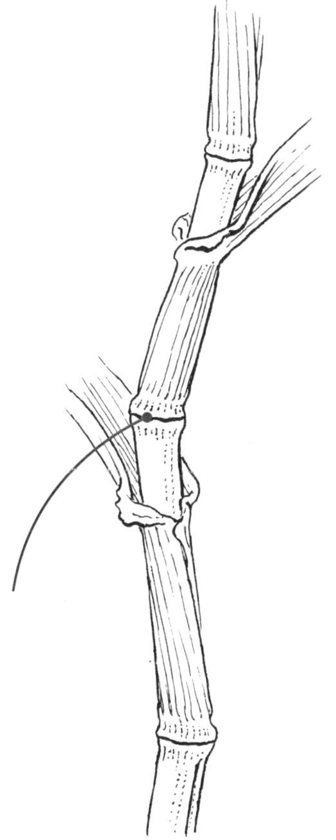

jointed · 관절상

연결되거나 연결되어 있는 것처럼 보이는 결절이 있는

jugate · 대생성

쌍으로 된 부분이 있는

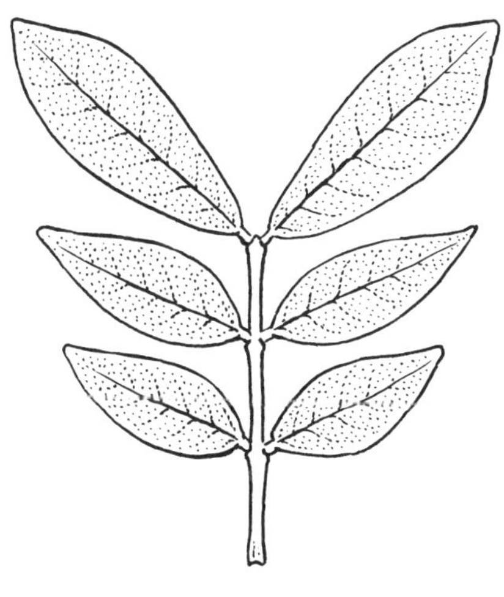

juvenile · 유형(幼形)

아직 유성생식을 할 수 없는 식물, 일반적으로 성체보다 크기가 작음

K

karyotype · 핵형

각 개체의 염색체 수, 크기 및 모양

keel · 용골판

1. 아래 중앙, 콩과(Fabaceae)의 꽃에서 부분적으로 융합된 두 개의 꽃잎; 2. 둥근 표면에서 생기는 능선

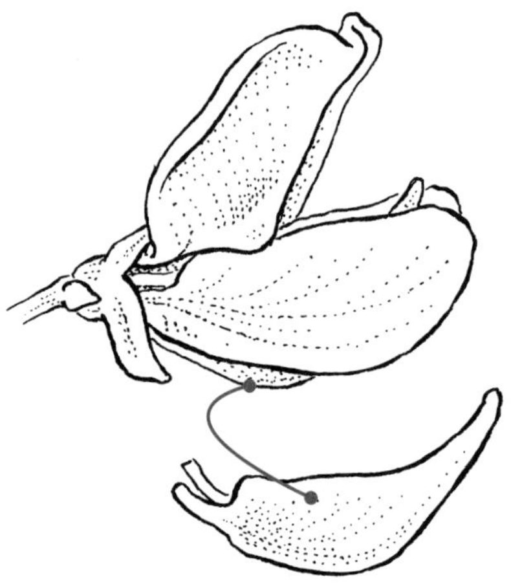

keiki · 새촉, 고아(高芽)

난초에 의해 생성되는 소식물체, 일반적으로 긴 위인경 줄기로 위인경의 기부 또는 오래된 화서에 생김

key · 검색표

독자가 식물을 식별하기 위해 특성을 선택할 수 있도록 하는 식물 식별 도구; 유형에는 차상분지형, 다분지형, 다지형 및 다중접근형이 포함됨

knee · 기근, 슬근(膝根)

1. 낙우송(*Taxodium disistichum*)의 수직으로 자라는 뿌리; 2. 맹그로브(*Avicennia, Rhizophora*)의 구부러진 뿌리 또는 호흡근

(역자, *Avicennia*: 쥐꼬리망초과(Acanthaceae)의 한 속, *Rhizophora*: 홍수과(Rhizophoraceae)의 한 속)

L

labelliform · 입술 모양의, 순형의

입술 모양과 같은

labellum · 입술꽃잎의, 순판의

난초의 중앙, 일반적으로 맨 아래쪽의 가장 큰 꽃잎, 컵 모양일 수 있음

동의어 (p124, lip)

labiate · 입술 모양의, 순형(脣形)의

꿀풀과(Lamiaceae)의 꽃처럼 입술 모양이거나 순판이 있는

labium · 아랫입술꽃잎, 하순(下脣)

(복수 labia) 꿀풀과(Lamiaceae)에서와 같이 순형화관 아래의 눈에 띄는 꽃잎 부분

동의어 (p124, lip)

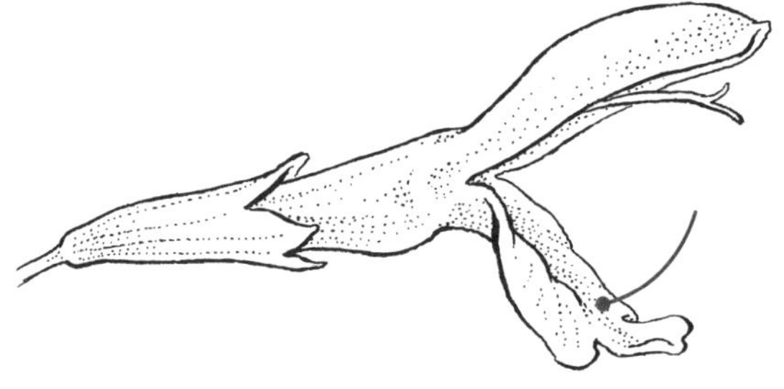

lamina · 판, 엽면

일반적으로 잎이나 꽃잎의 넓고 납작한 부분

동의어 엽신(p33, blade)

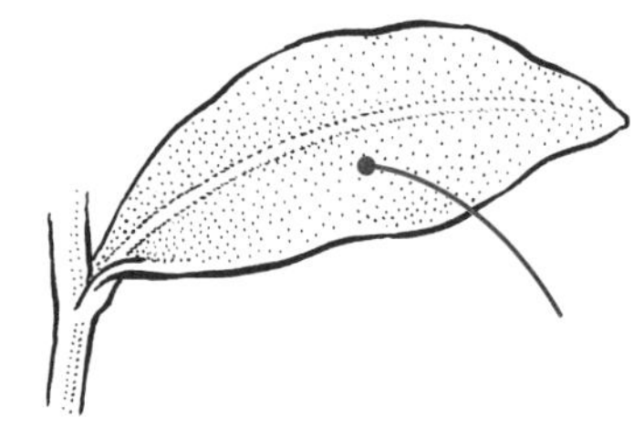

lacerate · 민들레형거치

불규칙하게 갈라진, 찢어진 것처럼 보이는

laciniate · 좁은띠형거치

좁은 부분으로 깊게 갈라진

lactiferous, laticiferous · 유액을 분비하는

유백색 유액이 있는

lanceolate · 피침형

창 또는 칼 모양으로 가장 넓은 끝이 기부를 향함

동의어 검형(p79, ensiform / p99, gladiate)

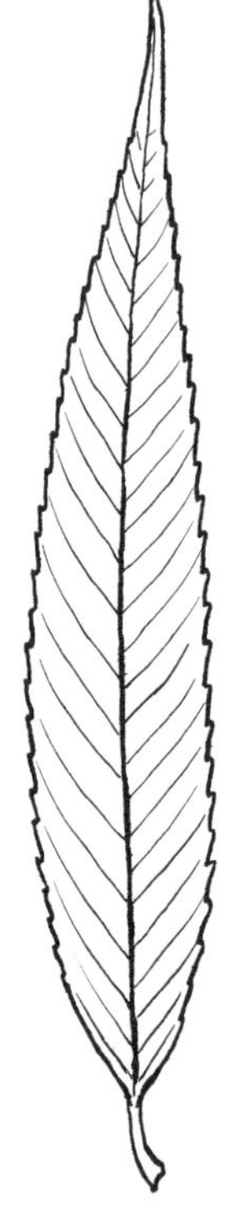

lateral · 측생

우상복엽의 정단엽의 아래 소엽과 같이 옆에 또는 옆쪽으로

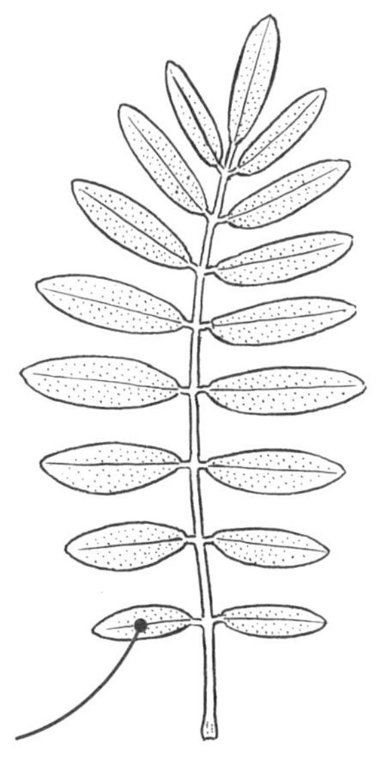

latex · 유액

유백색 수액

latitudinal · 횡축, 횡개, 횡단면

주축에 수직인

동의어 (P207, transverse)

latrorse · 측향악, 종개

다른 열개와 관련하여 측면에서 세로로 열림

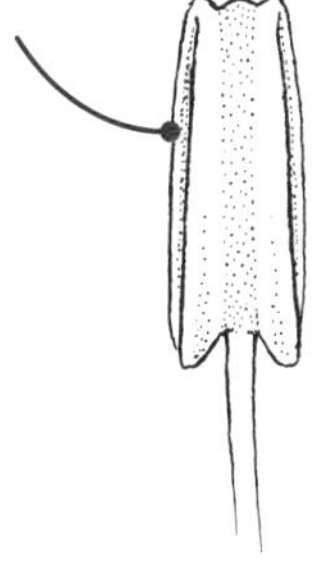

lax · 드문

혼잡하지 않고 느슨한

layering · 휘묻이

모식물에 여전히 붙어 있는 줄기에서 뿌리를 내어 번식시키는 기술; 낮은 가지를 부분적으로 지하에 두는 것(한 번에서 여러 번, 지상 부분과 번갈아 가며) 또는 줄기의 껍질을 절단하고 절단 부위의 줄기에 물이끼 또는 다른 멸균 기질을 밀봉하는 것과 같은 여러 기술을 통해 수행됨. 뿌리가 생긴 줄기를 식물에서 잘라내어 새로운 식물이 모식물의 클론이 되는 방법

leader · 리더

나무의 우세한 줄기, 주 줄기

leaf · 잎

대부분의 식물에서 1차 광합성 기관으로 일반적으로 줄기에 부착됨

leaflet · 소엽

복엽의 조각으로, 더 분활되기도 하고 그렇지 않기도 함; 우편(p154) 참조

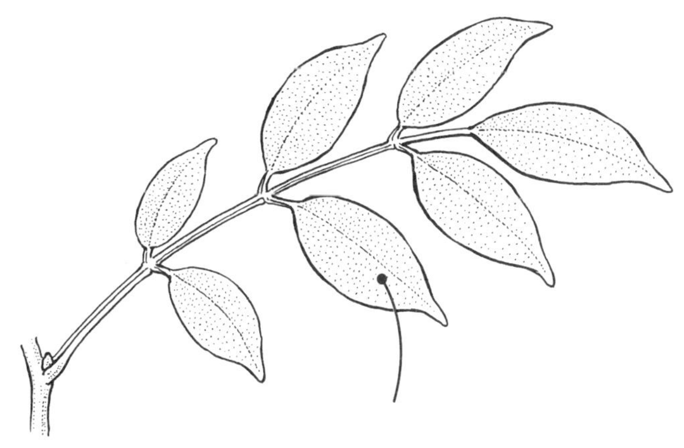

leaf scar · 엽흔

잎이 붙어 있던 자리의 줄기 위에 남은 흔적, 관속흔 포함

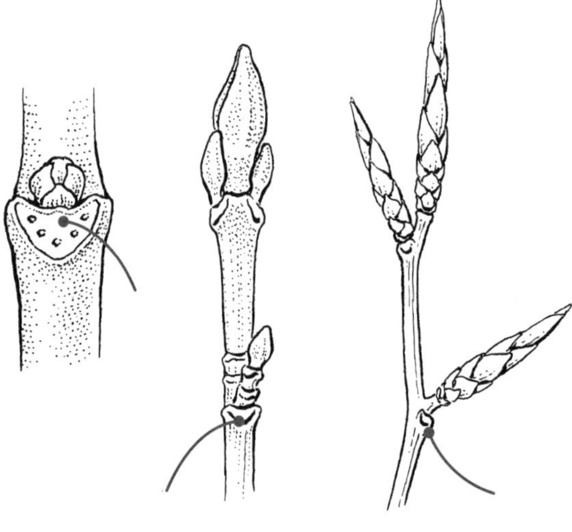

legume · 1.협과, 2.콩과식물

1. 2개의 봉합선을 따라 열리는 건조하고 열개하는 단자방실 열매로, 단심피성 암술에서 유래;
2. 콩과(Fabaceae)에 속하는 식물의 고유명사; 이 이름은 오래되고 여전히 받아들여지는 과(科)명인 Leguminosae에서 유래함

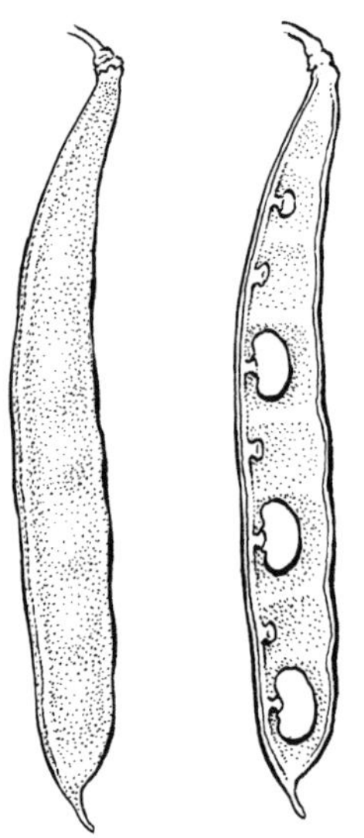

lemma · 호영, 외화영

벼과(Poaceae) 소화와 접하는 두 개의 포 중 아래쪽/바깥쪽에 있는 포, 다른 하나는 내영

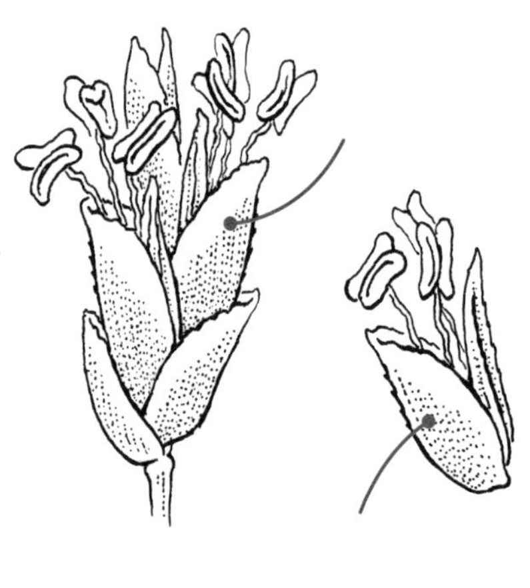

lenticel · 피목

줄기에 돌출된 코르크 표지로 선형에서 원형이며 기체 교환을 수행

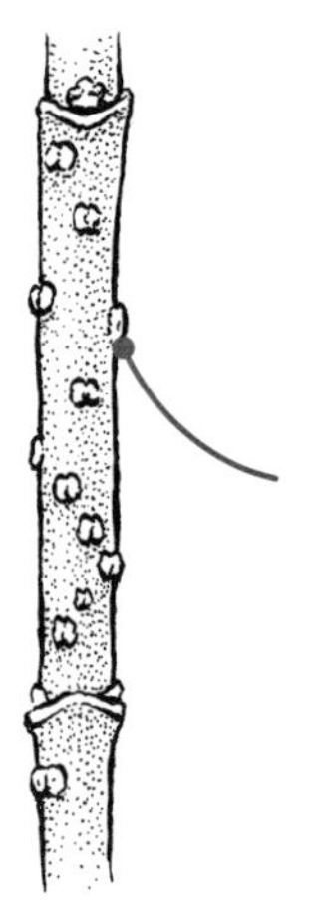

lenticular · 렌즈형

렌틸콩 모양, 즉 양쪽이 p 볼록함

동의어 (P31, biconvex)

lepidote · 인편상

작은 인편으로 뒤덮인

liana · 덩굴나무

덩굴성 목본

ligneous, lignified · 목질의

목질의, 나무와 비슷한

ligulate · 혀 모양의, 설상

1. 띠 또는 혀 모양; 2.엽설이 있는

동의어 1. 방사형(P124, lingulate)

ligulate flower · 설상화

한쪽이 길게 늘어나 합판화관으로 국화과(Asteraceae) 화서에서 발견되며, 그것들은 함께 모여 이 "가화" 화서의 꽃잎과 같은 모양을 형성함

동의어 방사화(p169, ray flower)

반의어 통상화(p71, disk flower)

ligule · 엽설

띠 또는 혀 모양의 구조; 예를 들어, 분리된 엽신 기부에 의해 벼과(Poaceae) 잎의 엽초부 상단에 돌출된 부분 또는 국화과(Asteraceae) 설상화에서 길게 늘어난 합판화관의 열편

동의어 (p169, ray)

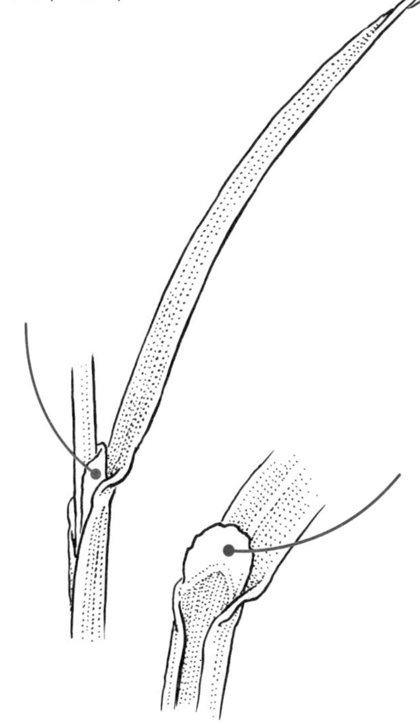

limb · 판연

꽃잎, 잎 또는 합판화관의 확장되고 평평한 부분

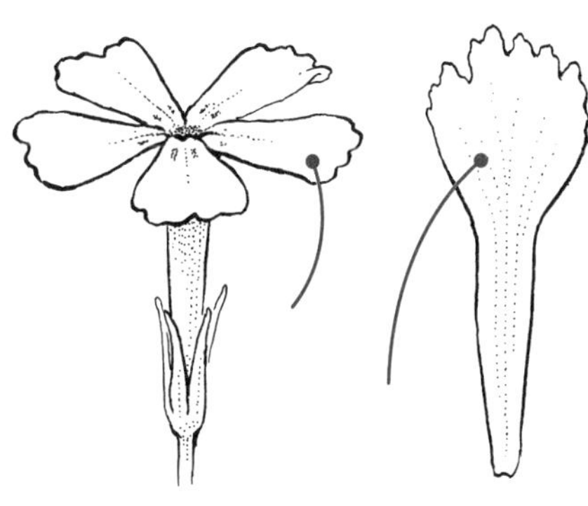

linear · 선형

평행한 면으로 좁고 긴

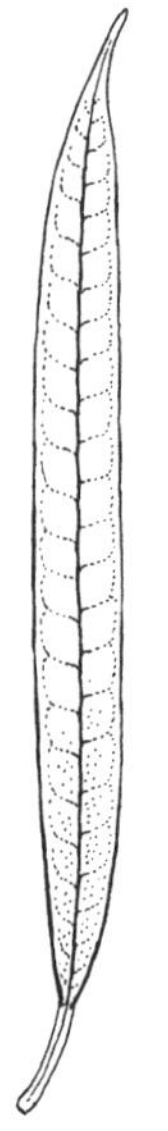

lobe · 열편, 귓불

잎이나 꽃받침에서 어느 정도 둥근 부분

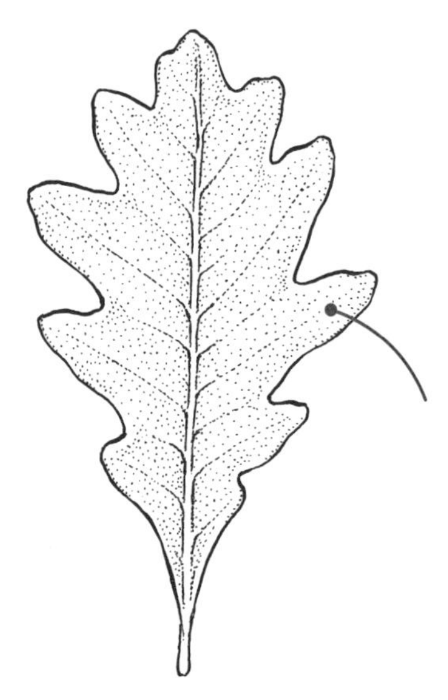

lingulate · 혀 모양의, 설상

1. 띠 또는 혀 모양; 2. 엽설이 있는

동의어 (p123, ligulate)

lip · 1. 순판, 입술꽃잎, 2. 하순

1. 난초의 중앙, 일반적으로 맨 아래쪽의 가장 큰 꽃잎, 컵 모양일 수 있음; 2. 꿀풀과(Lamiaceae)에서와 같이 순형화관 아래의 눈에 띄는 꽃잎 부분

동의어 1.(p119, labellum); 2.(p120, labium)

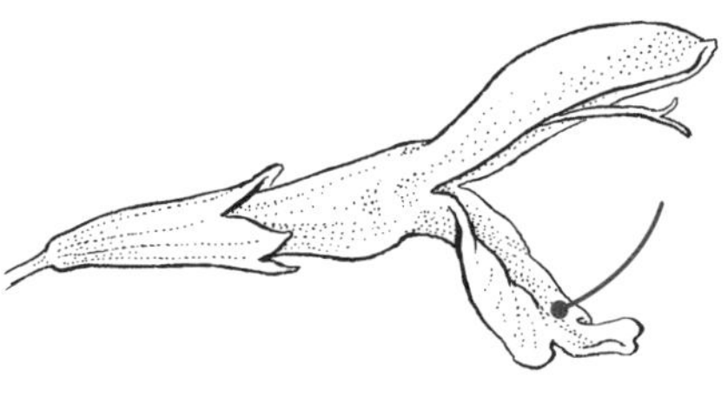

lithophyte · 암생식물(巖生植物)

바위에 붙어 자라는 식물

lobed · 결각, 천열

잎이나 암술머리처럼 열편이 있는

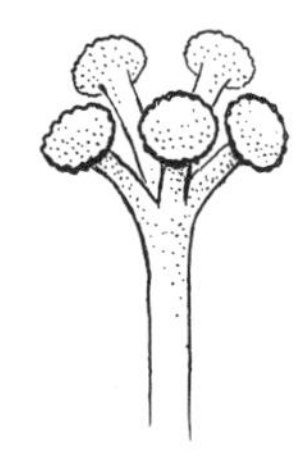

locule, loculus · 방, 실(약실 또는 자방실)

씨방, 꽃밥, 포자낭 또는 열매 내의 방; 씨방과 열매에서 일반적으로 심피에 해당

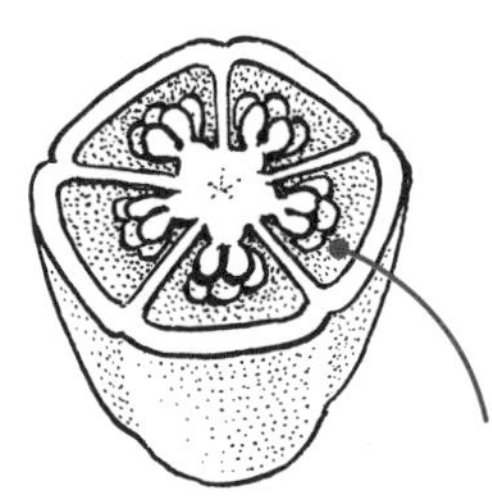

loculicidal · 포배열개(삭과)

자방실 벽에서 씨앗을 방출하기 위한 열매의 개방; 횡렬삭과(p50), 공개(p160), 포간열개(p182) 참조

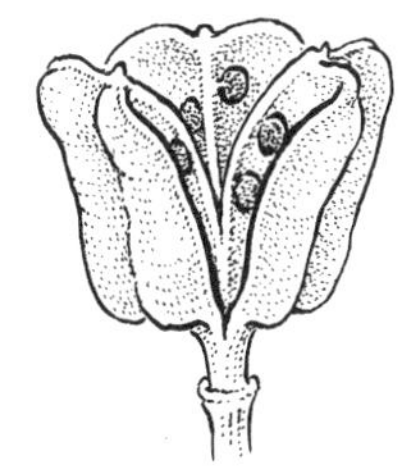

lodicules · 인피

일반적으로 평평한 두 개의 매우 작은 구조로 벼과(Poaceae) 소화의 호영 내부에서 꽃을 받치고 있음; 화피의 흔적으로 추정됨

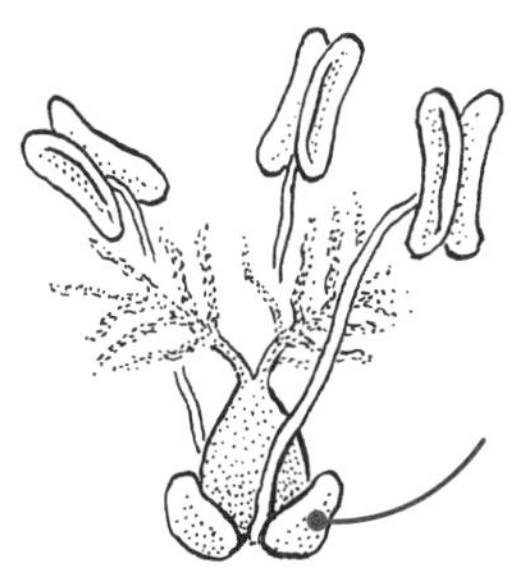

loment, lomentum · 분리과

씨 사이가 잘룩하게 연결된 길쭉한 열매로 1개의 씨가 각각 별개의 부분으로 열리며, 단심피성 암술에서 파생됨; 콩과(Fabaceae) 일부 종의 열매

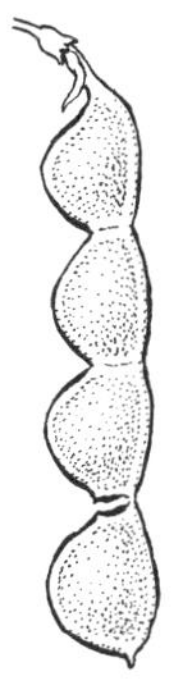

long-day plant · 장일식물, 단암식물

성장하고 번식하기 위해 하루에 12시간 이상의 빛이 필요한 식물

반의어 단일식물(P184, short-day plant)

longitudinal section · 종단면

주축을 따라 절단하고, l.s.로 축약하여 사용

반의어 횡단면(P61, cross section)

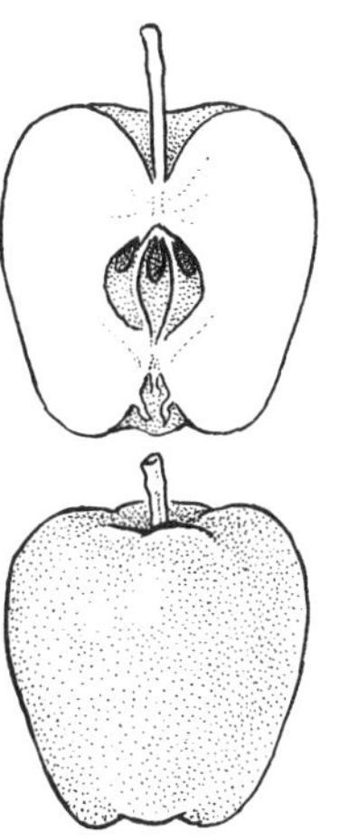

l.s.

종단면

반의어 (p220, x.s.), 횡단면(p61, cross section)

long shoot · 긴 가지, 장지(長枝)

긴 절간에 의해 마디가 분리된 즉 충분한 간격으로 떨어진 줄기가 대부분의 줄기를 구성함

반의어 단지(p35, brachyblast / p184, short shoot / p191, spur)

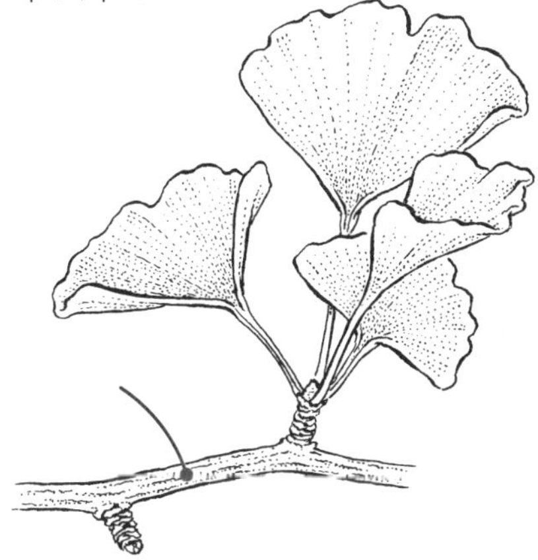

lyrate · 두대우열형

말단 열편이 둥글면서 접하는 열편보다 훨씬 큰 우열형

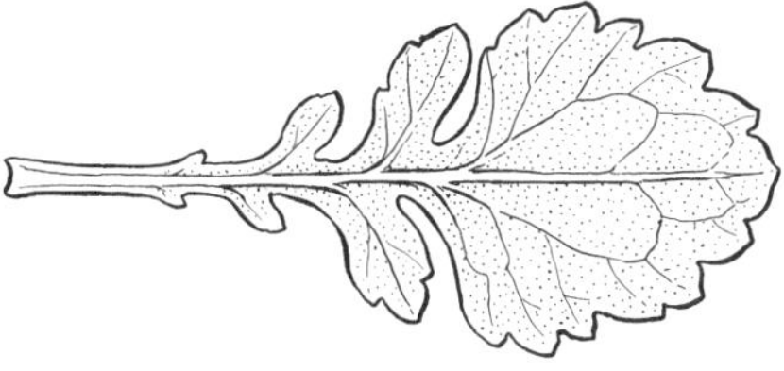

L

macro-

크다는 것을 의미하는 접두사

macrophyll · 대엽, 대엽성

참나무(*Quercus*), 은행나무(*Ginkgo*)와 같이 여러 갈래로 가지를 친 맥이 있는 잎

동의어 (p127, megaphyll)

반의어 소엽, 소엽성(p129, microphyll)

maculate · 반점상

얼룩이나 점이 나타나는

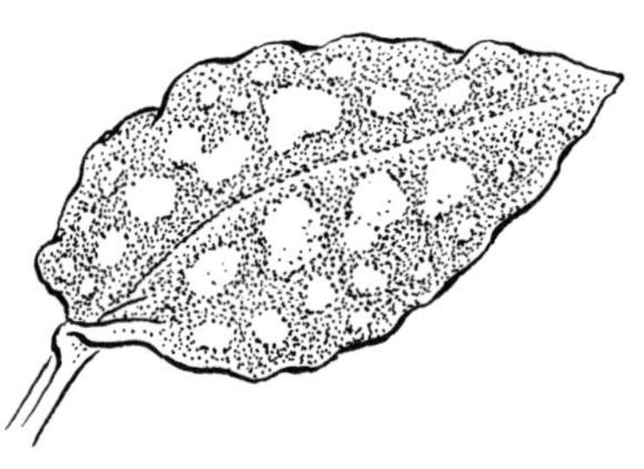

male flower · 수꽃

자성 구조(암술)는 불임성이거나 없으며, 임성인 웅성 구조(수술)를 가지고 있는 꽃

male sporophyll · 웅성포자엽

꽃가루를 함유한 웅성 생식 구조. 예) 소나무(*Pinus*)의 웅성 구화수의 인편; 수술(p191) 참조

marcescent · 조위성

너도밤나무(*Fagus*) 및 다육식물의 잎처럼 시들어도 붙어 있는 꽃잎, 꽃받침 및 잎과 관련된

margin · 가장자리, 엽연

잎, 꽃잎, 꽃받침의 테두리

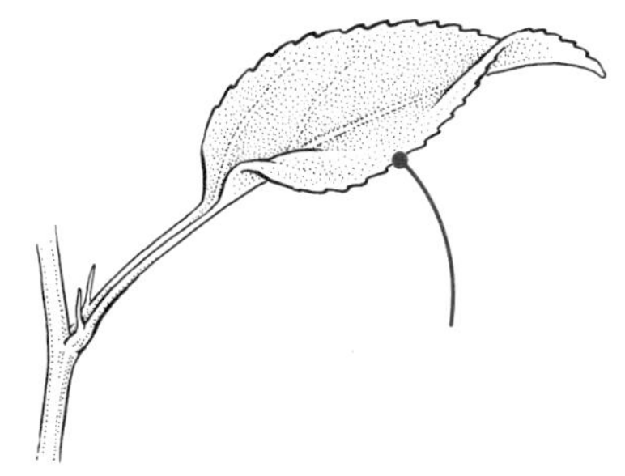

marginal · 변연성

가장자리에 부착되거나 가장자리 근처의

marginal placentation · 변연태좌

콩과 식물(Fabaceae)과 같은 단자예의 자방 벽에 부착된 밑씨

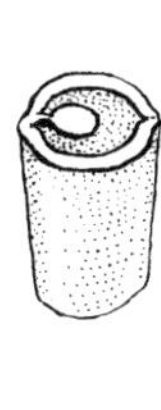

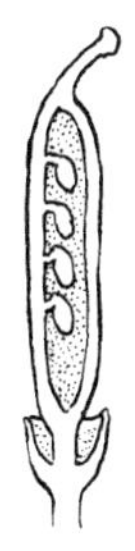

mast · 마스트

너도밤나무(*Fagus*) 및 참나무류(*Quercus*)와 같은 임목의 식용 열매; 이 열매가 특히 많이 생산되는 해를 나타내기 위해 "마스트 해(mast year)"이라는 구에서 가장 일반적으로 사용됨

mat-forming · 매트 형성

조밀하게 자라 땅을 뒤덮는 식물의 성장

maturity · 숙성, 성숙

익은 열매나 완전히 열려 기능하는 꽃처럼 기관이 완전히 발달하는 시점

medial, median · 중간의, 중앙의

중간의 또는 중간에서

medifixed · 정자착

꽃밥의 중앙에 부착된 수술대와 같이 중앙에 부착된; 저착(p29), 측착(p73) 참조

동의어 (p215, versatile)

mega-

크다는 것을 의미하는 접두사

megaphyll · 대엽, 대엽성

참나무(*Quercus*), 은행나무(*Ginkgo*)와 같이 여러 갈래로 가지를 친 맥이 있는 잎

동의어 (p126, macrophyll)

반의어 소엽, 소엽성(p129, microphyll)

megasporangium · 대포자낭

자성 포자(대포자)를 품고 있는 조직

megaspore · 대포자

모든 종자식물, 특정 수생 양치류(예: 물개구리밥(*Azolla*), *Marselia* 및 생이가래(*Salvinia*)) 및 2개의 석송(물부추(*Isoetes*) 및 바위손(*Selaginella*))을 포함하는 이형포자성 식물에서 발견되는 큰 자성 포자

membranous,membranaceous·막질

매우 얇고 거의 투명한

mericarp · 분과

분열과의 개별 부분으로, 합생심피 암술의 단심피에서 파생됨. 예) 아욱과(Malvaceae) 및 산형과(Apiaceae)의 개별 열매

동의어 (p52, coccus)

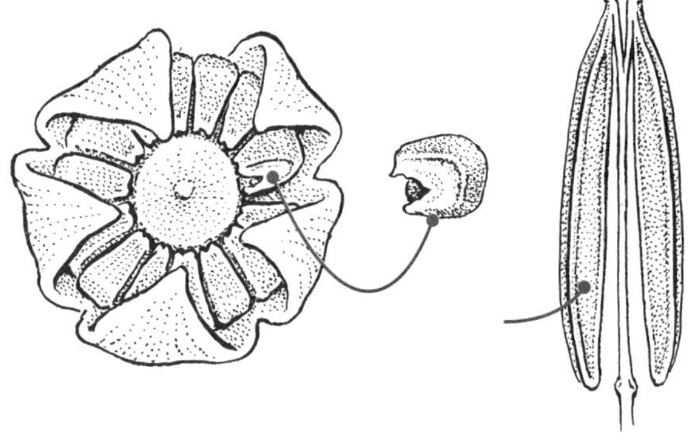

meristem · 분열조직

식물 전체의 높이, 길이, 너비 성장을 담당하는 세포를 생산하는 위치로, 가지 또는 뿌리의 끝 부분과 나무 껍질 바로 안쪽에 위치

-merous

일반적으로 꽃의 윤생층에 적용되는 부분 또는 세트의 수를 의미하는 접미사

mesocarp · 중과피

열매 벽(과피)의 중간 층. 예) 복숭아(*Prunus persica*)의 과육

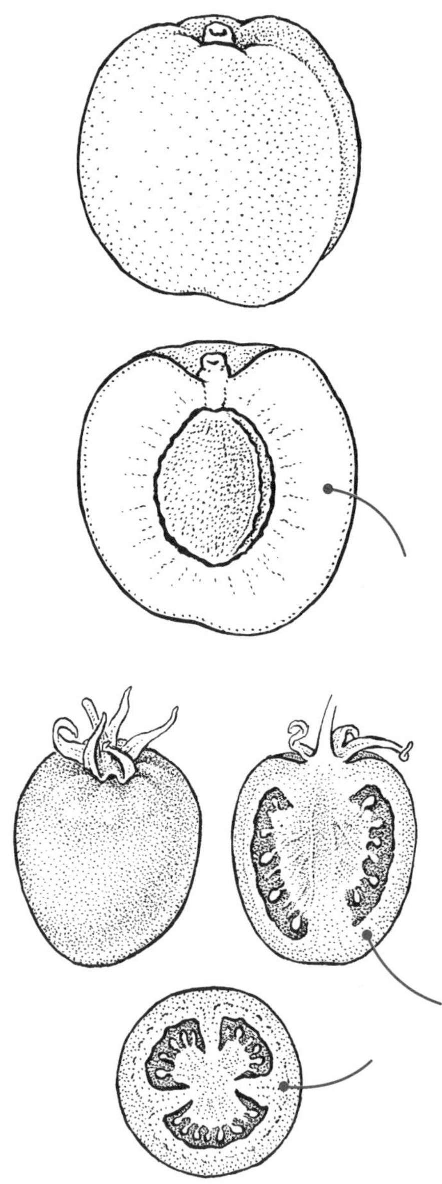

mesophyte · 중생식물

평균 수분이용능의 성장에 적응된 식물; 습생식물(p108), 건생식물(p220) 참조

microphyll · 소엽, 소엽성

속새과(Equisetaceae) 및 부처손과(Selaginellaceae)와 같이 일반적으로 가지를 치지 않는 단일맥이 있는 잎

반의어 대엽, 대엽성(p126, macrophyll / p127, megaphyll)

microporangium · 소포자낭

웅성 포자(소포자)를 품고 있는 조직

micropyle · 주공

화분관이 자라는 외피 사이의 구멍, 일부 씨앗에서 볼 수 있음

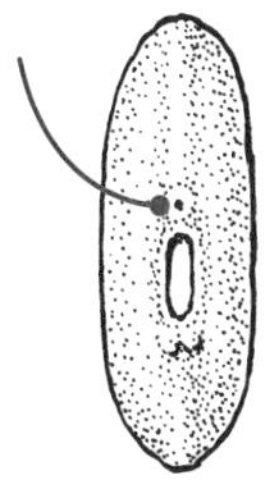
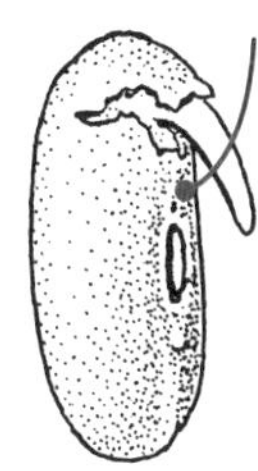

microspore · 소포자

모든 종자식물, 특정 수생 양치류(예: 물개구리밥(*Azolla*), *Marselia* 및 생이가래(*Salvinia*)) 및 2개의 석송(물부추(*Isoetes*) 및 바위손(*Selaginella*))을 포함하는 이형포자성 식물에서 발견되는 작은 웅성 포자

midrib, midvein · 중륵, 주맥

잎의 중앙맥(1차맥), 일반적으로 측맥(2차맥)보다 더 두드러짐

monadelphous · 단체웅예

수술은 수술대에 의해 하나의 덩어리(종종 기둥)로 융합됨

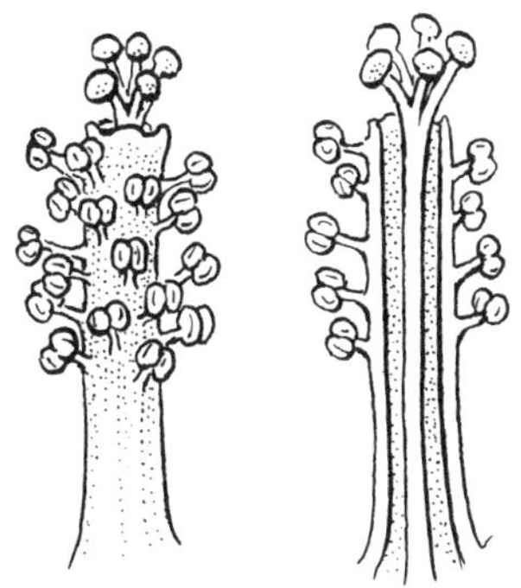

monandrous · 홑수술, 일수술

하나의 수술이 있는

mono-

하나를 의미하는 접두사

monocarpic · 일회결실성, 일년생

한 번만 꽃을 피우고 열매를 맺은 다음 죽는 식물. 예) 용설란(*Agave americana*)

반의어 다년생, 중복개화다년생(p159, polycarpic)

monochasium · 단산화서

주축의 한 방향에 하나의 홑꽃(단순) 또는 여러 가지 분지 단위(복합)가 있는 취산화서

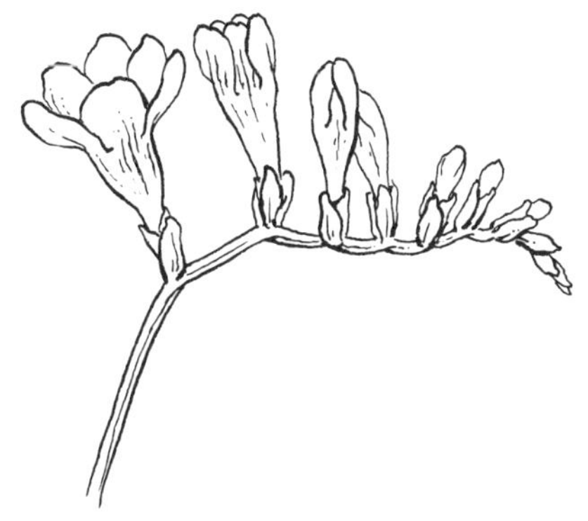

M

monocot · 단자엽식물의 단축형

일반적으로 하나의 자엽(cotyledon), 3의 배수로 된 꽃 부분 및 평행맥을 갖는 식물 그룹의 단축된 이름(monocotyledon에서)

반의어 쌍자엽식물(p68, dicot)

monocotyledonous · 단자엽식물형

하나의 자엽(cotyledon)이 생기는

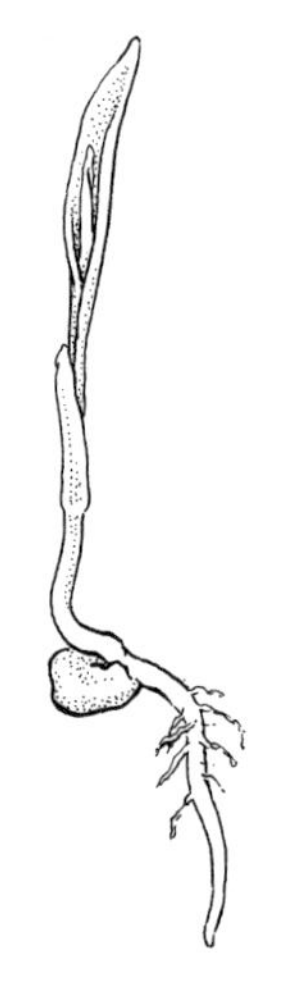

monoecious · 암수한그루, 자웅동주, 자웅일가

같은 개체에 암·수 모두의 단성화를 가지고 있는 것; 아래 그림에서 더 작은 수꽃(수술만 있는)과 큰 암꽃(암술만 있는)이 자세히 설명되어 있음

반의어 암수딴그루, 자웅이주(p70, dioecious)

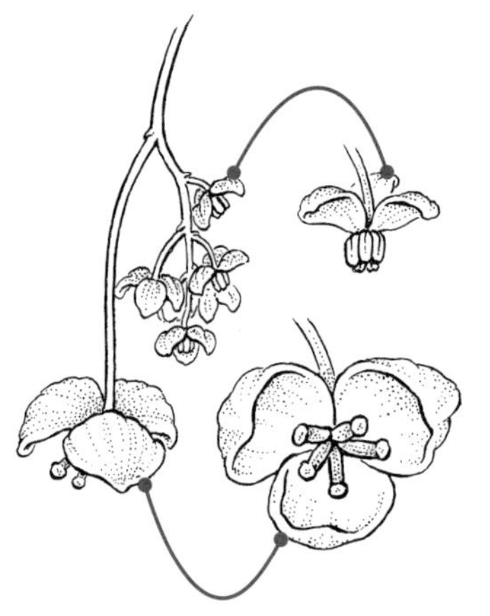

monopodial · 단축분지성

주축의 양쪽 측면에 분지가 발생하는 하나의 정단분열조직을 가지며, 일반적으로는 꽃차례의 성장을 설명하지만 일부 난초(난초과)와 같은 식물의 성장을 설명하는 데도 사용됨; 가축분지성(p200) 참조

monotypic · 단형

한 가지 유형만 갖는 것. 예) 한 종만 있는 속 또는 한 속만 있는 과

montane · 산지성

산에 사는

moss · 이끼

토양, 암석 또는 나무 줄기 표면의 습한 지역에서 종종 발견되는 선태식물문의 비관속 육상 식물

motile · 이동성의, 운동성의

움직일 수 있는. 예) 선태류 및 양치류의 정자

mottled · 반점, 얼룩

다른 색상의 얼룩이나 점이 표시되는

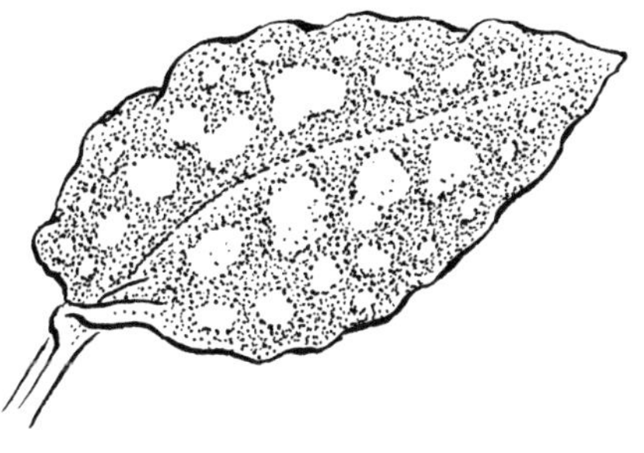

mouth · 화관입구

합판화관과 같은 관형 구조의 입구부

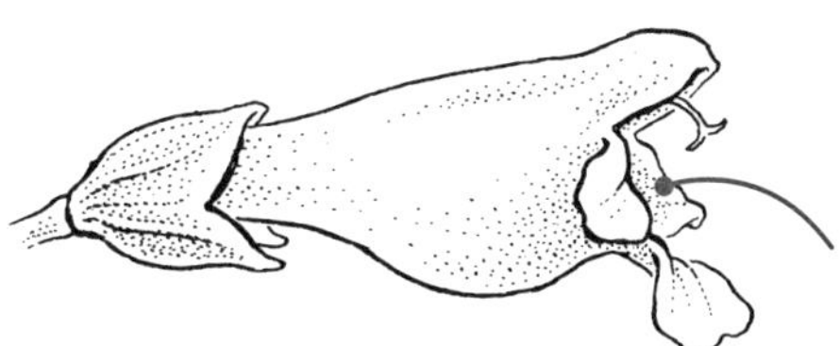

mucilage · 점액질

식물 내부의 두껍고, 끈적끈적하거나 젤라틴 같은 물질. 예) 알로에 수액

mucilaginous · 점성, 점착성

끈적끈적한

mucro · 미철두

잎의 정단부나 돌출부처럼 짧고 뻣뻣하며 날카로운 끝; 첨두(p63) 참조

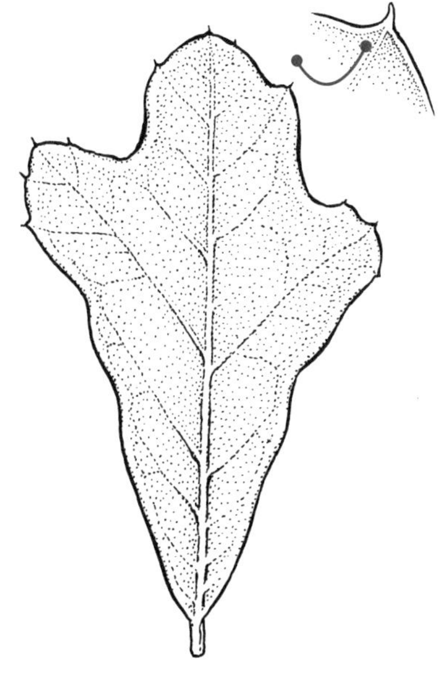

mucronate · 미철두형

갑자기 짧고, 뻣뻣하고 날카롭게 되는

동의어 예철두(p63, cuspidate) (역자, 동의어라고 했지만 mucronate(미철두)와 cuspidate(예철두)는 다른 의미로 사용됨)

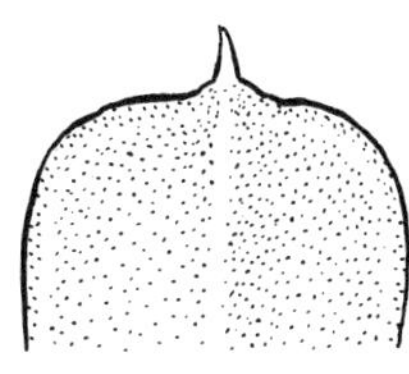

mucronulate · 유두형

갑자기 매우 짧고, 뻣뻣하고 날카롭게 끝나는

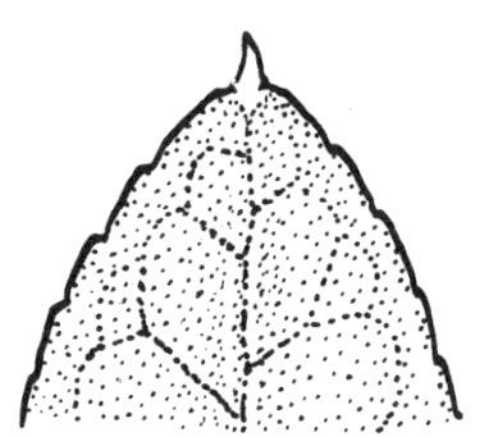

multi-

많음을 의미하는 접두사

multicarpellate · 다심피성

많은 심피를 가진

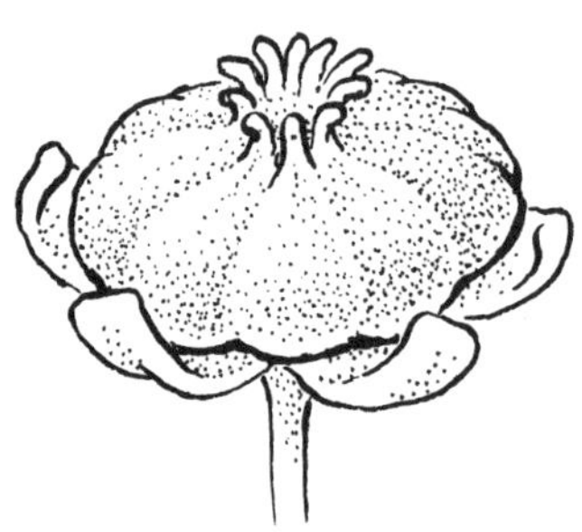

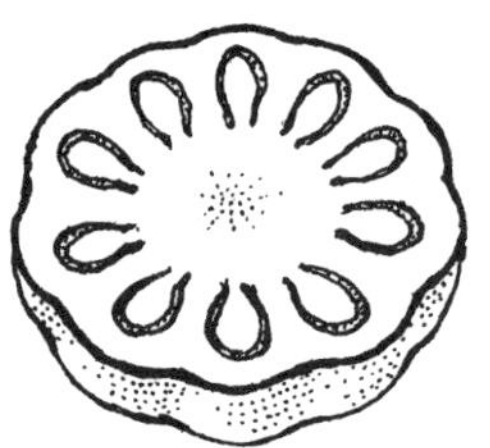

multilocular · 다실

많은 방을 가진

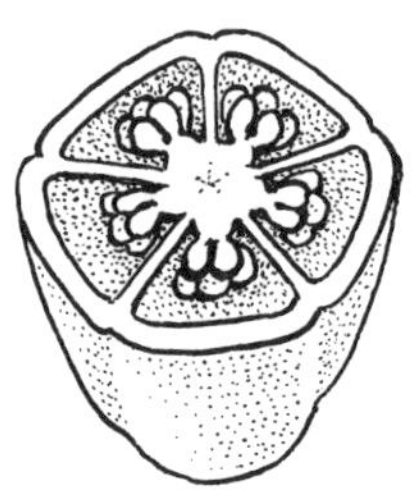

multiple infructescence · 다화과, 집합과

화서 전체에서 파생된 열매, 다육성이거나 건조한 열매일 수 있음. 예) 미국풍나무(*Liquidambar styraciflua*)

동의어 (p200, syncarp)

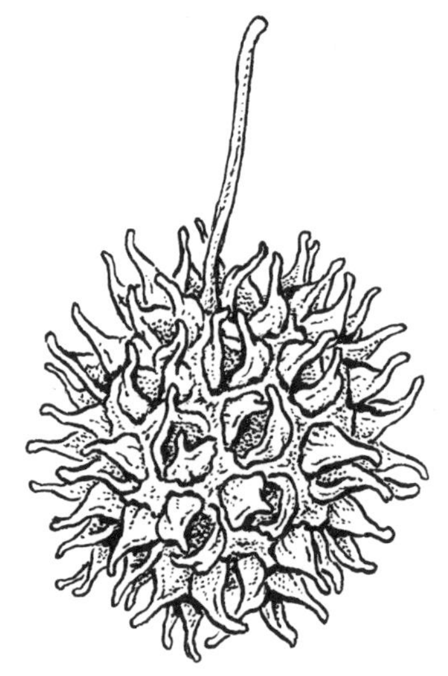

mutualism · 상리공생

두 유기체가 함께 융합되거나 매우 근접하여 사는 관계(공생) 그리고 둘 다 공생의 혜택을 받는 관계

mycoheterotroph · 균종속영양식물

균류로부터 영양분을 얻는 식물; 이전에 부생식물로 생각되었던 모든 식물은 실제로는 균영양성 식물이며 그들이 기생하는 균류의 녹색 식물 부산물로부터 영양분을 얻고 있음. 예) 수정난풀 (*Monotropa uniflora*)

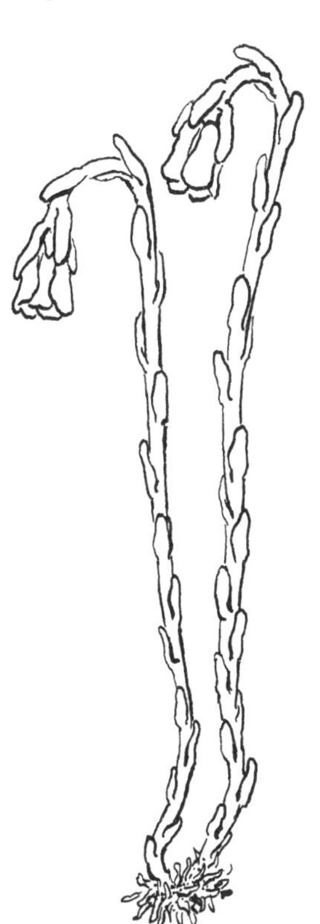

mycorrhiza · 근균

(복수 mycorrhizae) 식물의 뿌리에 붙어 자라며 식물과 공생 관계를 형성하는 균류; 곰팡이는 식물의 뿌리 조직을 부풀게 하고 식물에 물과 영양분을 전달하며 당과 교환함

myrmecophyte · 개미식물

개미와 공생 관계에 있는 식물

동의어 (p20, ant-plant)

N

naked · 노출된, 결여된
잎이 없는 나무와 같이 일반적으로 존재하는 구조 또는 조직이 없음

nascent · 신생의, 발생기의
전개하기 시작하여 확산 가능성을 보여줌; 도입종이 침입종이 되는 것처럼

native · 토착의, 자생의
지리적 또는 지질학적으로 특정 지역에 발생하는
동의어 (p112, indigenous)

naturalized, naturalised · 귀화종
비토착종으로 자리 잡고 번식하는 것; 외래종보다 더 확립된 종

nectar · 꿀, 화밀
꽃과 잎과 같은 다양한 기관에서 생성되는 끈적하고 달콤한 액체, 보상/유인 물질, 일반적으로 수분 매개체에 대한 것이지만 때로는 식물과 관련된 개미와 같은 곤충에 대한 것임

nectar guides · 밀선(蜜線), 허니가이드
수분 매개체를 꽃 꿀샘으로 안내하는 표시(선, 반점, 얼룩), 자외선(UV) 광선 아래를 제외하고는 인간의 눈에는 보이지 않을 수 있음

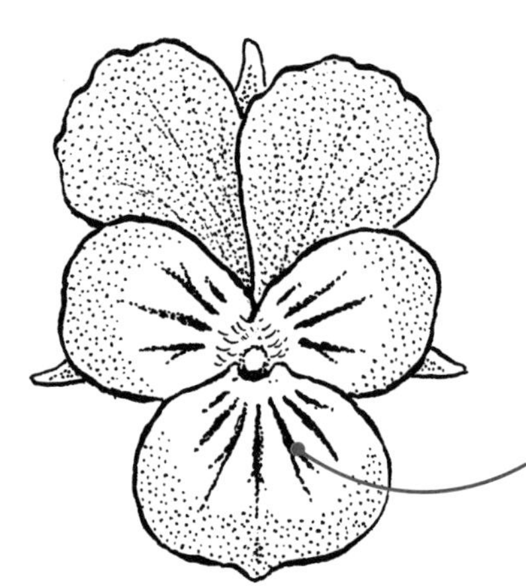

nectariferous · 꿀을 분비하는
꿀을 생산하는

nectary · 꿀샘, 밀선(蜜腺)

꿀을 생산하는 기관, 샘 또는 조직

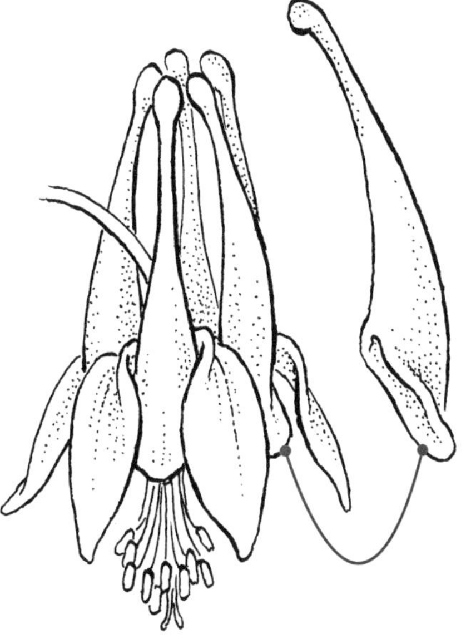

needle · 침엽

길고 매우 좁은 잎; 많은 겉씨식물의 잎

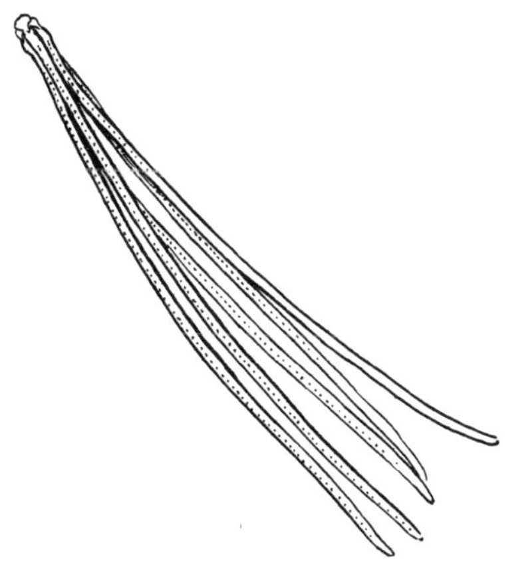

neotropics · 신열대구

아메리카의 열대 지역

nerve · 맥, 륵(肋)

포엽, 꽃잎, 꽃받침, 턱잎과 같은 잎 또는 잎과 같은 구조의 관속 조직, 가지를 치거나 치지 않을 수 있음

동의어 (P215, vein)

net-veined, netted · 그물맥, 망상맥

복잡한 패턴을 형성하며 연결된, 분기하는 잎맥이 있는

동의어 망상형(p172, reticulate)

nitrogen · 질소

식물의 필수 영양소, 비료 함량의 첫 번째 숫자로 축약하여 N으로 표기

nitrogen fixation · 질소고정

대기 질소를 식물이 흡수할 수 있는 형태로 전환시키는 과정; 콩과 식물(Fabaceae) 등과 상호관계를 맺고 사는 박테리아(이전에는 많은 것들이 남조류로 알려졌음)에 의해 이루어짐

nocturnal · 야간성

밤나팔꽃(*Ipomoea alba*) 및 많은 선인장의 개화와 같이 밤에 발생하거나 활동하는

nodding · 수하형

매달리거나 아래쪽으로 구부러지는, 흔히 꽃에 적용됨

동의어 (p48, cernuous)

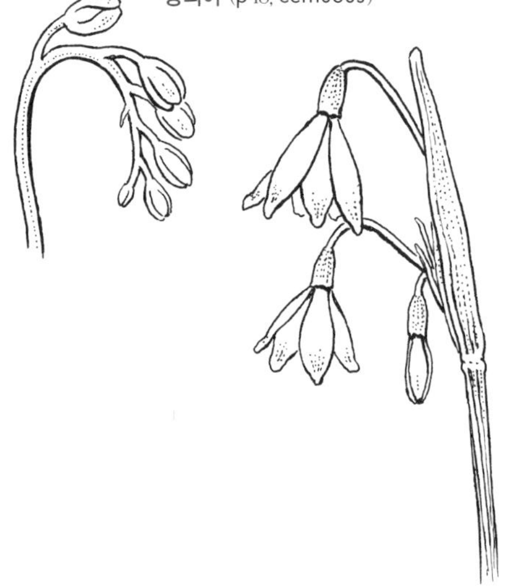

node · 마디, 절

줄기에 잎이 부착되어 있던 부분으로 잎, 엽흔이나 가지가 될 수 있음

반의어 절간(p114, internode)

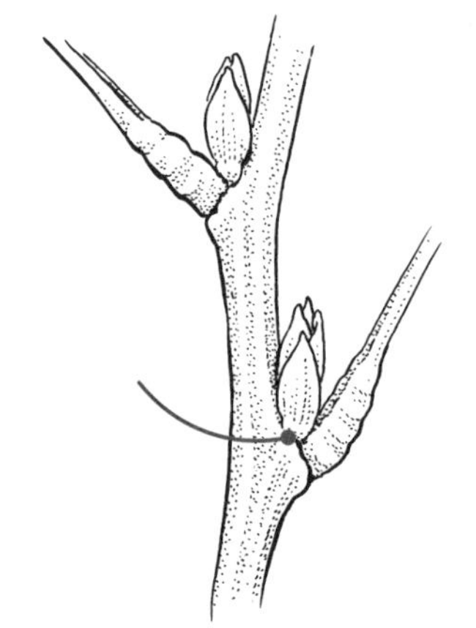

nodule · 혹, 구상체(球狀體)

많은 콩과 식물(Fabaceae)의 뿌리에 있는 것과 같은 둥근 혹; 뿌리혹(root nodule; p174) 참조

nuciferous · 견과가 열리는

견과를 생산하는

numerous · 다수의, 수많은

10보다 크며 종종 꽃 부분을 설명하는 데 사용됨. 예) "수술이 많다"

nut · 견과

일반적으로 하나의 종자와 단단한 과피가 있는 건조하고 열개하지 않는 단자방실 열매. 예) 참나무(*Quercus*)의 도토리

nutlet · 소견과

1. 꿀풀과(Lamiaceae) 및 지치과(Boraginaceae)의 종에서 발견되는 작은 견과; 2. 사초과(Cyperaceae)의 수과에 대한 다른 용어

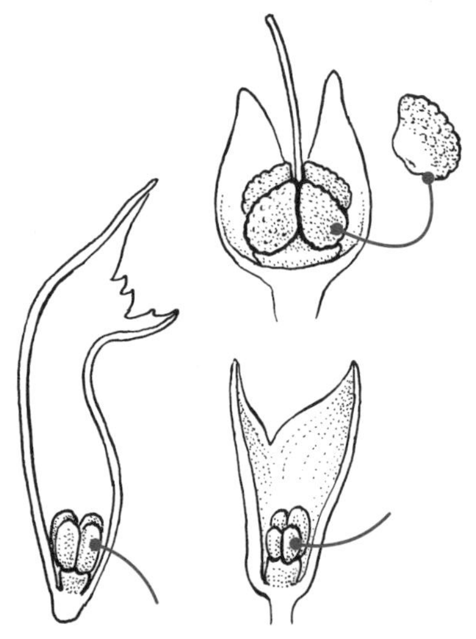

ob-

거꾸로, 반대, 역(逆)을 의미하는 접두사

obconic, obconical · 거꿀원뿔형

원뿔 모양으로 뾰족한 끝쪽이 붙어 있는 모양임

obcordate · 거꿀심장형, 도심장형

1. 상단이 가장 넓은 하트 모양; 2. 심장의 꼭대기처럼 넓으며 움푹 들어간 곳으로 분리된 두 개의 둥근 면이 있는 잎의 정단부

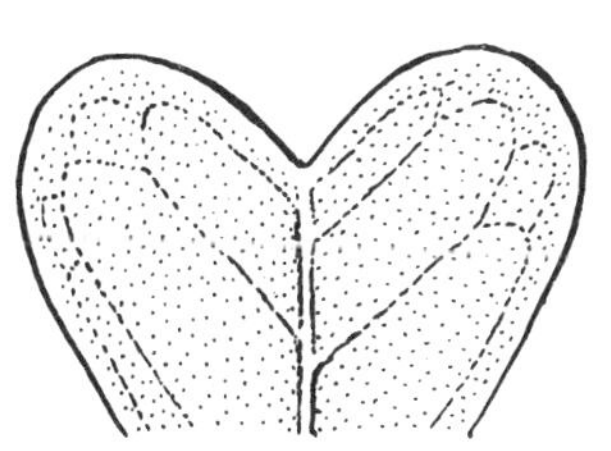

obdeltoid · 거꿀삼각형, 도삼각형

정삼각형 모양이며, 평평한 면 중 하나가 위쪽에 있고 반대쪽 끝이 부착된 모양

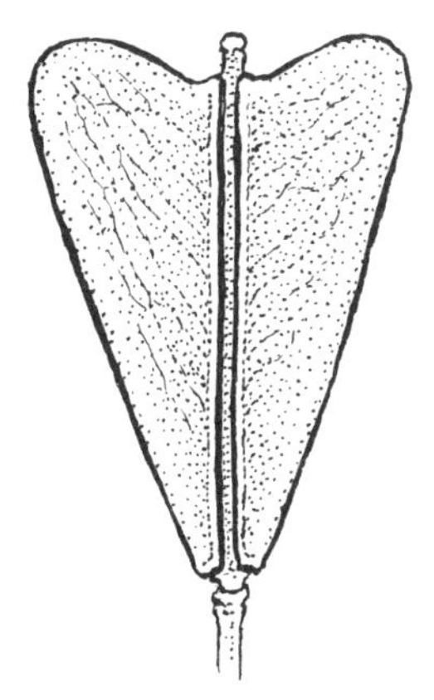

obdiplostemonous · 화피호생이열웅예

2개의 구분되는 수술군 중, 바깥쪽은 꽃잎과 마주하고 안쪽은 꽃받침과 마주함

반의어 화피대생이열웅예(p70, diplostemonous)

oblanceolate · 거꿀피침형, 도피침형

가장 넓은 부분이 위쪽으로 향하는 창 모양

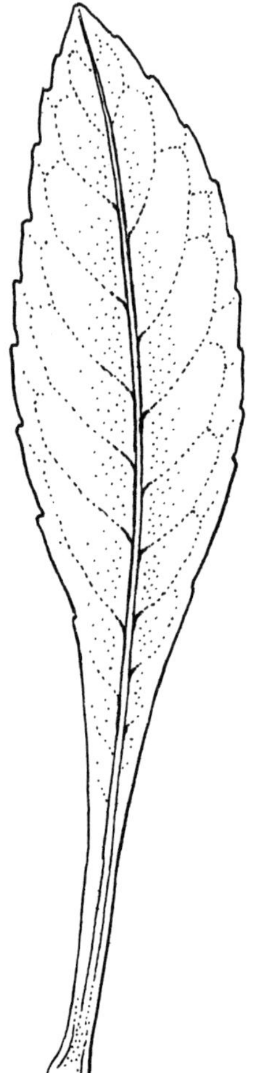

oblique · 의저

크기 및/또는 모양이 같지 않은 두 개의 반쪽 또는 면이 있으며 일반적으로 잎 기부에 적용됨

동의어 비대칭(p25, asymmetrical)

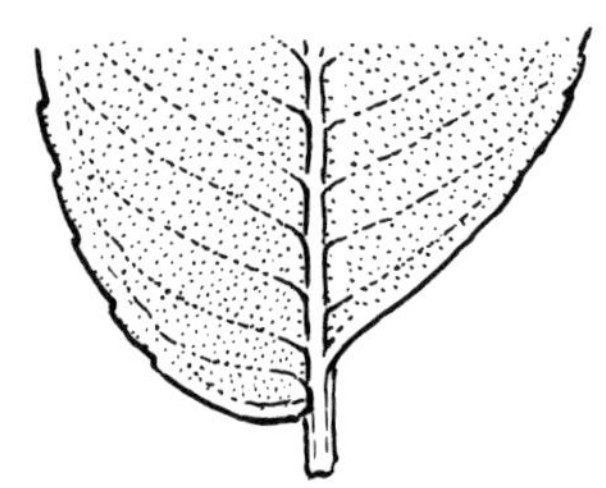

oblong · 장타원형

평행한 변의 길이가 너비보다 최소 1.5배 정도 긴

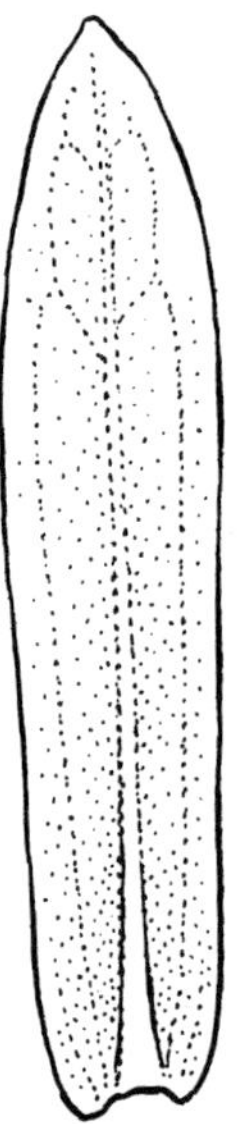

obligate · 절대적, 무조건적인

일부 기생식물에 대한 다른 유기체의 존재와 같은 특정 조건에 의존

obovate · 도란형

달걀형으로 가장 넓은 부분이 위쪽에 있음

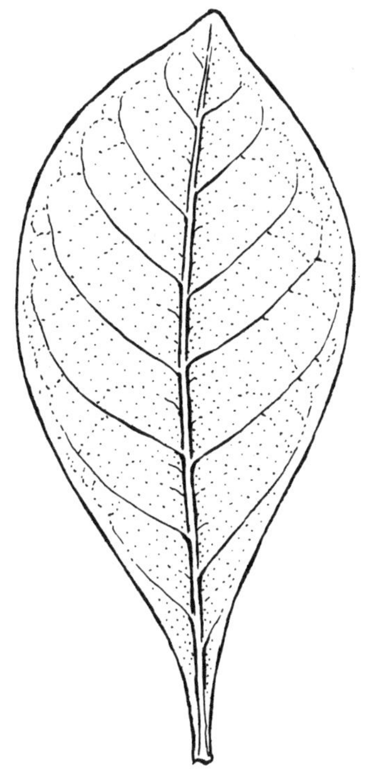

obovoid · 도란형체

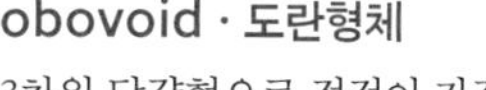

3차원 달걀형으로 정점이 가장 넓음

obsolete · 흔적상

미발달, 크기 축소 및 기능하지 않음. 예) 꽃의 비기능적, 감소된 수술(헛수술)

동의어 (p175, rudimentary), (p216, vestigial)

obtuse · 둔두, 둔저, 둔형

90도를 넘지만 180도 미만의 각도를 형성하는 구부러진 면이 있는 둥근 정점 또는 기부

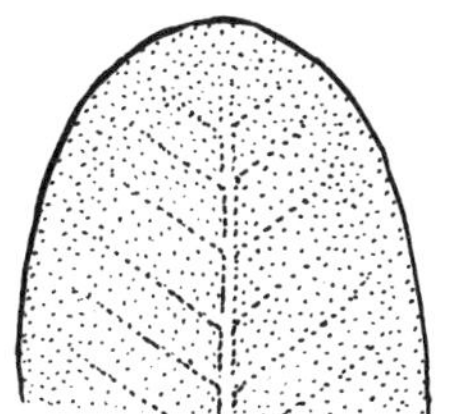

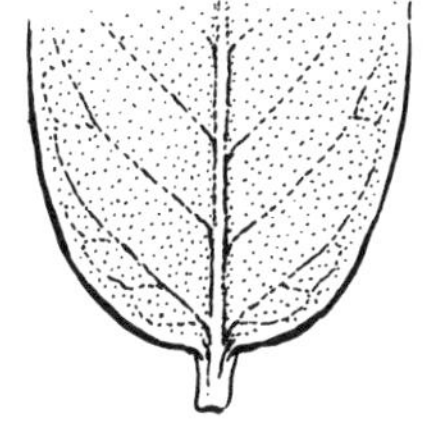

ocrea · 탁엽초, 초상탁엽

(복수형 ocreae) 마디풀과(Polygonaceae)의 많은 식물에서와 같이 줄기를 둘러싼 엽초로 함께 융합된 턱잎

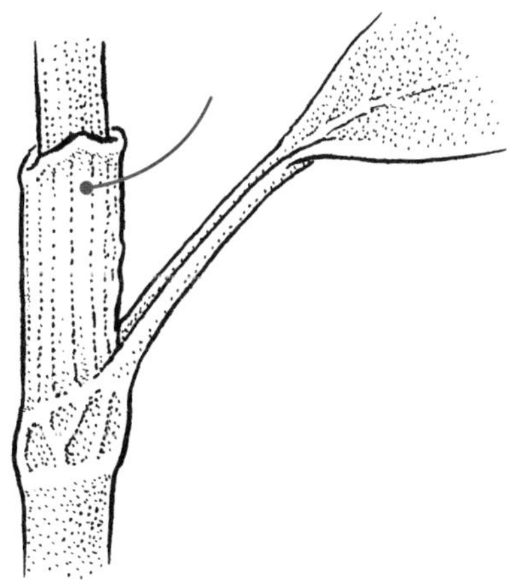

octo-

8(여덟)을 의미하는 접두사

odd-pinnate · 기수우상

홀수의 소엽으로 된 우상복엽으로 하나의 소엽으로 끝남; even-pinnate(p83), paripinnate(p147) 참조

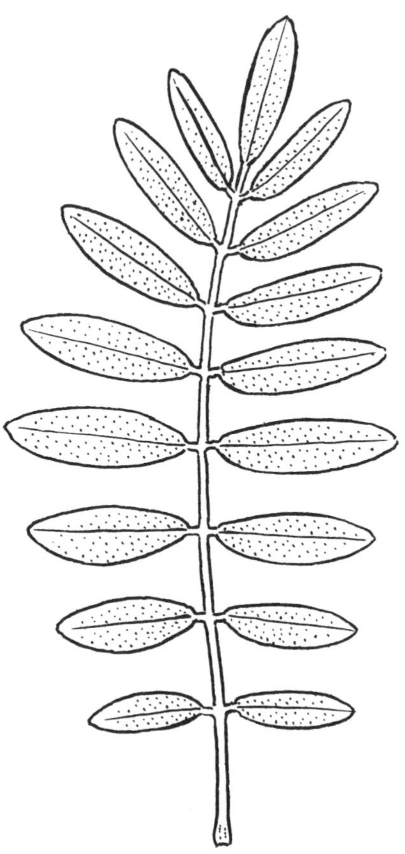

offset · 분지, 포복지, 기는줄기

수간(樹幹)이나 줄기의 기부에서 자라는 슈트, 일반적으로 수평이며 증식에 유용함

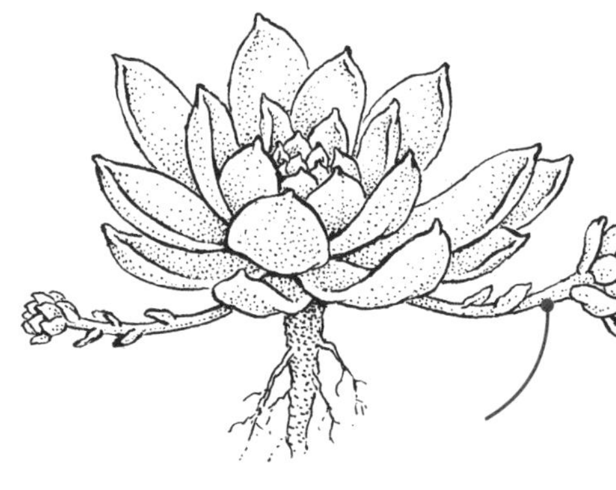

offshoot · 분지

수간(樹幹)이나 줄기에서 자라는 슈트

oligo-

소수, 조금을 의미하는 접두사

open pollination · 자연수분, 개방수분

곤충, 새, 바람, 물 또는 기타 자연적 메커니즘을 통해 한 식물에서 다른 식물로 꽃가루가 자유롭게 이동하는 과정; 개방화(p48) 참조

operculum · 선개(선태류), 약개(현화식물)

(복수형 opercula) 이끼의 삭과나 유칼립투스 꽃과 같은 작은 마개모양의 구조

opposite · 마주나기, 대생

줄기의 마디에 두 개씩 짝을 이루는 잎 또는 꽃잎에 정렬된 수술과 같이 서로 맞대어 생김

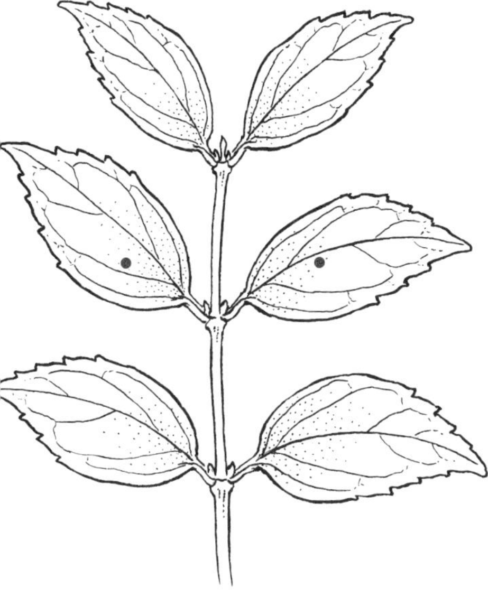

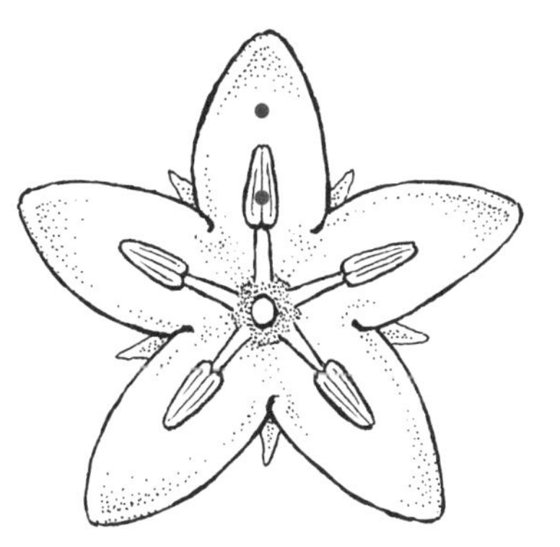

orbicular · 원형

둥근, 원형의

동의어 (p49, circular)

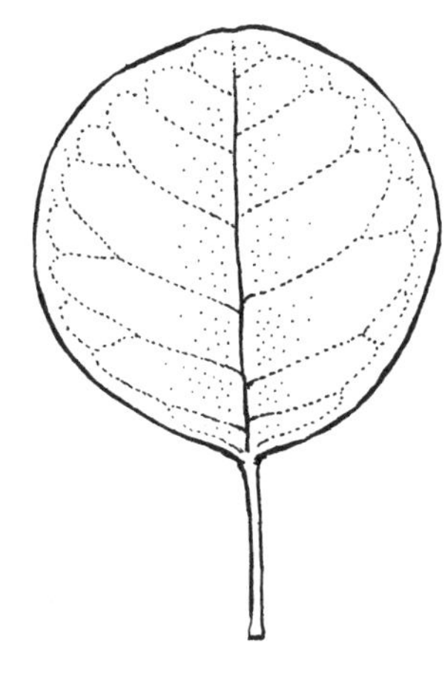

order · 목

과(科)보다 높고 강(綱)보다 낮은 분류학적 계급; 식물 강의 이름은 "-ales"로 끝남

organ · 기관

뿌리, 줄기, 잎, 꽃, 열매와 같은 외부 기능적 구조를 말함

ornamental · 관상식물

관상을 위해 재배되는 식물

ornithophilous · 조매수분, 조매화

새에 의해 수분되는

ortet · 오르테트

부수적 생장을 일으키는 번식체의 근원이 되는 부모 식물로, 유전적으로 동일한(클론) 식물임

ortho-

곧음을 의미하는 접두사

outcross · 이종교배

한 식물에서 생산된 꽃가루를 다른 식물의 암술에 선택적으로 옮기는 것

ovary · 씨방, 자방

암술의 밑씨를 생산하는 부분, 과벽을 형성함

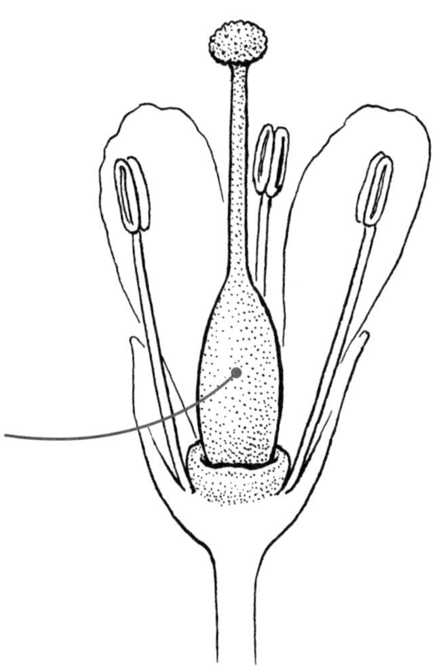

ovate · 난형

달걀 모양, 밑 부분이 가장 넓음

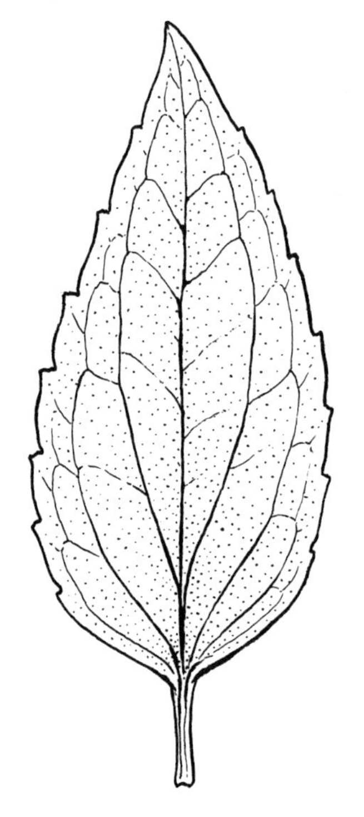

ovoid · 난형체

3차원 달걀형으로 밑부분이 가잘 넓음

ovule · 밑씨, 배주

대포자낭, 씨방 내에 위치하며, 난세포를 담고 있으며 나중에 종자가 됨

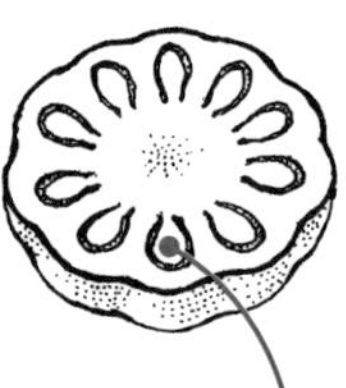

P

pachy-

두껍다는 의미의 접두사

pachycaul · 기부비후경

가지가 거의 또는 전혀 없는 두꺼운 줄기, 보통 바오밥나무(*Adansonia*) 및 병 모양의 줄기가 있는 식물에 적용함

pad · 번식줄기, 번식경

선인장의 일부 줄기, 영양 번식에 사용될 수 있음

palate · 아랫입술꽃잎, 하순

순형화관의 아랫입술에 돌출된 부분. 예) 금어초(*Antirrhinum*)의 판인을 거의 덮을 정도로 불룩한 중앙 부분

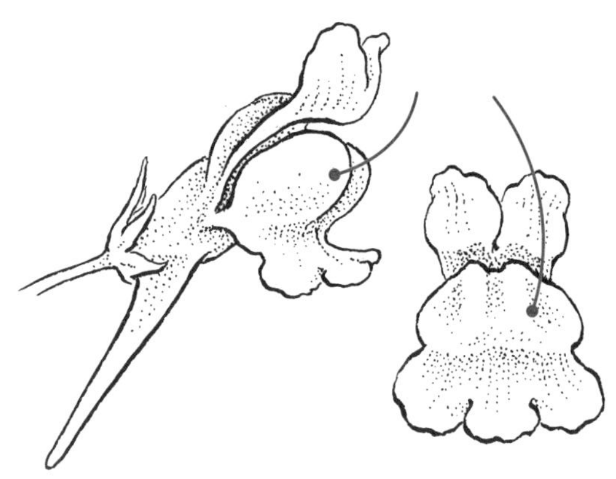

palea · 내영, 내화영

벼과(Poaceae) 소화와 접하는 두 개의 포 중 위쪽/안쪽에 있는 포, 다른 하나는 호영

paleotropics · 구열대구

호주와 뉴질랜드를 제외한 아프리카, 아시아 및 태평양의 열대 지역

palmate · 손바닥 모양, 장상

손바닥의 손가락처럼 잎자루 끝의 한 지점에서 모두 발생하는 잎맥, 열편, 소엽 또는 절편이 있음

동의어 (p69, digitate)

palmately compound · 손모양겹입, 장상복엽

손바닥의 손가락처럼 잎자루 끝의 한 지점에서 발생하는 모든 절편이 있는 복엽

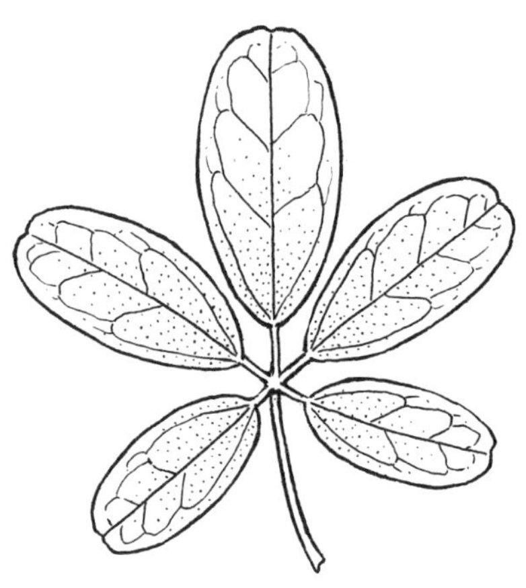

palmately lobed, palmatifid · 손 모양의, 장상열

손바닥의 손가락처럼 열편이 엽신의 단일 영역에서 모두 발생함

palmatisect · 장상분열

매우 깊은 장상열

pandurate · 제금형

바이올린 모양, 즉, 끝이 둥글고 중심이 수축된 형태

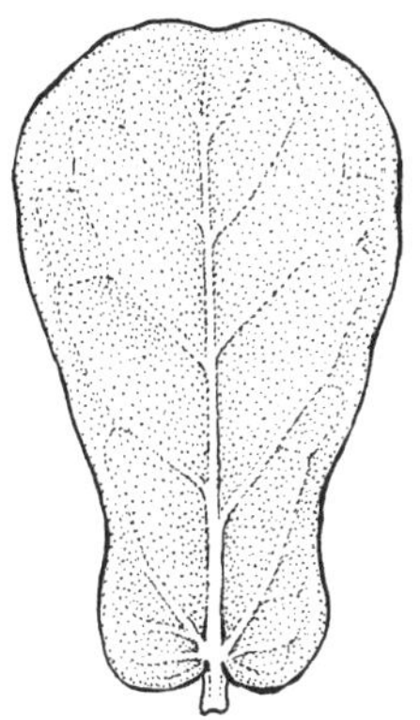

panicle · 원추화서

긴 중심축에서 나온 가지에 작은 꽃자루가 있는 꽃을 가진 화서

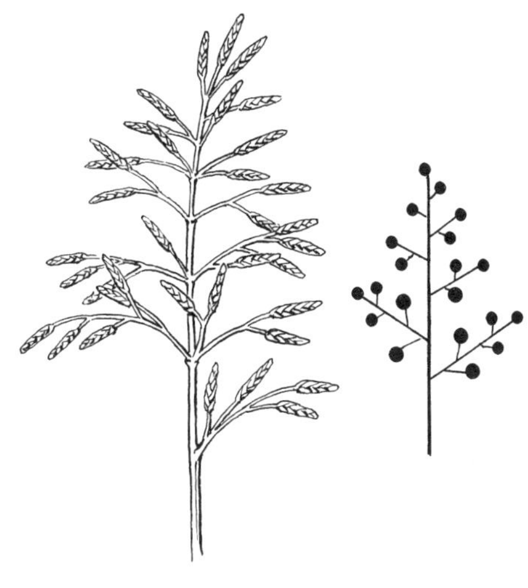

pantropical · 범열대적

세계의 모든 열대 지방에서 발생하는

papilionaceous · 나비형

나비 모양, 일반적으로 큰 상단의 기판, 두 개의 측면 익판, 두 개의 꽃잎이 융합되어 하나로 된 중앙의 용골판으로 특징지어지는 꽃. papilionoid형 협과 타입(콩과(Fabaceae) 콩아과(Faboideae/Papilionoideae))

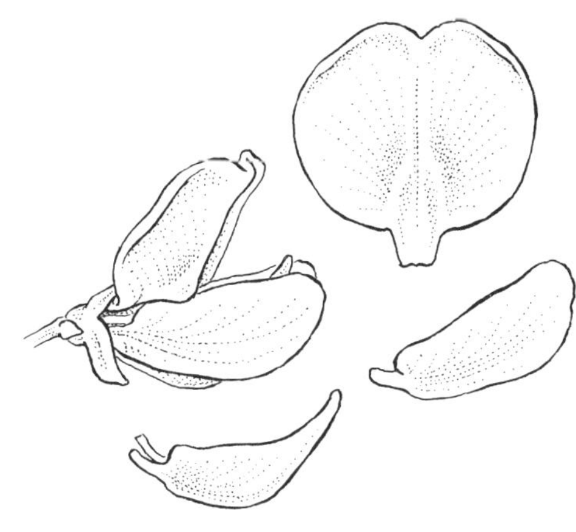

papilla · 유두돌기
(복수 papillae) 짧고 둥근 유두 모양의 돌기

papillate · 유두상, 결절상, 사마귀상
유두돌기가 있는

papillose · 소유두상
작은 유두돌기가 있는

pappus · 관모, 갓털
1. 국화과(Asteraceae)의 변형된 꽃받침으로 강모, 까락 또는 비늘 형태의 매우 짧거나 길게 변형된 꽃받침으로 구성될 수 있으며 때때로 바람에 의한 분산을 용이하게 함; 2. 금관화속(*Asclepias*) 종자의 끝에 붙어 있는 촘촘한 털뭉치로 바람의 분산을 용이하게 하며, 더 정확하게는 종발 또는 씨털(coma)이라고 함

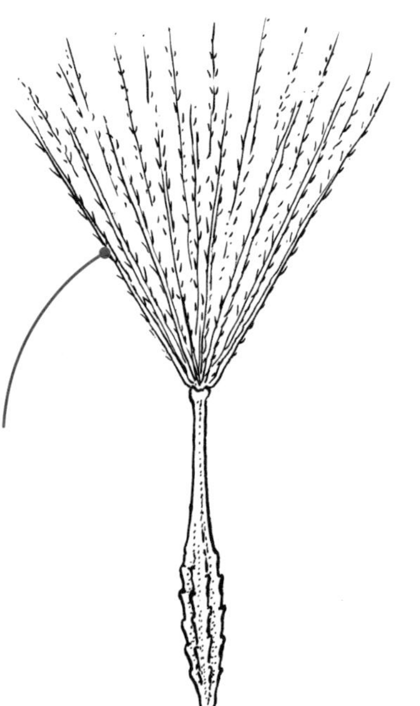

parallel-veined · 나란히맥, 평행맥
잎의 길이만큼 거의 나란히 달리는 잎맥이 있음

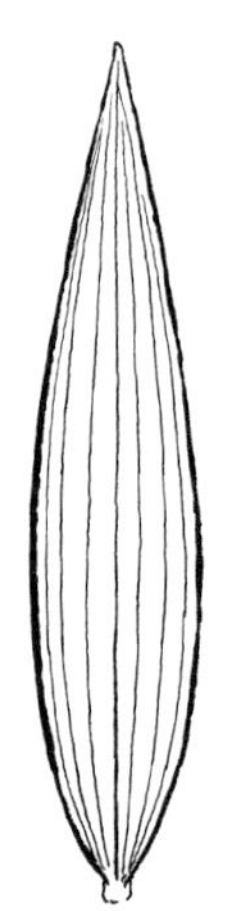

parasite · 기생식물
다른 유기체(숙주)에 붙어서 물 및/또는 영양분을 끌어오는 유기체로 부분적 또는 완전히 숙주에 의존할 수 있음. 예) 수정난풀(*Monotropa uniflora*)

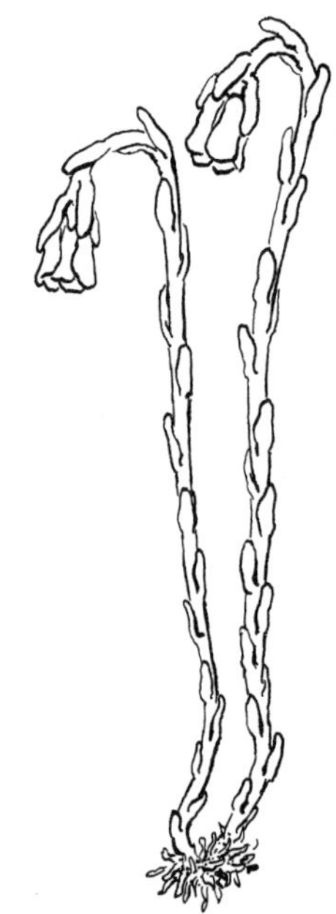

parastichy · 사열선

줄기를 따라 난 잎 또는 원뿔의 중심축을 따라 난 비늘과 같이, 축에서 기관의 부착점을 연결하여 형성된 나선

parietal placentation · 측벽태좌

일반적으로 단자방실 복자예(다심피성 씨방)의 씨방벽에 부착된 밑씨

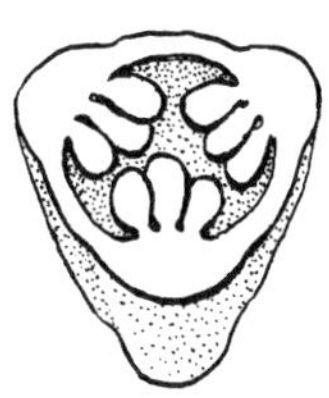

paripinnate · 우수우상

짝수의 소엽으로 이루어진 우상복엽으로 한 쌍의 소엽으로 끝남; 기수우상(p111, imparipinnate), 기수우상(p140, odd-pinnate)

동의어 (p83, even-pinnate)

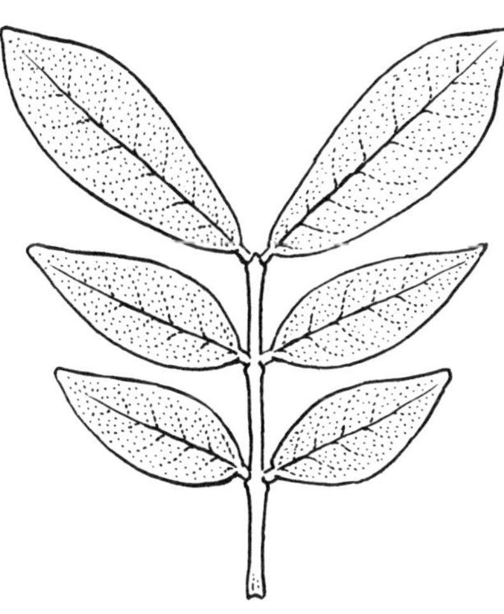

parthenocarpy · 단위결실

수분이나 종자의 발생 없이 열매를 맺는

parthenogenesis · 단위생식

수분 없이 종자를 생산하는

patent · 넓게 퍼지는, 개출하는

꽃 축에서의 꽃잎이나 나무 줄기에서 아래쪽 가지와 같이 바깥쪽으로 퍼짐

pectinate · 빗살 모양의, 빗살형의

좁고 밀접한 간격으로 나눠져 빗 모양과 유사한

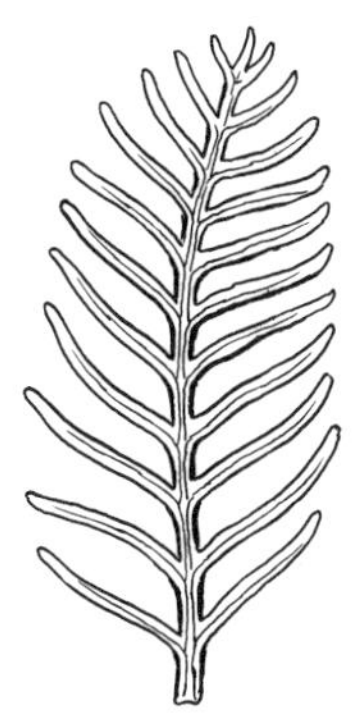

pedate · 새발 모양의, 조족상의

장상으로 갈라진 잎에서 아래쪽 소엽은 두 개로 더 갈라지는 형태

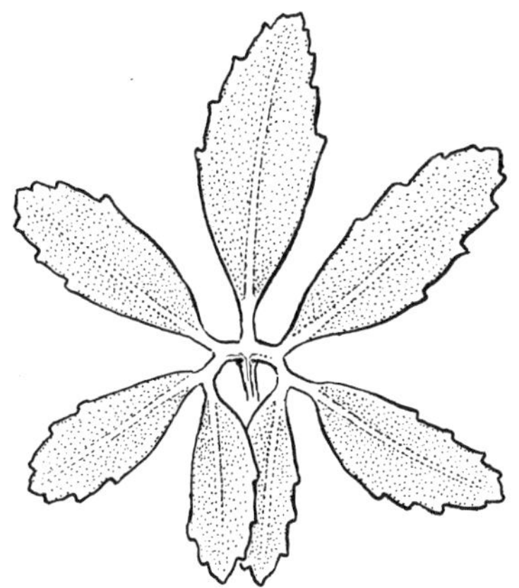

pedately lobed · 새발 모양의 잎, 조족상잎

장상으로 깊게 갈라진 잎에서 아래쪽 열편은 두 개로 더 갈라지는 형태

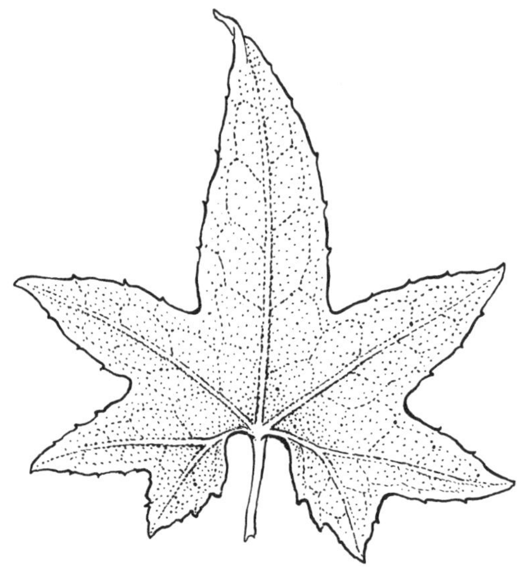

pedicel · 소화경, 화병

화서를 구성하는 각각 꽃의 꽃자루

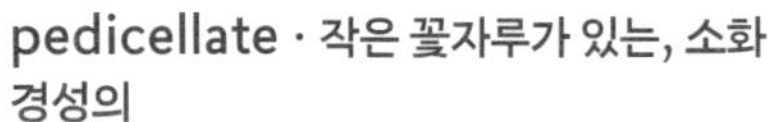

pedicellate · 작은 꽃자루가 있는, 소화경성의

꽃에 붙는 자루가 있는

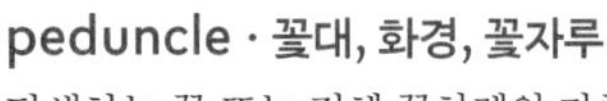

peduncle · 꽃대, 화경, 꽃자루

단생하는 꽃 또는 전체 꽃차례의 자루

pellucid · 유점상

반투명하거나 투명함; 즉, 레몬과 오렌지(*Citrus*)의 잎과 외과피의 선점

peltate · 방패형, 순형

우산처럼 줄기와 엽병이 중앙에 부착된. 예) 연잎(*Nelumbo*)

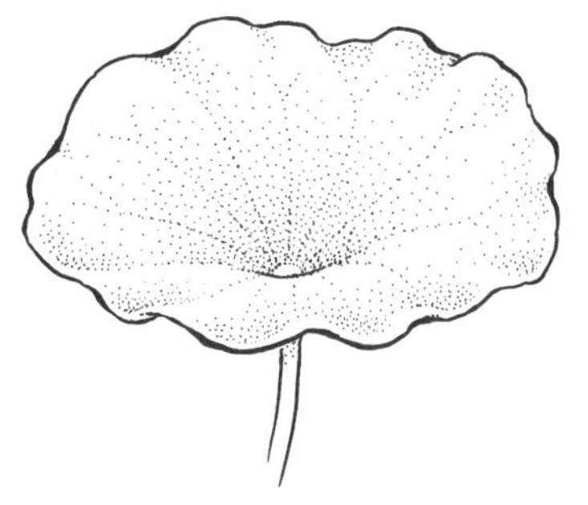

pendent, pendulous · 현하형, 하수형, 시계추형

매달리거나 아래로 굽은

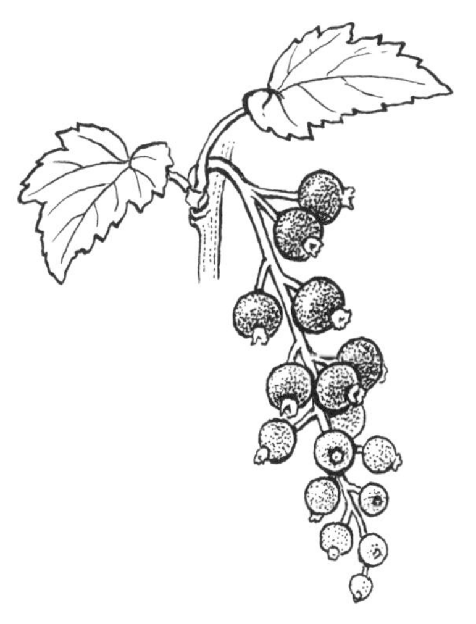

penta-

다섯을 의미하는 접두사

pepo · 박과(-果)

박과(-科, Cucurbitaceae)의 특징인 단단한 외과피가 있는 단자방실 장과

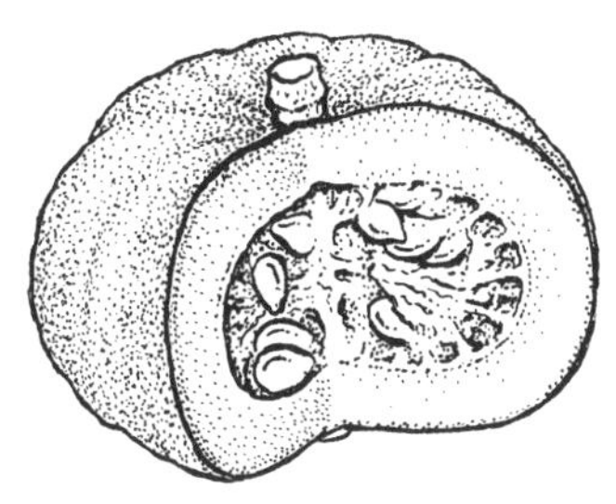

perennial · 다년생

2년 이상 생존 및 번식, 즉 일생 동안 여러 번 씨를 뿌림

동의어 다년생, 중복개화다년생(P159, polycarpic)

perfect · 완성형, 완전화

기능하는 자성 및 웅성 생식 기관이 있는 꽃

perfoliate · 관천형

잎, 턱잎 또는 포의 기부가 융합되어 줄기에 의해 뚫린 것처럼 보임

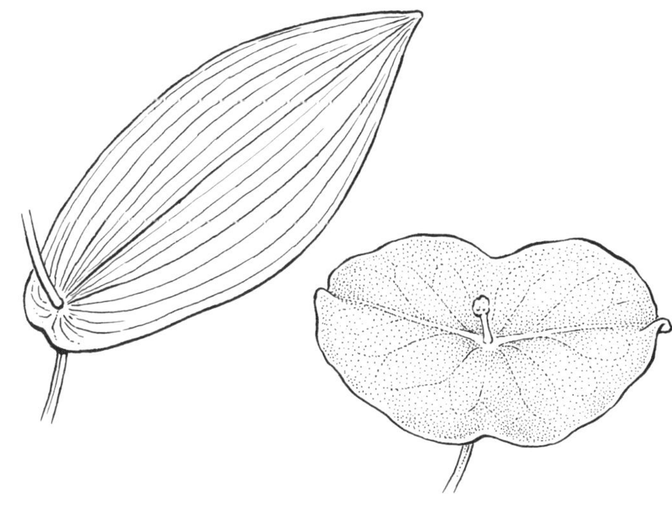

peri-

둘레, 주변을 의미하는 접두사

perianth · 화피

꽃받침(꽃받침조각)과 화관(꽃잎)의 총칭

동의어 (p92, floral envelope)

pericarp · 과피

자방벽에서 유래하고 외과피, 중과피, 내과피의 3개 층으로 구성된 과실벽

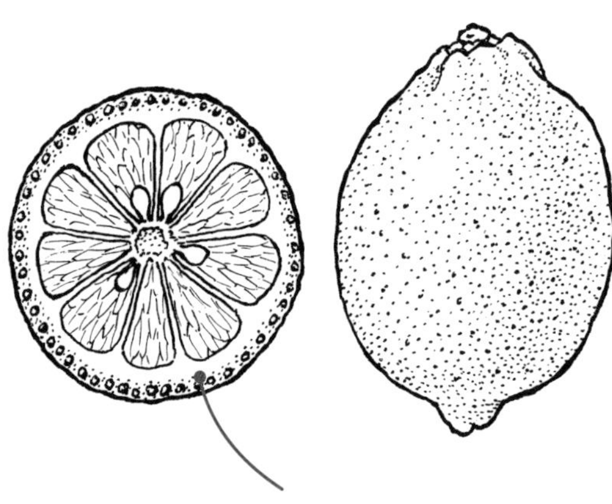

perigynium · 과낭, 과포

(복수 perigynia) 사초속(*Carex*)에서 암술을 둘러싸고 있는 피복, 흔히 단단함

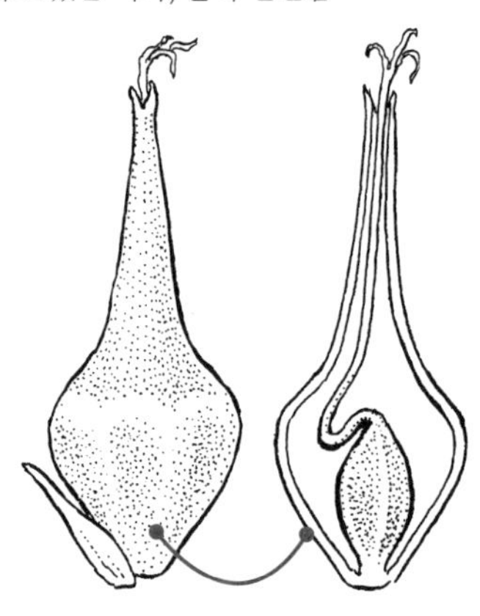

perigynous · 자방주생

화탁통(hypanthium)이 있으면서 상위 자방인 꽃

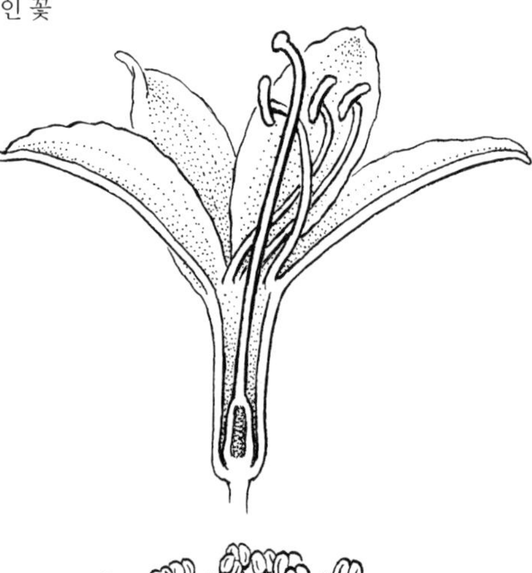

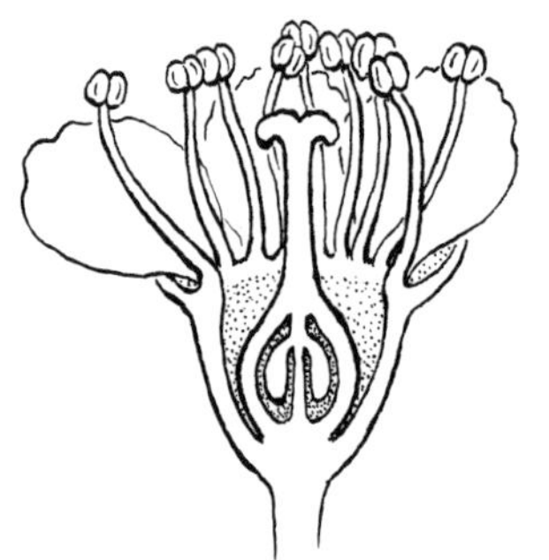

persistent · 숙존성

딸기(*Fragaria*) 또는 장미과(*Rosa*)의 꽃받침과 같은 유형의 구조에서 정상적인 시기를 넘어서 남아 있는

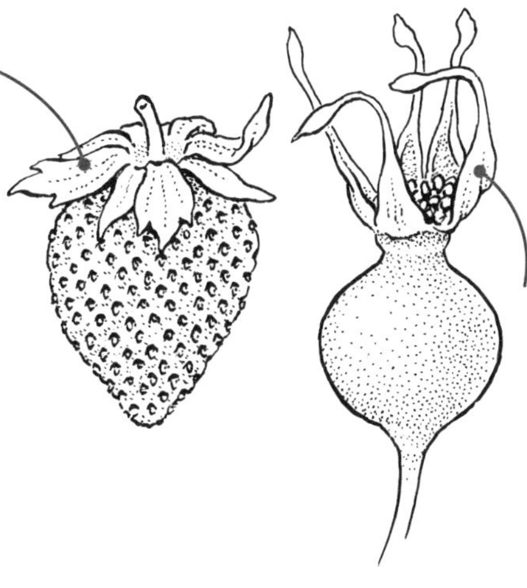

personate · 가면형

거의 완전히 닫힌 상태로 유지되는 두 개의 입술(순형화관처럼)이 있어 수분 매개자가 안으로 밀어 움직여야 함

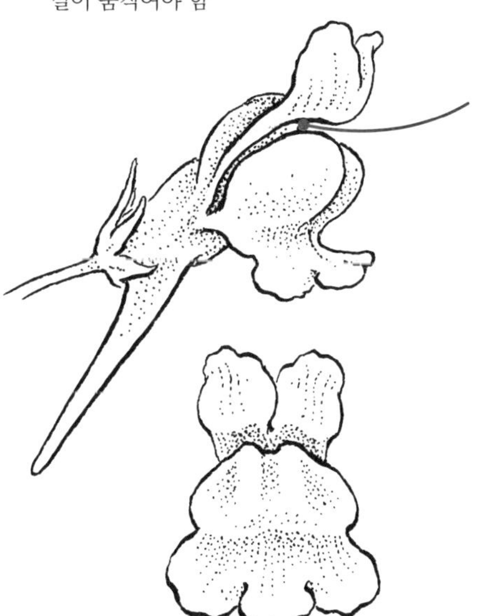

petal · 꽃잎, 화판

꽃(화관)의 두 번째 윤생열의 개별 구성요소로, 일반적으로 다채롭고 수분 매개자를 끌어들이고 수분을 촉진하는 기능을 함; 다양한 모양은 아래에 자세히 설명되어 있음, 위에서 시계 방향으로 도심장형, 주걱형, 이열, 소철두형 꽃잎

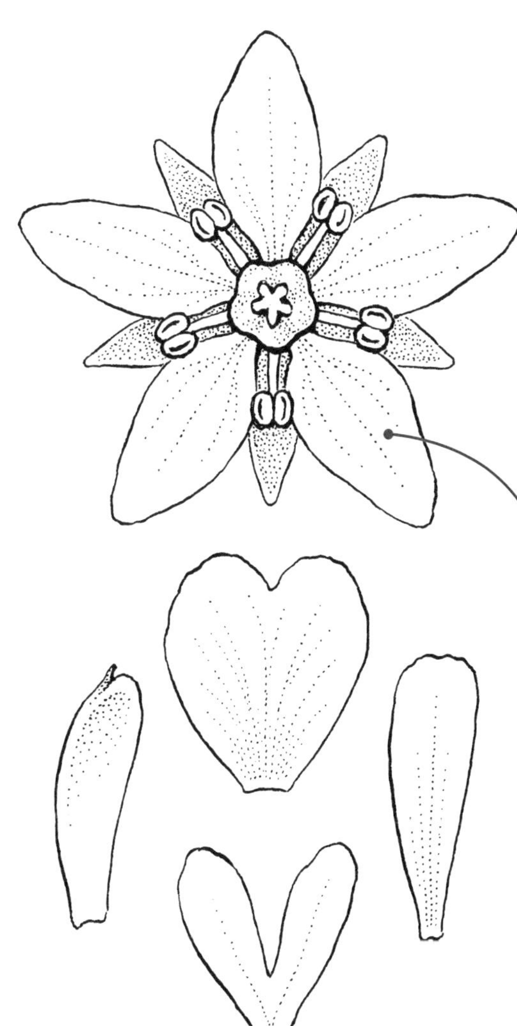

petaloid · 꽃잎 모양의, 화판상의

꽃잎 모양, 꽃잎 모양 꽃받침(위) 또는 꽃잎 모양 수술(아래)과 같이 모든 꽃 윤생층에 적용할 수 있음

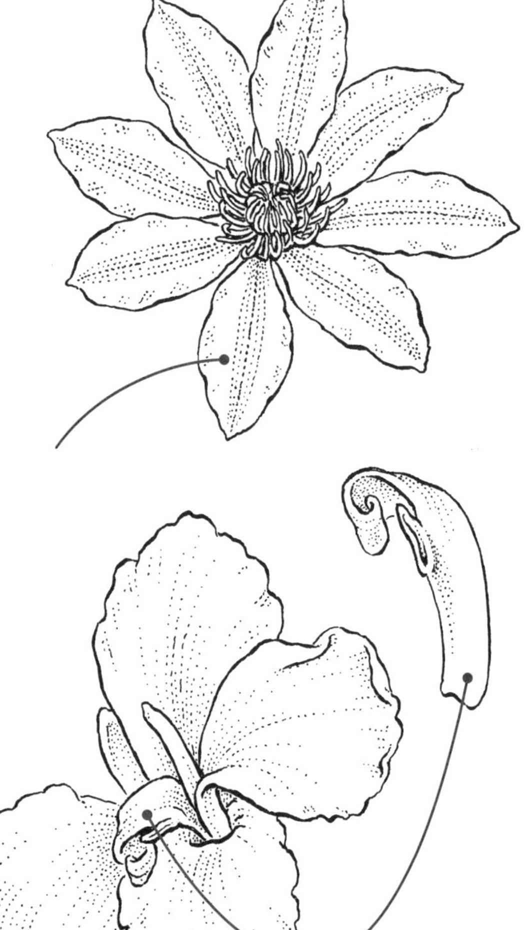

petiolate · 엽병성

엽병이 있는

petiole · 엽병

잎과 줄기를 연결하는 잎의 자루

petiolule · 소엽병

복엽에서 소엽의 자루

phanerogam · 현화식물

포자가 아닌 종자로 번식하는 식물

반의어 은화식물(p62, cryptogam)

-phore

자루, 줄기를 의미하는 접미사

phosphate · 인, 인산

식물의 필수 영양소, 비료 함량의 두 번째 숫자로 축약하여 P으로 표기

photoperiodism · 광주기성

밝거나 어두운 기간의 길이에 따라 성장하거나 개화

photosynthesis · 광합성

태양의 빛 에너지가 당에 저장된 화학 에너지로 전환되는 과정, 엽록체에서 발생

phototropism · 굴광성

빛을 향해 슈트, 꽃, 잎이 성장하는 또는 성장하는 방향

phyllary · 총포편

국화과(Asteraceae)의 두상화서에 해당하는 총포의 많은 포 중 하나

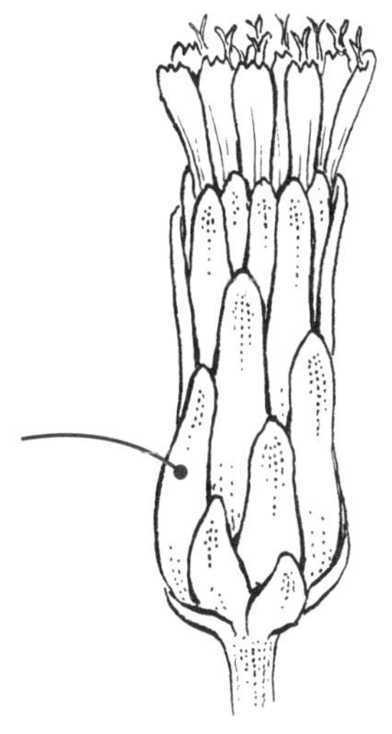

phylloclade · 엽경, 엽상경

잎처럼 보이고 기능하는 줄기

동의어 (p50, cladode, cladophyll)

phyllode · 위엽

일부 미모사와 아카시아(*Acacia*)처럼 없어지거나 매우 축소된 잎 또는 옆으로 확장된 잎자루에서 만들어진 잎 모양의 구조; 낭상엽식물(*Sarracenia*)의 납작한 잎 또는 낭상엽이 아닌 잎에도 적용

phyllotaxy · 잎차례, 엽서

줄기를 따라 배열된 잎의 차례

pilose · 장유모상

부드럽고 긴 털로 뒤덮인

pinna · 우편

(복수 pinnae)우상복엽의 첫 번째 조각; 더 분활되기도 하고 그렇지 않기도 함; 소엽(p121) 참조

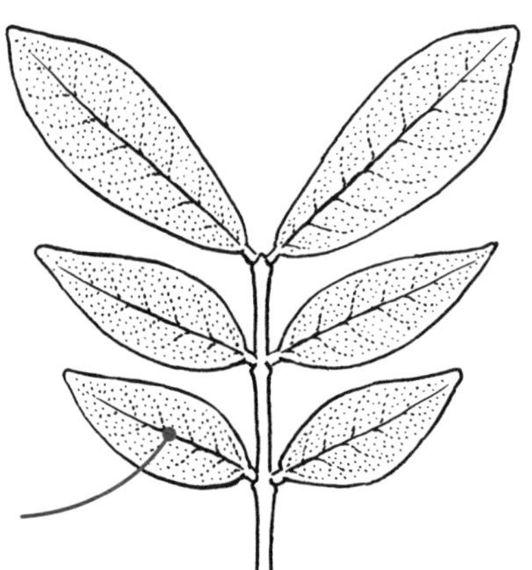

pinnatifid · 우열, 우상첨열

결각이 중륵까지 절반 또는 조금 더 확장되는 우상 열편

pinnate · 우상

중앙의 긴 축을 따라 발생하는 잎맥, 열편, 소엽 또는 절편이 있는 잎

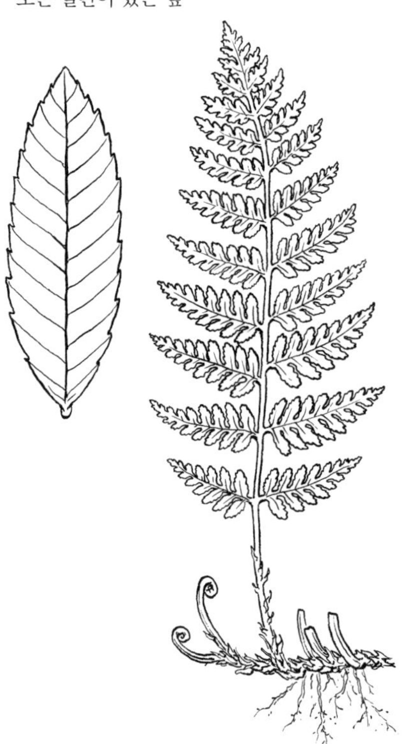

pinnatisect · 우상전열, 우상분열

결각이 거의 중륵까지 연장되는 우상 열편

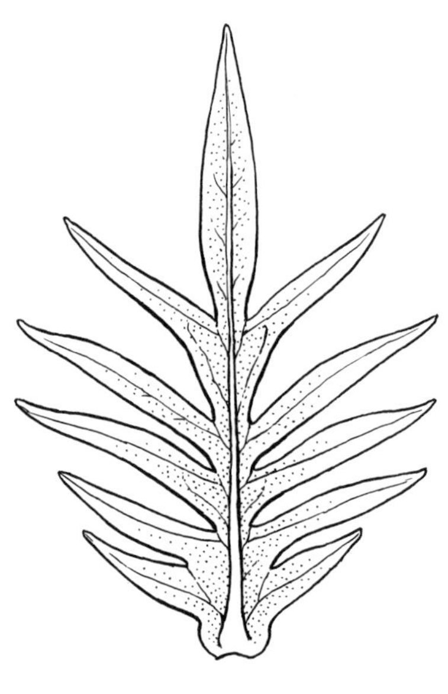

pinnule · 소우편, 열편

일부 양치류 잎처럼 한 번 이상 갈라지는 복엽의 최후 조각

pistil · 암술, 자예

꽃의 가장 안쪽 윤생층(암술군)의 개별 구성요소, 각각은 융합된 심피로 구성되어 있으며 일반적으로 암술머리(들), 암술대(들) 및 밑씨로 구성됨

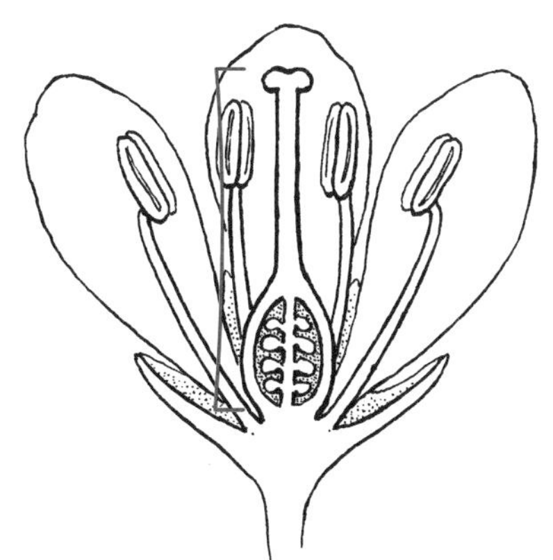

pistillate · 암술만의, 자성의

암의 생식 구조(암술)만 있고, 웅성 구조(수술)는 없는

pit · 핵, 벽공

육질과의 단단한 중간 부분, 복숭아(*Prunus persica*)와 같은 내과피거나 아보카도(*Persea americana*)와 같은 단단한 종자일 수 있음

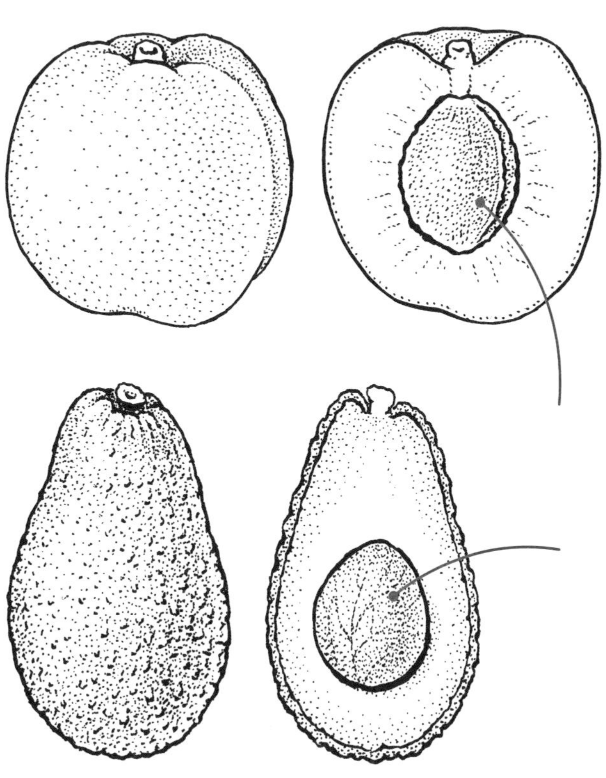

pith · 수속, 수(髓)

관속식물의 줄기와 단자엽식물 뿌리의 가장 중앙에 있는 부드러운 해면질 조직

placenta · 태좌

씨방에서 밑씨가 부착되어 있는 조직 또는 열매 내부에서 종자가 부착되어 있는 조직

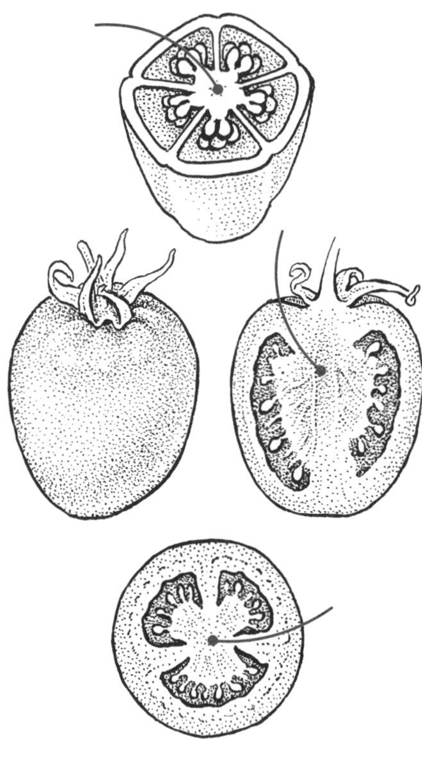

placentation · 태좌형

밑씨의 태좌 배열; 태좌 위치는 밑씨 또는 종자의 부착 지점을 찾는 것으로 쉽게 결정할 수 있음

plane · 평평형, 활면상

평평한 표면

plano-convex · 편평-볼록

한쪽은 평평하고 다른 쪽은 바깥쪽으로 둥근 형태

plantlet · 소식물체

작은 식물, 자연적 또는 증식을 통해 또 다른 식물이 생장하는 것과 관련하여 사용

pleated · 접선형

규칙적인 부채처럼 접힌 세로 주름. 예) 나팔꽃(*Ipomoea*) 화관, 팔메토(*Sabal*)의 잎

동의어 (p158, plicate)

pleio-

더 많음을 의미하는 접두사

pleiochasium · 복기산화서

주축의 첫 번째 분기점에서 2개 이상의 가지가 생성되는 복취산화서

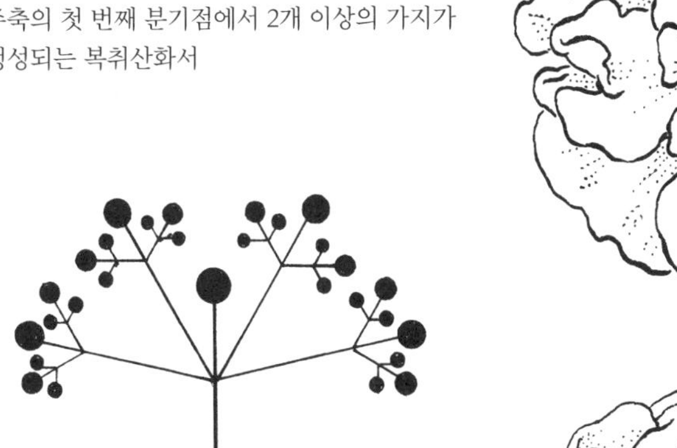

pleiomerous · 겹꽃

꽃의 윤생층에 일반적인 수보다 많은 수가 있음. 예) 꽃잎이 많이 자라는 장미(*Rosa*)

동의어 (p73, doubled)

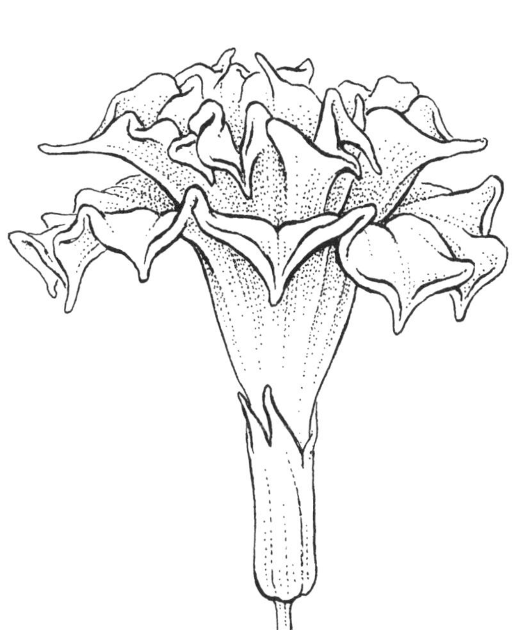

plicate · 접선형

부채처럼 접힌, 어린 꽃 부분이 규칙적인 세로 주름으로 접힌 부채처럼 접힌 화아내형태. 예) 나팔꽃(*Ipomoea*)

동의어 (p157, pleated)

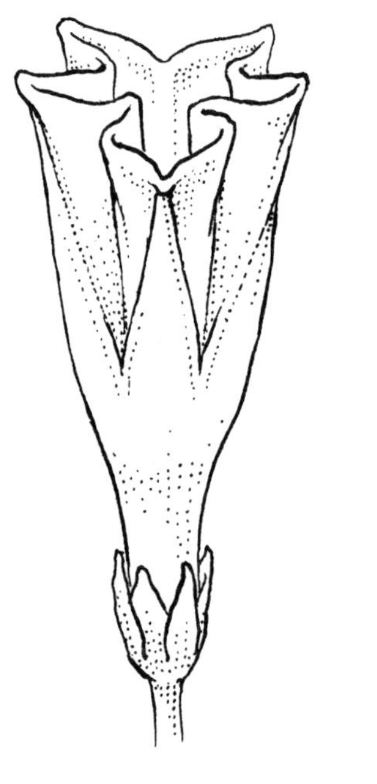

plumose · 우모상

깃털 같은 구조와 모양

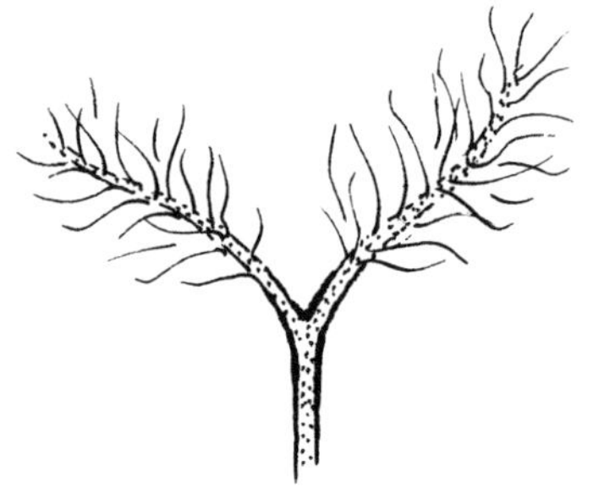

plumule · 어린눈, 유아(幼芽)

발아 종자의 첫 번째 슈트

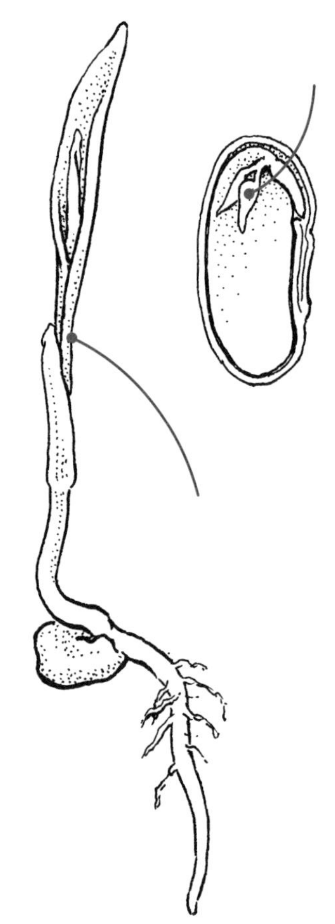

pneumatophores · 호흡근

맹그로브 숲(*Avicennia, Rhizophora*)에서 흔히 볼 수 있는 침수된 뿌리 시스템에 대한 기체 교환 장소인 수직 뿌리

pod · 꼬투리

협과, 삭과, 단각과, 장각과 및 골돌과와 같은 건조하고 열개하는 과일에 대한 불특정 이름

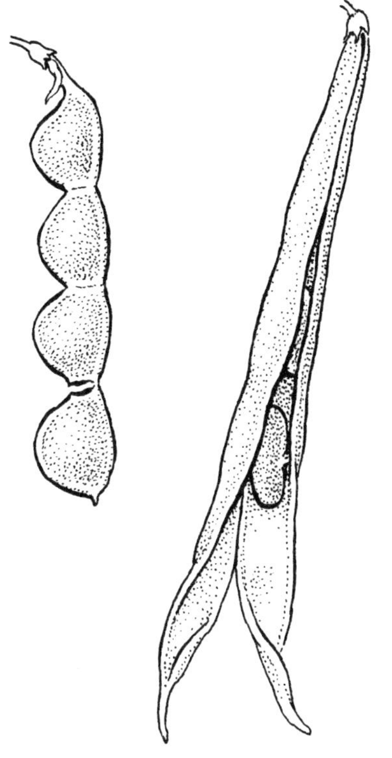

pollard · 폴라딩 기법

줄기 및/또는 가지의 끝을 잘라내어 새로운 성장을 촉진하는 전정 스타일

pollen · 꽃가루, 화분

소포자(어릴 때), 종자 식물의 웅성 배우자체(성숙할 때), 수정을 위해 정세포를 난자로 운반함; 현화식물(속씨식물)의 꽃밥과 겉씨식물의 웅성 원추체의 인편에서 생산됨

pollinarium · 꽃가루덩이주머니, 화분괴주머니, 화분괴낭

금관화속(*Asclepias*)에서 화분괴 2개, 화분괴자루 2개, 꽃가루 매개를 위한 화분매개자에 부착되는 끈적끈적한 구상체

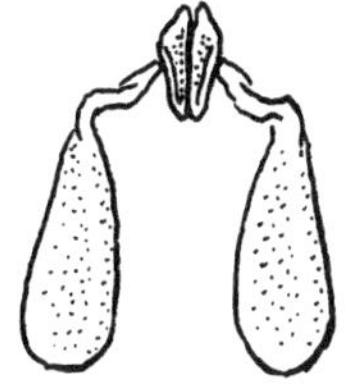

pollination · 수분, 꽃가루받이

꽃가루가 겉씨식물의 밑씨나 속씨식물의 암술머리에 전달되는 과정

pollinator · 화분매개자, 꽃가루매개자

한 식물에서 다른 식물로 꽃가루를 옮기는 유기체(예, 새 또는 곤충) 또는 기타 매개체(예, 바람 또는 물); 일반적으로 유기체에 흔히 적용

pollinium · 꽃가루덩이, 화분괴

(복수형 pollinia) 금관화속(*Asclepias*)와 난초과(*Orchidaceae*)에서 볼 수 있는 것처럼 화분매개자에 의해 전달되는 단일 꽃밥 주머니에 있는 모든 꽃가루. 금관화속에서는 화분괴주머니의 일부

poly-

많음을 의미하는 접두사

polycarpic · 다년생, 중복개화다년생

2년 이상 생존 및 번식함, 즉, 일생 동안 여러 번 씨를 맺음

동의어 다년생(P149, perennial), **반의어** 일회결실성(p129, monocarpic)

polychasium · 복산형화서

각 축에서 생성되는 2개 이상의 가지가 있는 복취산화서

polygamous · 수꽃암꽃양성화한그루의, 잡성주의

한 개체에 수꽃, 암꽃, 양성화가 모두 있는 경우

polymorphic · 다형성

전체 유기체 또는 개별 구조에 적용되는 다양한 형태를 가짐

polyploid · 다배체

두 셋트 이상의 염색체가 있는(예, 3n, 4n, 5n, 6n); 이배체(p70), 반수체(p103), 사배체(p205) 참조

pome · 이과

과피(속)와 융합된 팽창성 다육질 화탁으로 구성된 가과; 조직의 대부분은 밑씨가 아닌 화탁에서 파생되기 때문에 가과(거짓 과일, 假果)라고 함. 예) 사과(*Malus*)와 배(*Pyrus*)

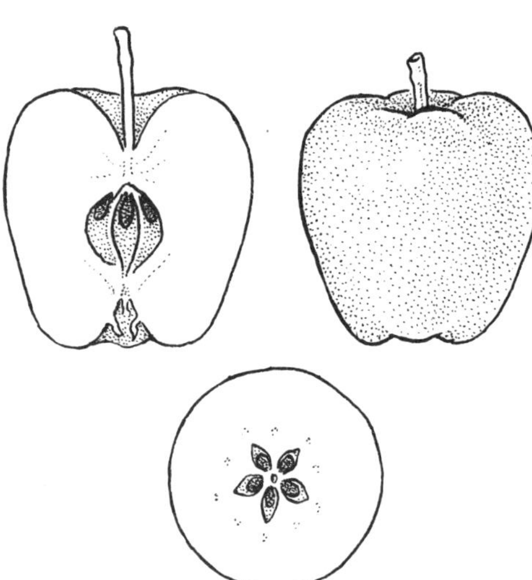

pore · 개공, 소공

꽃밥(예, 진달래과) 또는 삭과(예, 양귀비, 양귀비과)에서와 같이 작은 구멍

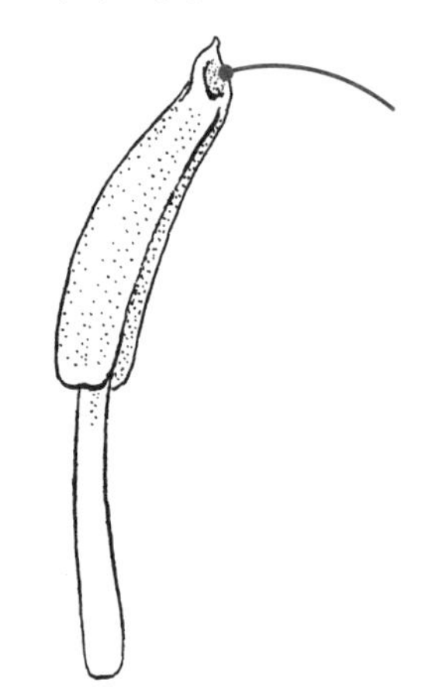

poricidal · 공개

어떤 꽃밥이나 삭과와 같이 하나 이상의 구멍을 통해 열림; 횡렬삭과(p50), 포배열개삭과(p125), 포간열개삭과(p182) 참조

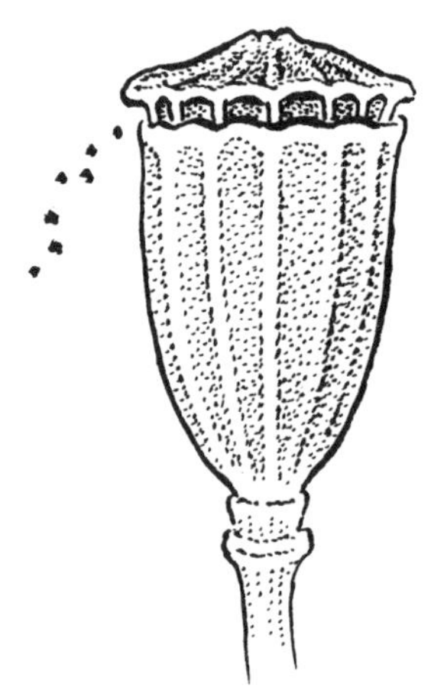

potash · 칼리

비료에 사용되는 칼륨을 가리키는 이름

potassium · 칼륨

식물의 필수 영양소, 비료 함량의 세 번째 숫자인 K로 약칭

prickles · 피침

날카롭고 뾰족한 표피 돌출부

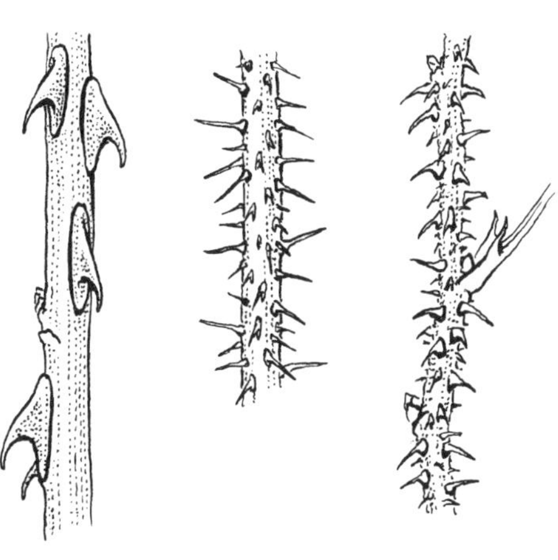

primary · 일차의

첫 번째 조각 또는 가지. 예) 잎에서 가장 큰 잎맥(들), 우상복엽의 소엽

primocane · 생장지

열매를 맺는 관목의 1년차 줄기, 첫 번째 성장기에 늦게 열매를 맺거나 열매를 맺기 위해 다음 해까지 기다려야 함. 라즈베리 및 블랙베리(산딸기속, *Rubus*)와 같은 일부 식물에서는 생장지가 있는 개체를 가을걷이라고 함

반의어 결실지(p93, floricane)

procumbent · 평복성

땅을 따라 자라지만 마디에서 뿌리를 내리지는 않음

proliferous · 분지 번식성의

일반적으로 잎이나 꽃에서 생산되는 싹이나 소식물체로 영양 생식하는

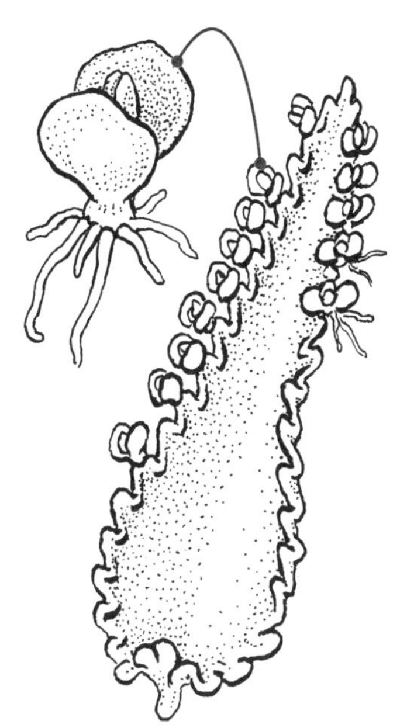

prominent · 돌출상

잎의 중앙맥처럼 뚜렷하게 보이는

propagation · 번식, 증식

모체의 포자, 종자 또는 영양주로부터 식물을 성장시키는 과정

propagule · 번식체, 주아(珠芽)

새로운 식물을 키울 수 있는 식물의 산물 또는 부분. 예) 싹, 포자, 종자, 삽수

prop root · 지지근

줄기의 하부에서 나와 나무의 구조적 지지 역할을 하는 부정근

동의어 (p17, anchor root), (p35, brace root), (p194, stilt root)

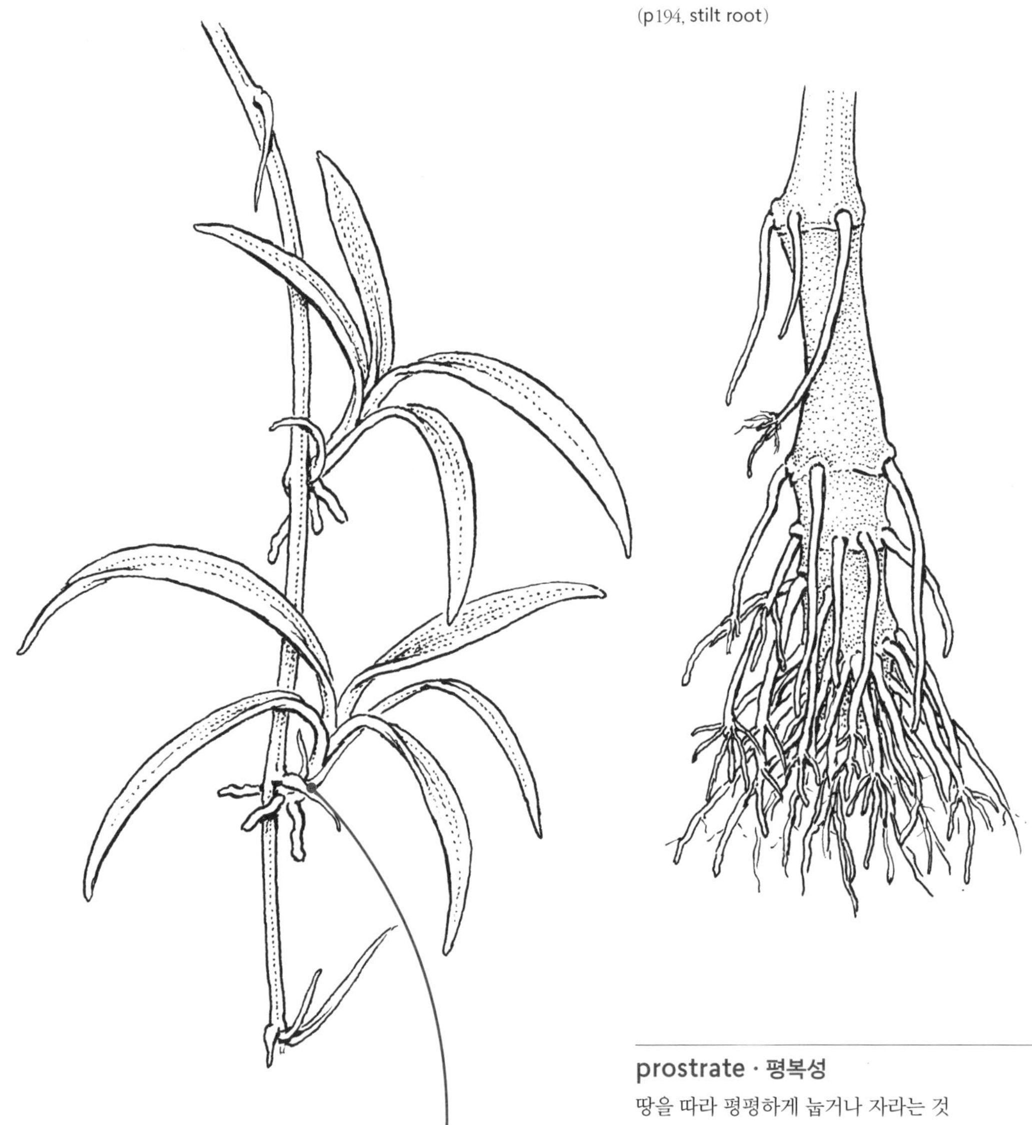

prostrate · 평복성

땅을 따라 평평하게 눕거나 자라는 것

동의어 (p170, recumbent)

protandrous · 웅예선숙

암술머리가 성숙하고 꽃가루를 받아들이기 전에 꽃가루를 방출하여 자가 수분을 방지함

protogyny · 자성선숙, 자예선숙

꽃밥이 성숙하고 꽃가루를 방출하기 전에 암술대는 다른 꽃가루를 받아들임, 자가 수분을 방지함

proximal · 향심부

기부, 부착 지점에 가장 가까운 끝부분

반의어 원심부(p71, distal)

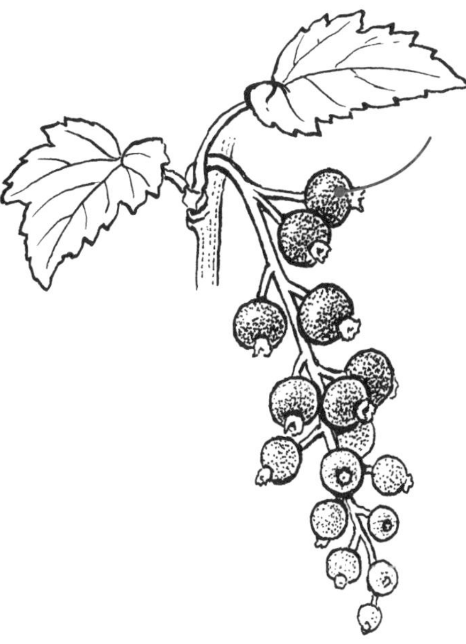

pseudanthium · 위화

홑꽃과 매우 유사한 화서. 예) 꽃산딸나무(*Cornus florida*), *Euphorbia cyathia*, 국화과의 두화

동의어 (p88, false flower)

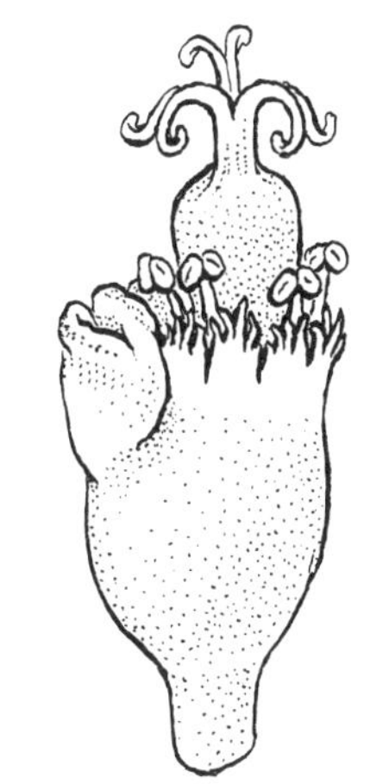

pseudo-

가짜나 비슷함을 의미하는 접두사

pseudobulb · 위인경

일부 난초과에서 구근처럼 부풀어 오는 줄기

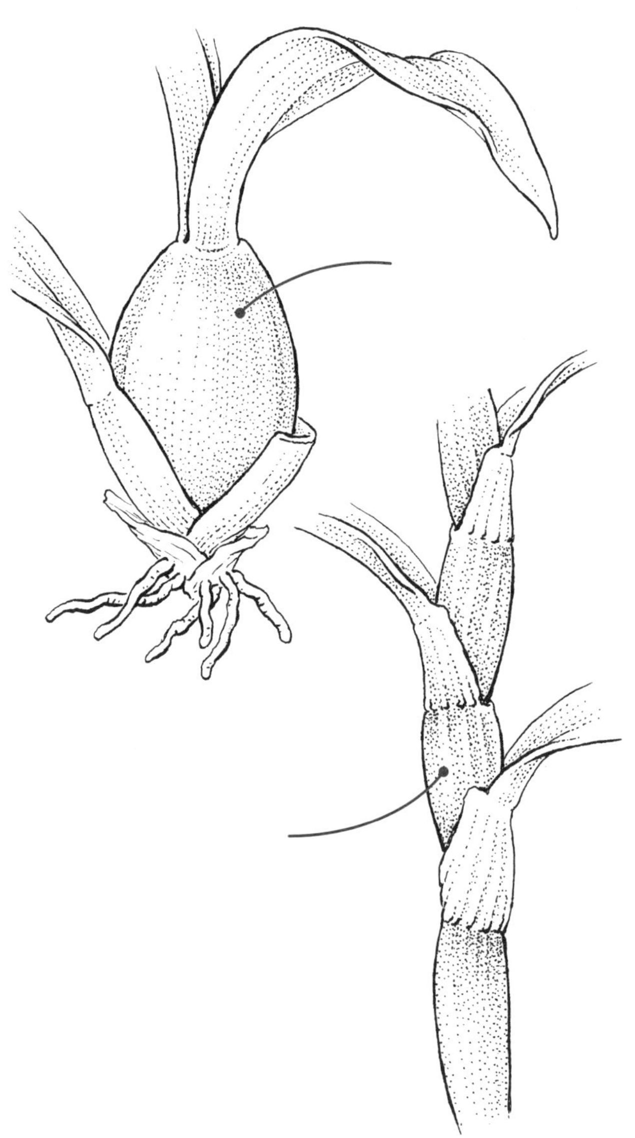

pseudocarp · 헛열매, 가과, 위과

종자를 담고 있는 구조는 열매와 비슷하고 종종 열매로 오인되지만 대부분의 조직은 자방이 아닌 조직에서 유래함(화탁통이나 화탁에서 유래할 수 있음). 예) 장미과(薔薇果, *Rosa*)

동의어 (p19, anthocarp), (p88, false fruit)

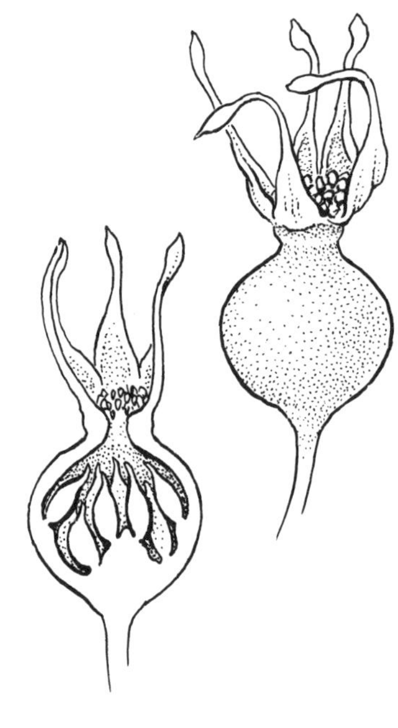

pseudocopulation · 위교미, 가교미

꽃의 한 부분이 암컷 곤충을 모방하여 수컷 곤충을 속이고, 수컷이 꽃과 짝짓기를 시도하는 동안 꽃가루를 묻히는 일부 난초의 수분 전략

동의어 (p184, sexual deception)

pseudoterminal · 위정아, 가정아

성장이 측아(곁눈)에서 비롯되는 일부 줄기처럼, 측아의 성장이 말단에서 나타남

ptyxis · 아내형태

눈 안에서 잎의 배열; 화아내형태(p14, p83) 참조

동의어 유엽형태(p215, vernation) (역자, ptyxis는 눈 내에서 잎 하나의 배열, vernation은 눈 내에서 여러 개의 잎(또는 잎과 줄기) 배열이라는 차이가 있음)

puberulent · 미세유모상

매우 작은 털이 있는

pubescence · 유모성의, 연모성의

털이 있음

pubescent · 솜털로 덮인, 유모상의

털이 있는

pulvinus · 엽침(葉枕)

(복수형 pulvini) 잎자루 또는 잎자루의 부풀어 오른 기부(후자의 경우 때때로 pulvinulous 라고 함)

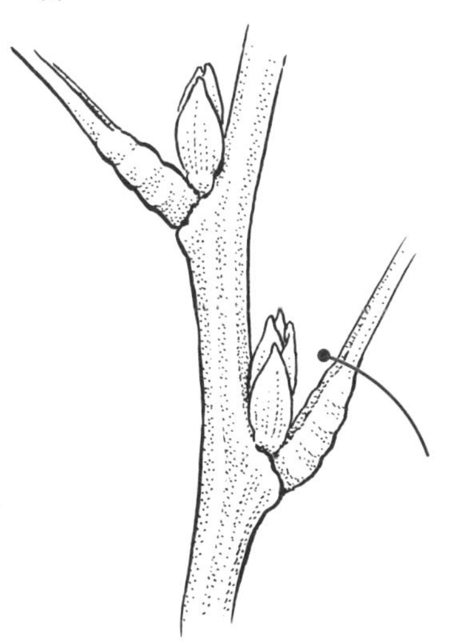

punctate · 미요상

움푹 들어가 곳 또는 점같은 반점이 있는

pup · 새끼식물

식물이 무성으로 생산한 작은 식물

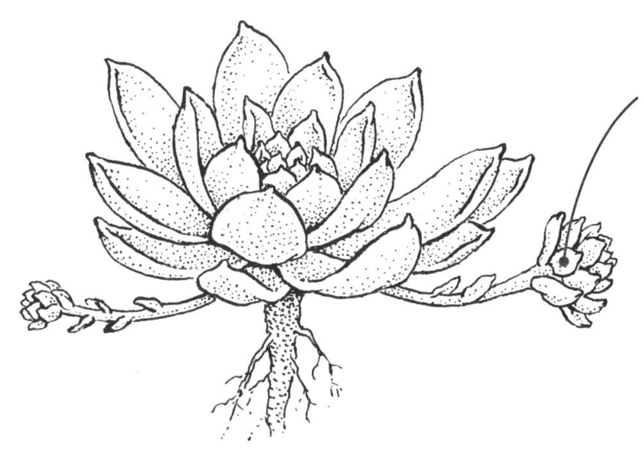

pyramidal · 피라미드형의

피라미드 같은 형태의

pyriform · 배 모양의

(서양)배와 같은 형태

quad-

넷을 의미하는 접두사

quinque-

다섯을 의미하는 접두사

R

raceme · 총상화서

가지가 없는 길쭉한 중심축에 소화경이 있는 꽃이 달린 화서

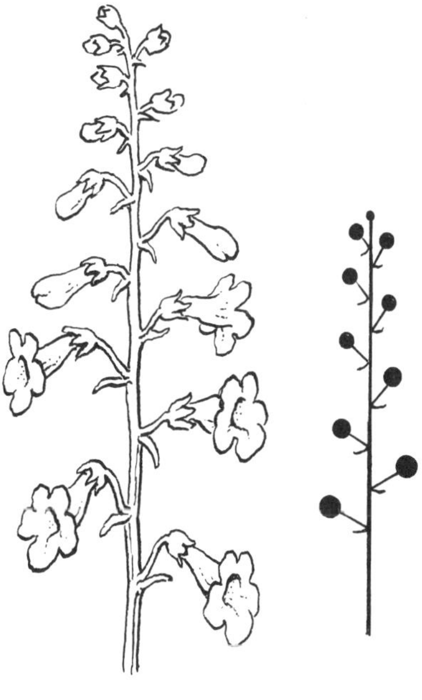

rachilla · 소엽축, 소축, 소화축

일반적으로 벼과나 사초과의 소화에 적용되는 작거나 이차적인 엽축

rachis, rhachis · 엽축, 화서축

깃 모양의 잎이나 화서와 같이 분지하거나 전열된 기관의 중심축

radially symmetrical · 방사대칭, 방사상칭

중앙을 통과하는 선이 두 개의 거울과 같은 이미지를 생성하도록 여러 개의 대칭 평면을 가지며 일반적으로 꽃에 적용

동의어 (p12, actinomorphic), 정제(p171, regular)

반의어 좌우대칭(p32, bilaterally symmetrical), 부정제(p116, irregular), 좌우대칭,(p221, zygomorphic)

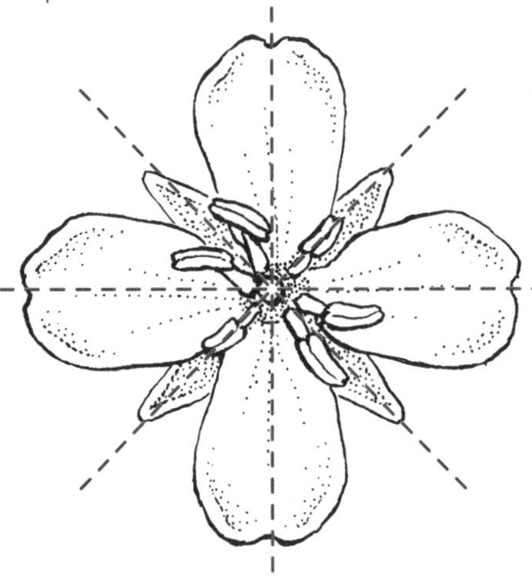

radiate · 방사상

1. 양귀비(Papaver)의 암술머리나 꽃 중심부의 꽃잎처럼 바깥쪽으로 퍼지는; 2. 국화과(Asteraceae)에서 설상화가 있는 두상화서

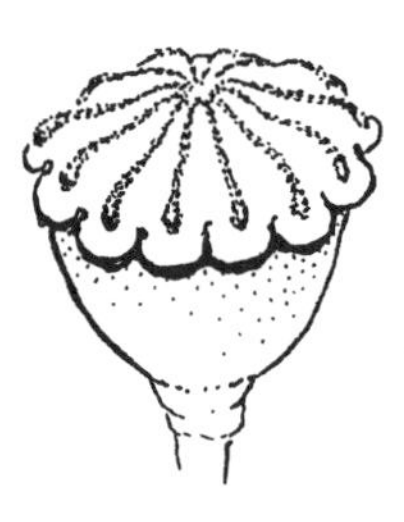

radicle · 유근

발아 종자의 첫 번째 뿌리

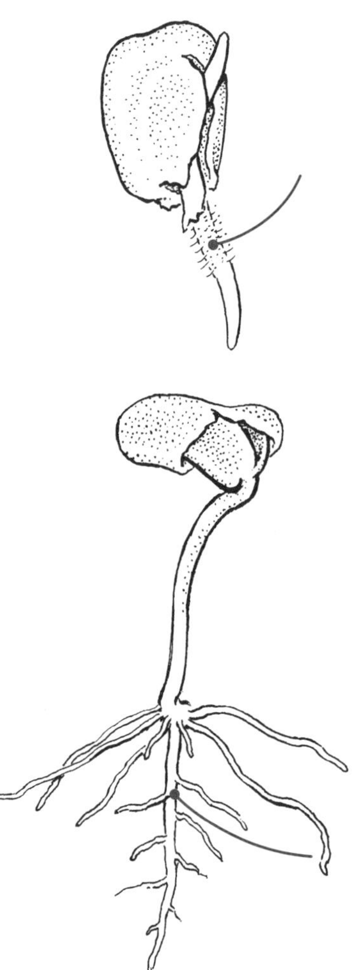

ramet · 분지개체, 영양분체, 라메트

유전개체(p98)라고 불리는 유전적으로 동일한 군체에서 영양적으로 번식된 개체

ramicaul · 단엽줄기

난초의 *Pleurothallis*속에서와 같이 하나의 잎이 있는 줄기

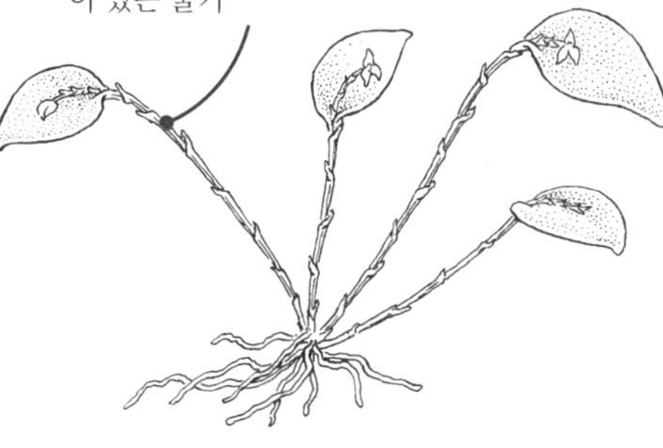

range · 범위

자연적인 지리적 분포

ratoon · 그루터기묘, 예아묘

수확한 후의 사탕수수(Saccharum) 또는 벌채한 후의 나무처럼 잘라진 다년생 식물의 뿌리에서 나온 줄기

ray · 1.방사형, 2.방사조직

1. 국화과(Asteraceae)의 일부 꽃의 길게 늘어난 합판화관; 2. 나무에서, 관속 조직에 수직으로 뻗어 있는 조직의 띠로, 나이테를 가로질러 십자 표시를 만듬

동의어 1. 설상(p123, ligule)

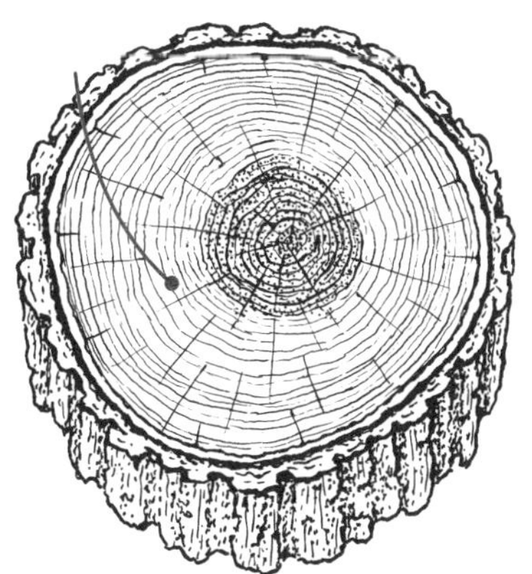

ray flower · 방사화

한쪽 꽃잎이 길어진 합판화관이 있는 꽃으로 국화과(Asteraceae) 화서에서 발견되며, 그것들은 함께 모여 이 "가화" 화서의 꽃잎과 같은 모양을 형성함

동의어 설상화(p123, ligulate flower)

반의어 통상화(p71, disk flower)

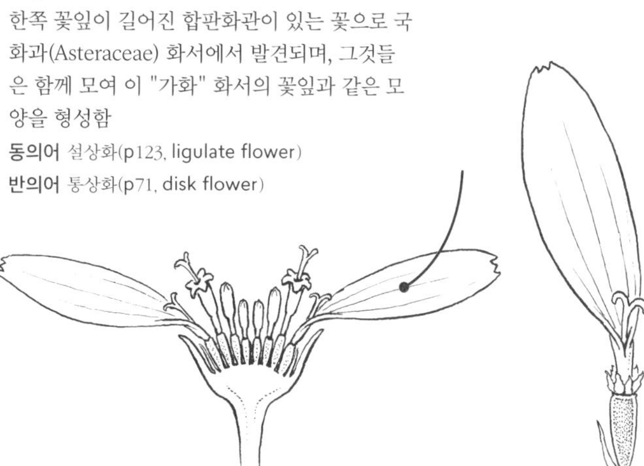

receptacle · 꽃턱, 화탁, 낭탁

1. 꽃과 열매에서 모든 꽃의 기관이 붙어 있는 조직; 2. 국화과(Asteraceae)의 화서에서 모든 작은 꽃이 붙어 있는 위치

동의어 1. 화탁(p207, Torus)

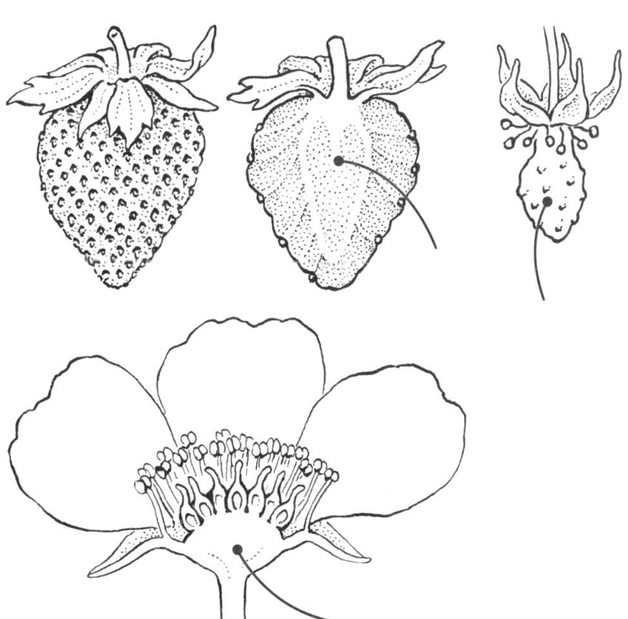

R

receptive · 수용적인

암술의 암술머리에 적용되며, 성숙해서 화분립을 받을 준비가 되어 있는

recumbent · 평복성

땅을 따라 평평하게 눕거나 자라는

동의어 (P162, prostrate)

recurved · 반곡형

부착점을 향해 뒤로 휘어진

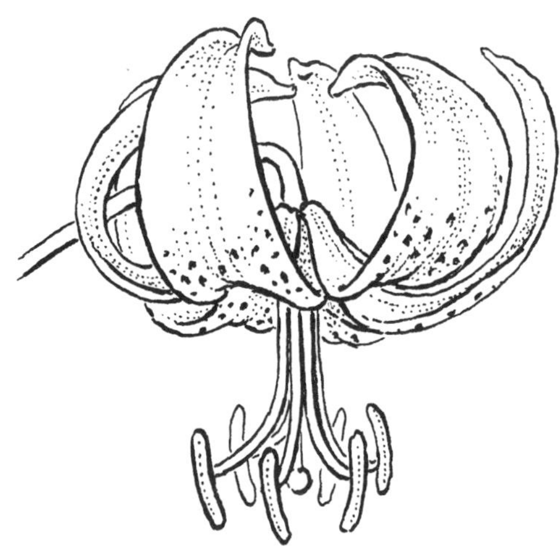

reduplicate · 배접선형

아랫면(배축면)이 자신을 향한 상태에서 바닥에서 꼭대기까지 접힘

반의어 접첩형(p55, conduplicate)

reflexed · 하굴형

부착점에 대비하여 뒤로 구부러진

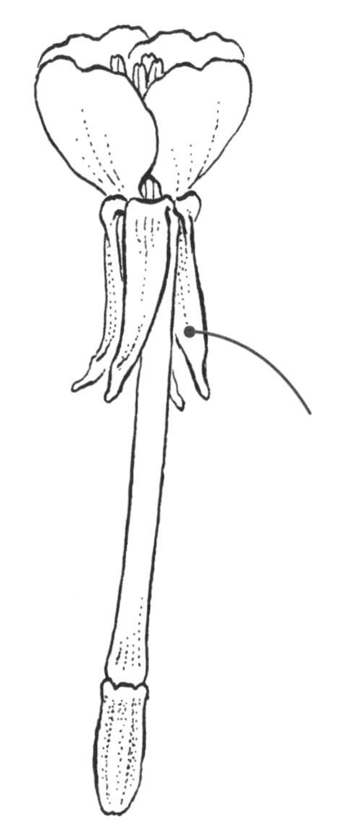

refoliate · 재생잎

질병, 초식 또는 봄 서리와 같은 것들로 인한 예기치 않은 손실 후에 잎을 다시 자라게 하는

regular · 정제

중앙을 통과하는 선이 두 개의 거울과 같은 이미지를 생성하도록 여러 개의 대칭 평면을 가지며 일반적으로 꽃에 적용

동의어 방사대칭(p12, actinomorphic / p168, radially symmetrical)

반의어 좌우대칭(p32, bilaterally symmetrical / p221, irregular), 부정제(p116, zygomorphic)

reniform · 신장형

신장과 같은 형태

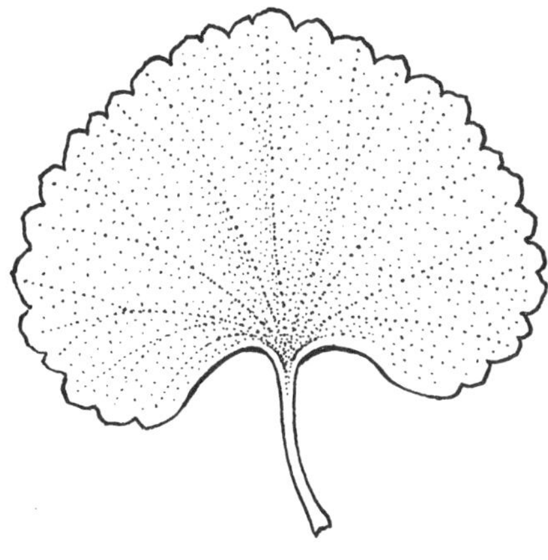

repand · 파도형

가장자리 또는 표면이 얕게 물결 모양이며 표면에 더 자주 적용됨

동의어 파동형(p213, undulate)

replum · 박격벽테, 박격벽

1. 십자화과(Brassicaceae)의 단각과와 장각과 열매의 중간에 위치해 있으며 종자가 붙어 있는 영구 격막; 2. 열개 시 열매 벽에서 분리되는 변연 태좌(예: 미모사(Fabaceae))

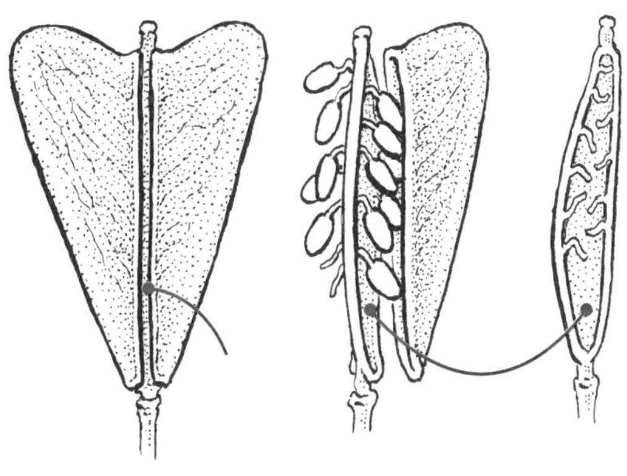

reseed · 재파종

식물의 씨를 다시 뿌림, 일반적으로 잔디밭의 잔디에 관련하여 사용

resin · 수지

목본 식물의 끈적한 삼출액으로 물에 녹지 않음

resupinate · 전도형

소화경이 180도 뒤틀려 꽃을 거꾸로 뒤집음

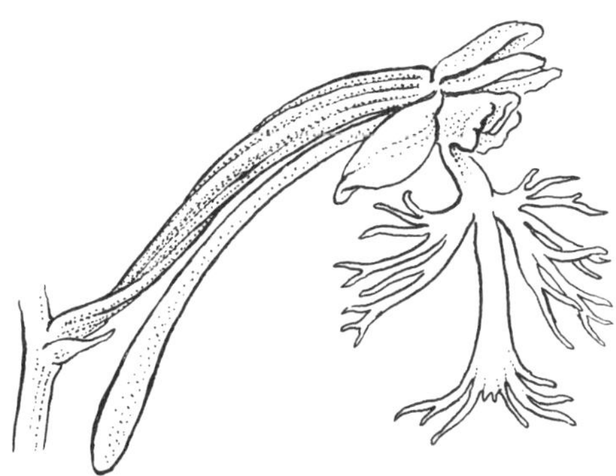

reticulate · 망상형

복잡한 패턴을 형성하며 연결된, 분기하는 잎맥이 있는

동의어 그물맥, 망상맥(p135, net-veined, netted)

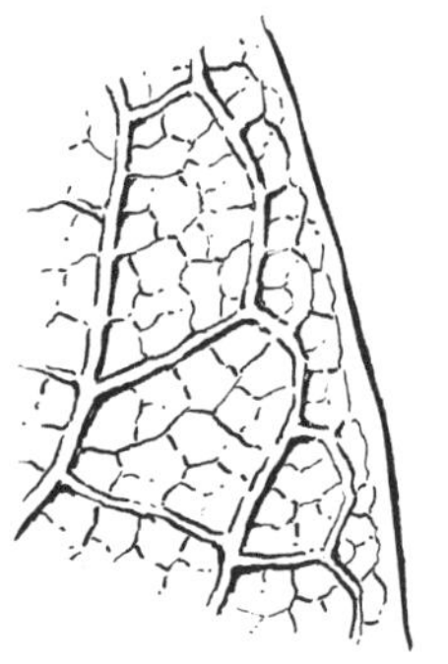

retrorse · 하향

아래로 또는 밑면을 향한

반의어 상향(p20, antrorse)

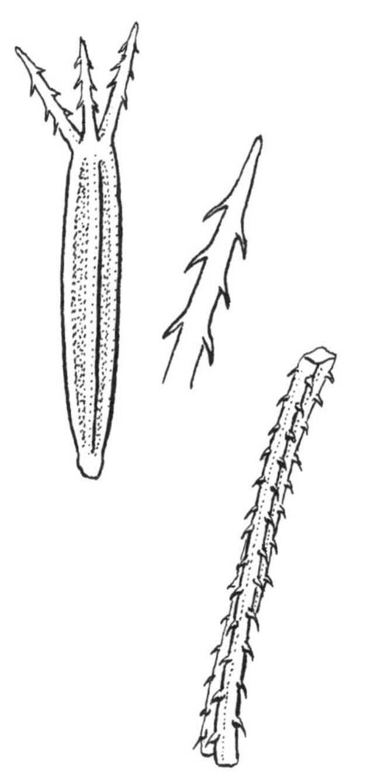

retuse · 미요두

중앙에 급격하고 얕게 만입되어 있는 둥근 끝부분

동의어 요두(p77, emarginate) (역자: 요두와 미요두는 크기에서 차이가 있음)

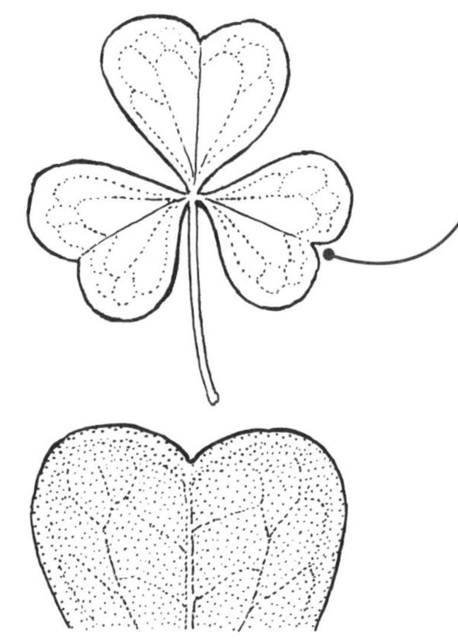

revolute · 외권형

아래쪽(배축면) 표면을 향해 아래쪽으로 말려진

반의어 내권형(p114 inrolled / p115, involute)

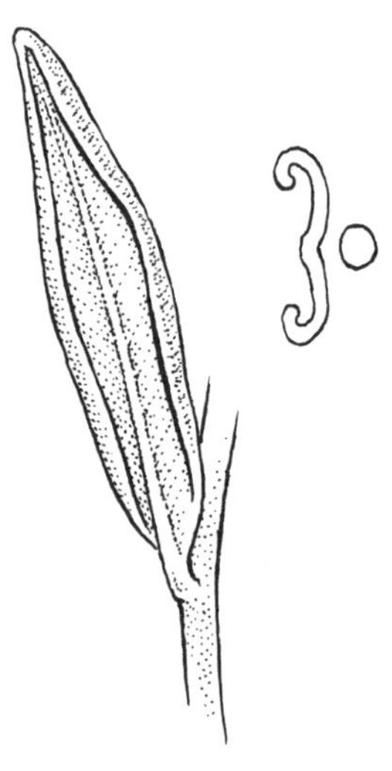

rhachis, rachis · 엽축, 화서축

깃 모양의 잎이나 화서와 같이 분지하거나 전열된 기관의 중심축

rhizomatous · 땅속 줄기의, 근경성의

근경이 있는

rhizome · 땅속 줄기, 근경, 지하경

생강(*Zingiber officinale*)과 같이 지하에서 보통 수평으로 자라는 줄기

rhomboid, rhombic · 마름모형, 능형

다이아몬드와 같은 형태

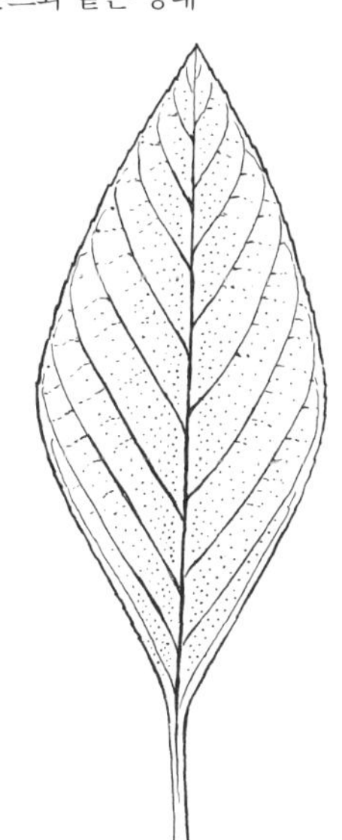

rib · 주맥

눈에 띄는 잎맥, 가장 일반적으로 일차맥에 적용

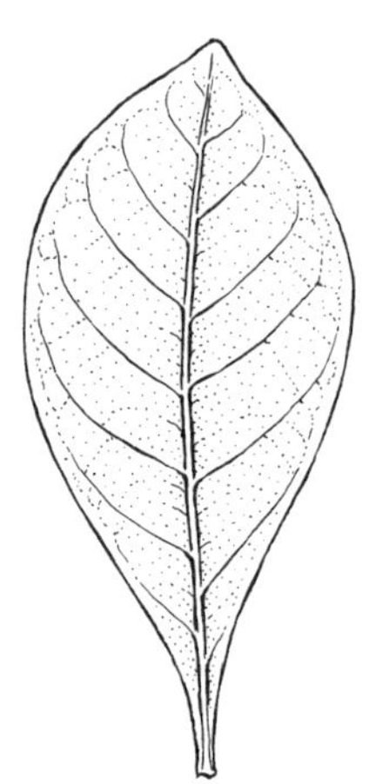

riparian · 수변생, 하안생

강이나 개울가에 자라는

ripe · 숙성한

열매처럼 완전히 성숙한

root · 뿌리, 근

잎, 줄기 및 마디가 없는 식물의 일반적으로 지하 부분, 대부분의 양분과 물이 흡수되는 기관

root ball · 분형근

새로운 장소로 옮기기 위해 파낸 목본 식물에 붙어 있는 뿌리와 토양, 종종 삼베에 싸여 있음

rootbound · 뿌리 참, 룻바운드

화분에 심거나 다른 방법으로 갇힌 식물에 대한 표현으로, 뿌리가 사용 가능한 공간을 채우고 결과적으로 비정상적이고 종종 건강에 해로운 형태로 자라는

root crown · 지제부

줄기와 뿌리계가 만나는 식물의 위치

root nodule · 뿌리혹

질소 고정 박테리아가 서식하는 많은 콩과 식물(Fabaceae)의 뿌리에 있는 둥근 혹

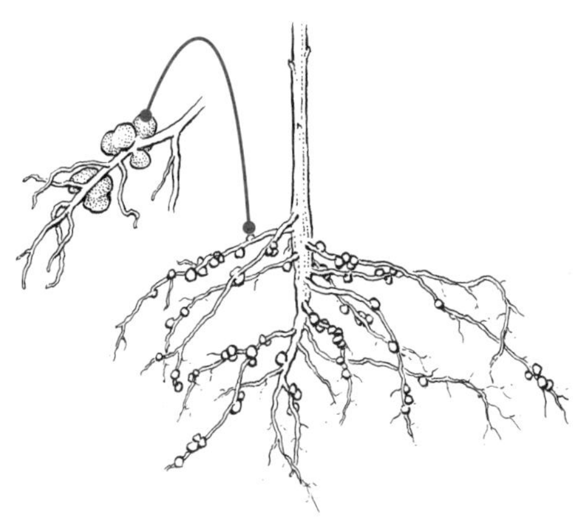

rootstock · 대목, 접본

다른 식물(접수, 椄穗)을 접 붙일 때 그 바탕이 되는 나무

rosette · 로제트

지면 또는 그 근처에 있는 식물의 기저부 주위에 동그랗게 빽빽한 잎 또는 다른 기관

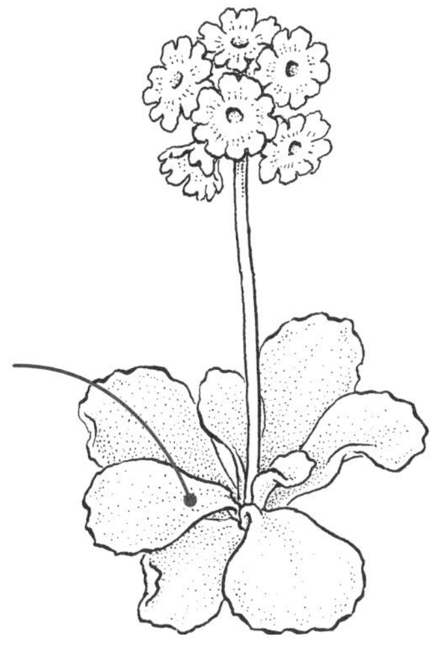

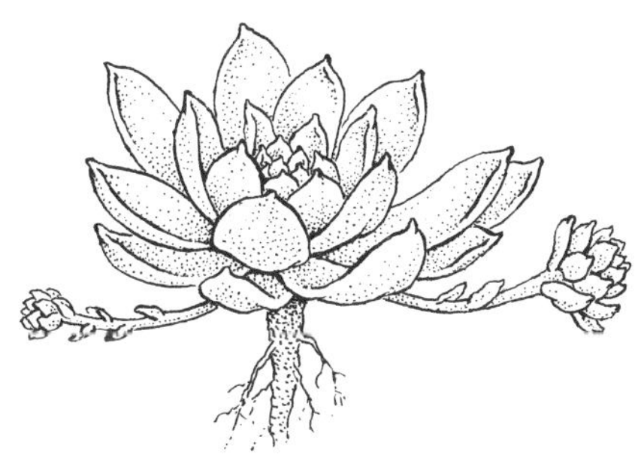

rostellum · 주두돌기

난초류 꽃의 암술머리와 꽃밥 사이의 예주에 생기는 돌기로 자가 수분을 방지함

rotate · 폭상, 윤상

원반 모양으로 꽃잎에 화통 없이 확장되어 편평한 원형 평면을 형성하는 화관에 적용

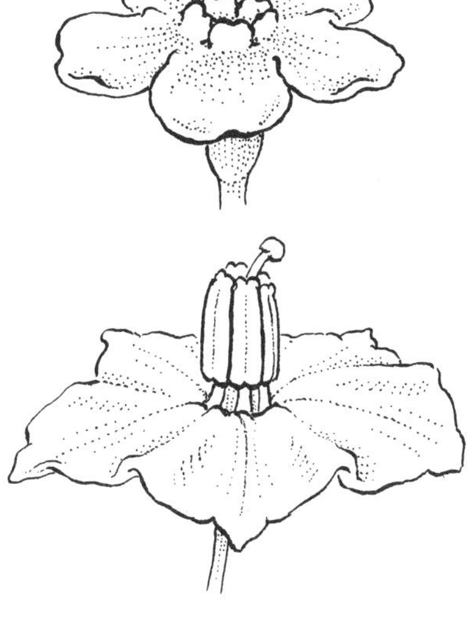

rudimentary · 흔적의, 퇴화한

미발달, 크기 축소 및 기능하지 않음. 예) 꽃의 비기능적, 감소된 수술(헛수술)

동의어 (p139, obsolete), (p216, vestigial)

rufous, rufus · 밤색

적갈색, [금속의]녹 또는 밤색

동의어 (p46, castaneous), (p90, ferruginous)

rugose · 추피상, 수포상

주름이 있는, 주름진

ruminate · 굴곡상

거칠게 주름진, 씹은 것처럼 보이는

runcinate · 민들레형

열편이 뾰족하며, 잎자루를 향하여 경사지며 우열하는. 예) 서양민들레(*Taraxacum officinale*)의 잎

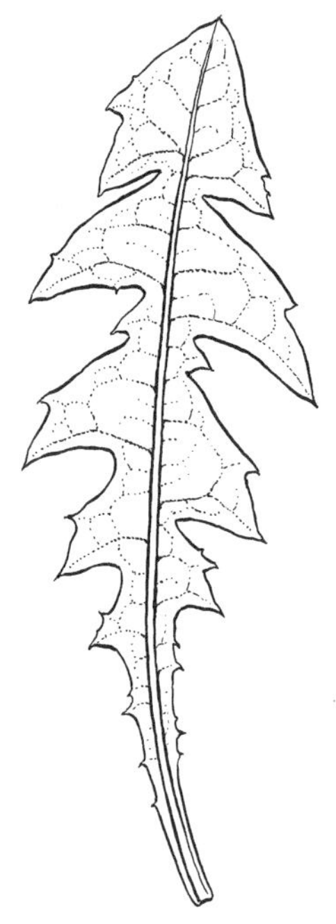

runner · 기는줄기, 포복경

딸기(*Fragaria*)와 같이 마디와 끝에서 뿌리와 새싹이 형성되는 수평으로 지상을 기는 줄기

동의어 (p196, stolon)

S

saccate · 낭형

가방 모양 또는 가방과 같은 구조로 이루어진

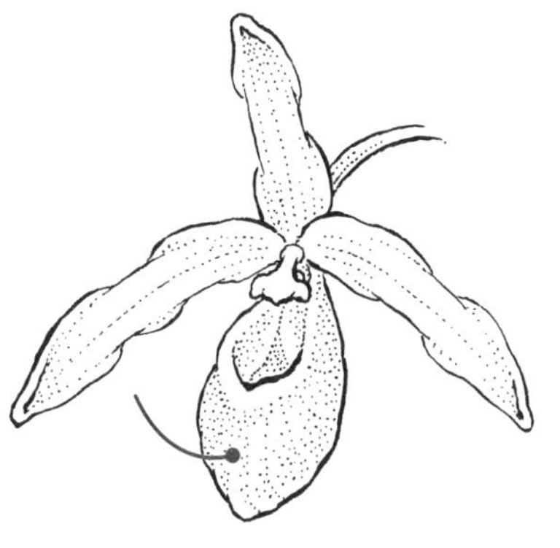

sagittate · 전저, 전형

아래를 향한 아랫쪽 열편이 있는 화살촉 모양

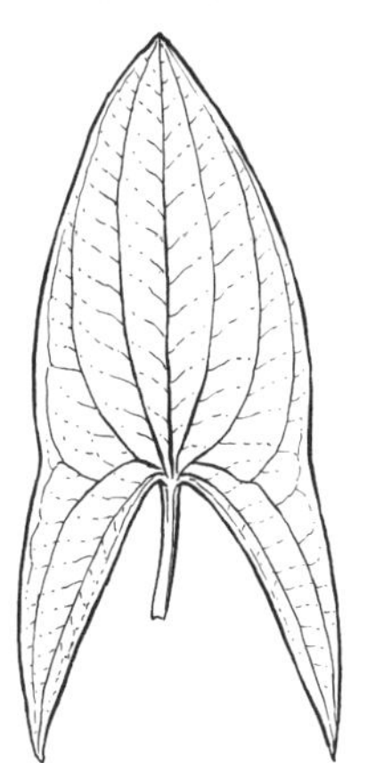

salverform · 분상

몇몇 합판화관과 같이 목이 길고 좁은 트럼펫 모양

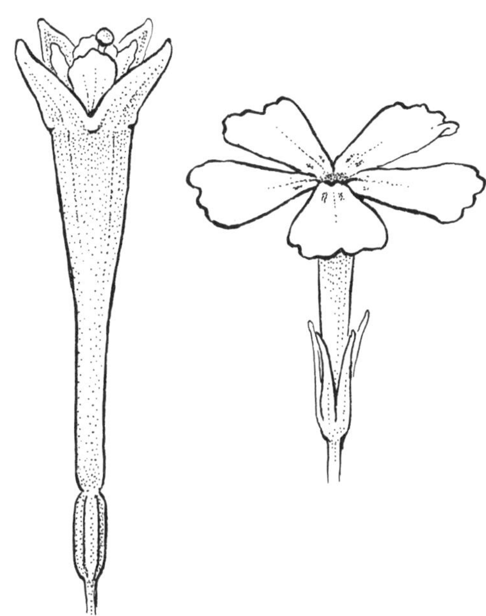

samara · 시과

과피의 팽창으로 형성된 날개가 있는 건조하고 열리지 않은 열매. 예) 물푸레나무(*Fraxinus*) 및 튜울립나무(*Liriodendron*)의 열매

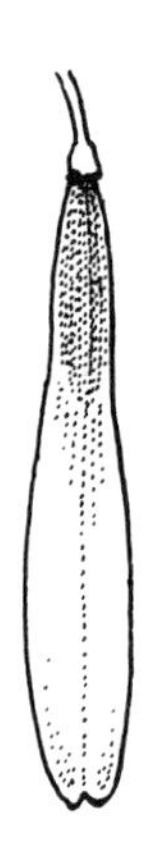

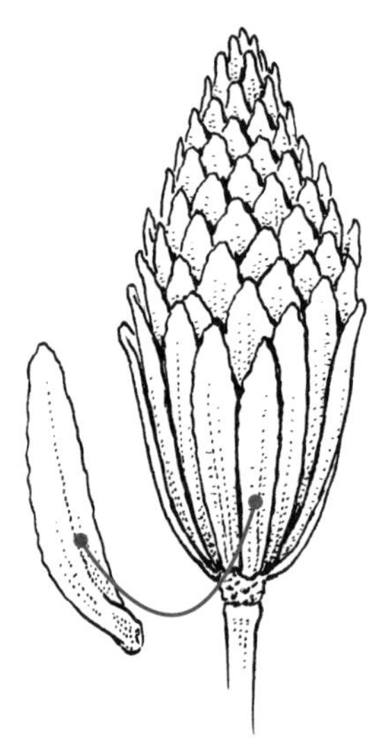

samaroid · 시과형

시과 모양

samaroid schizocarp · 쌍날개형의, 시과형 분열과

성숙 시 2개의 날개 부분(시과와 유사한 분과)으로 나뉘며 2심피 씨방에서 파생된 열매. 예) 단풍나무 열매(*Acer*)

동의어 (p74, double samara)

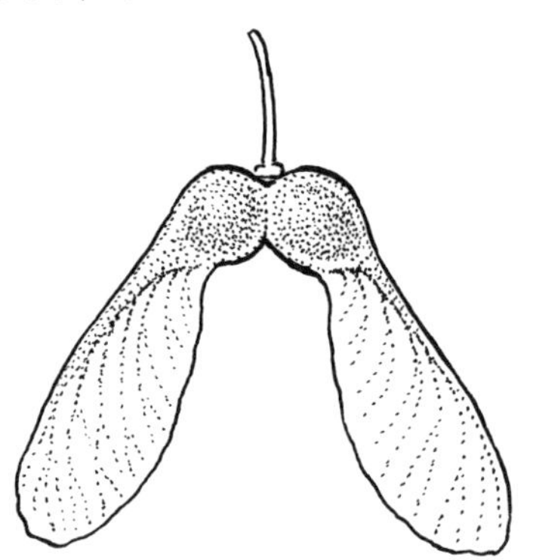

sap · 수액

식물의 관속 조직 내의 액체

sapling · 묘목

목본 성장을 하고 있지만 아직 매우 유연한 어린 나무

saprophyte · 부생균

썩어가는 유기물로부터 영양분을 얻는 균류; 이전에 부생 식물로 생각되었던 모든 식물은 실제로 곰팡이 및 녹색 식물과 기생 관계를 가지고 있음; 균종속영양식물(p178) 참조

sapwood · 변재

외부의 더 어리고 가벼운 목질부; 심재 외부에 있으며 일반적으로 목공에 덜 적합함

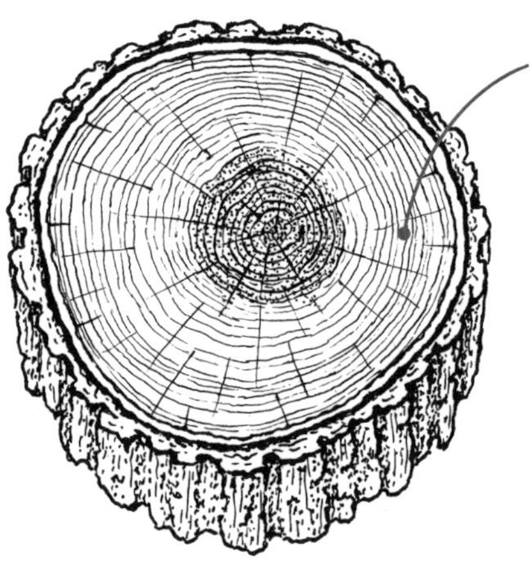

sarmentose · 덩굴줄기성

길고 얇은 기는 줄기(포복경)가 있는
동의어 (p92, flagellate)

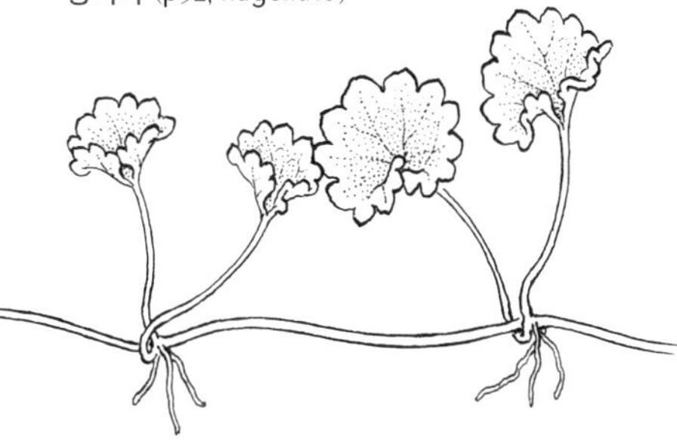

scabrous · 조모상, 사포상

만지면 사포처럼 거친

scale · 인편

1. 일반적으로 납작하고 넓은 표피 돌출부(털, 모용)의 유형; 2. 작은 잎 또는 잎과 같은 구조; 3. 구근의 다육질 또는 말린 잎 중 하나; 4. 일반적으로 포자, 꽃가루, 밑씨 또는 종자를 포함하는 구과/포자낭수의 조각; 5. Coccoidea과에 속하는 수액을 빨아먹는 해충

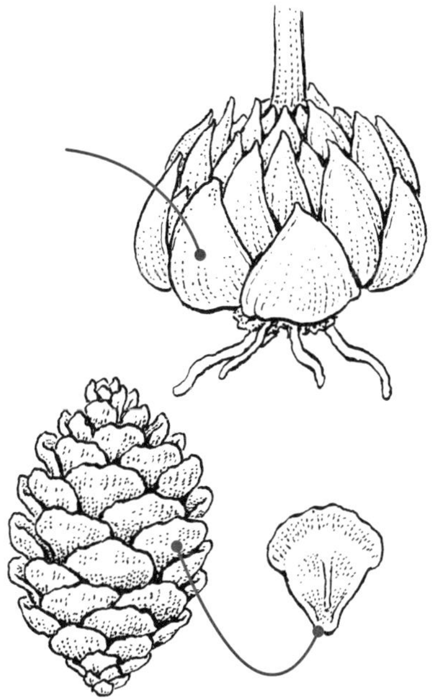

scandent · 무흡반등반경

수직 성장을 지지하는 구조나 다른 식물에 의존해서 오르거나 기울이는 것

scape · 근생화경

잎이 없는 꽃 또는 꽃줄기(꽃자루)로, 뿌리, 인경 또는 구경에서 유래하며 일반적으로 로제트형 식물에서 발생. 예) 튤립(*Tulipa*), 일본앵초(*Primula japonica*)

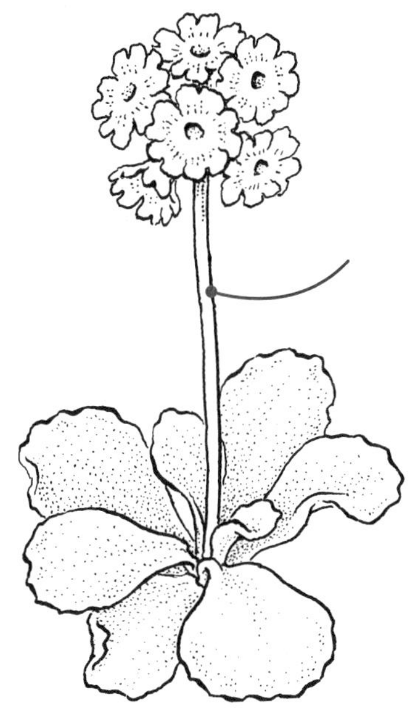

scapiform · 꽃줄기 모양의

근생화경과 비슷하지만 줄기를 따라 잎이 있는

scar · 흔적(흔히 엽흔)

1. 줄기에 잎이 붙어 있던 흔적; 2. 줄기에 부착되어 있던 엽흔 안쪽의 관속 조직 흔적; 3. 자방벽이 부착되어 있던 주병이 종자에 남은 흔적; 4. 표피조직에 손상을 입은 기관의 흔적

schizocarp · 분열과

2개 내지 다심피성 암술에서 파생된 열매로 성숙 시 개별 부분(분과, 똑같이 갈라지는 심피)으로 쪼개짐

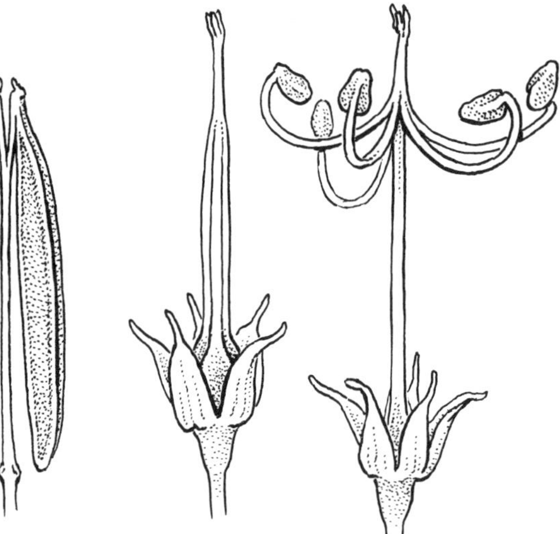

scion · 삽수, 접수

접붙이는 식물의 특성을 성장시키기 위해 지상부에서 대목에 접목하는 식물

scorpioid cyme · 안목상 취산화서, 호산상 취산화서

축에서 좌우로 교대로 달리고 전갈의 꼬리를 닮은 꽃이 있는 가축분지성 화서; 권산상 취산화서(p105)와 구별하기 어려울 수 있음

scurf · 비듬상

비늘로 덮인 일부 식물의 기관으로 어둡거나 거친 반점이 원인일 수 있음

secund · 편측성, 단축성

한쪽 부분으로만 있는. 예) 화서의 한쪽으로만 핀 꽃

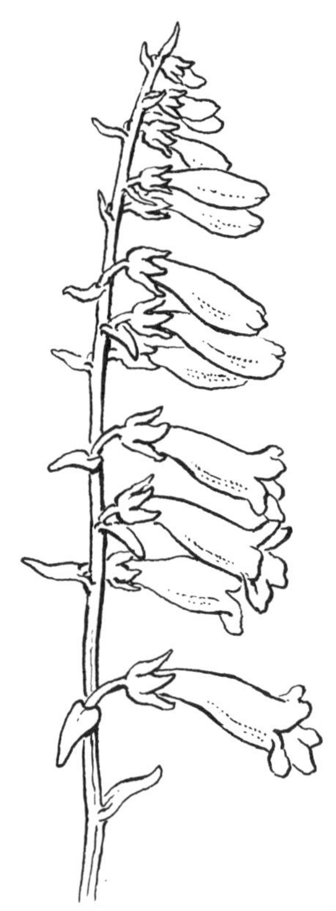

seed · 씨, 종자

배(胚)가 들어있는 유성생식 구조; 성숙한 밑씨. 예) 아보카도(*Persea americana*) 씨; 해바라기 (*Helianthus annuus*) 씨

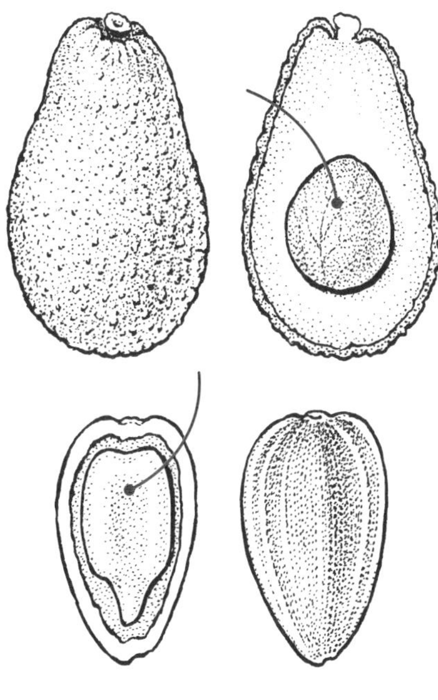

seed leaf · 전엽, 자엽, 떡잎

씨앗에서 나온 첫 잎 중 하나

동의어 (p59, cotyledon)

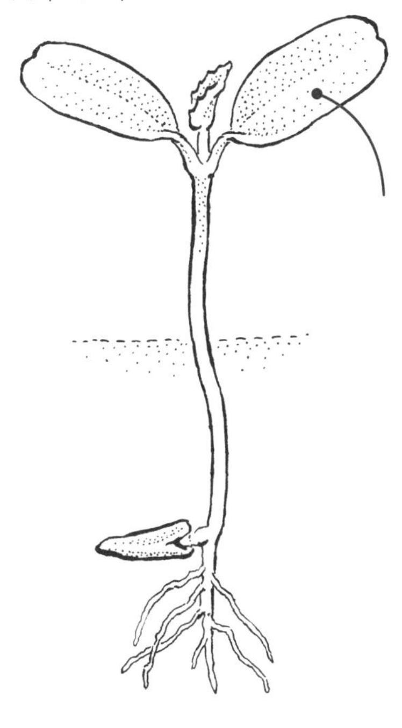

seed coat · 종피

종자를 둘러싸고 있는 조직 층, 밑씨를 둘러싸고 있는 외피에서 유래

동의어 외종피(p205, testa)

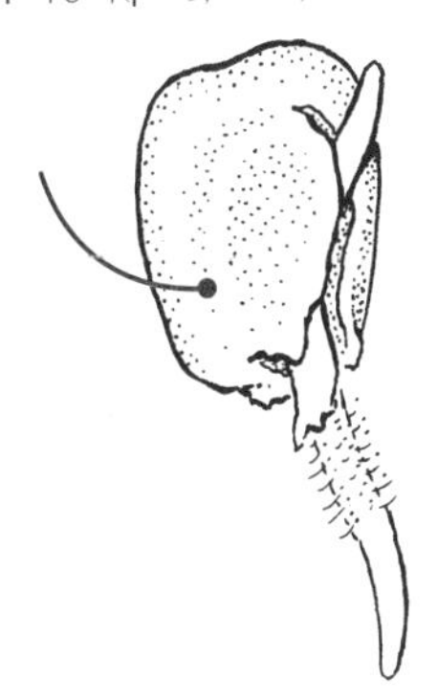

seedling · 실생묘, 유식물(幼植物)

최근에 발아한 종자에서 자라는 아주 어린 식물

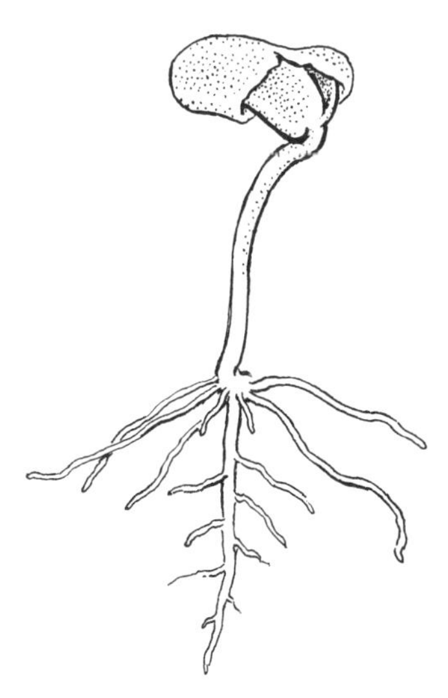

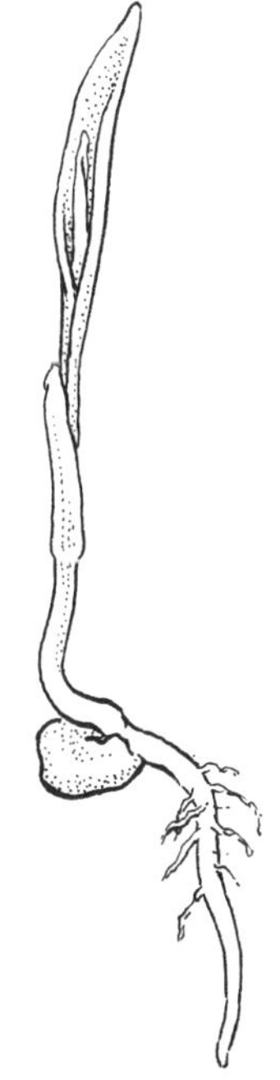

self-pollination, selfing · 자가수정

식물 자신의 꽃밥에서 같은 식물의 암술머리로 꽃가루가 전달됨

sepal · 꽃받침잎, 악편

꽃의 가장 바깥쪽 윤생층(꽃받침)의 개별 구성 요소, 잎 모양 또는 꽃잎 모양

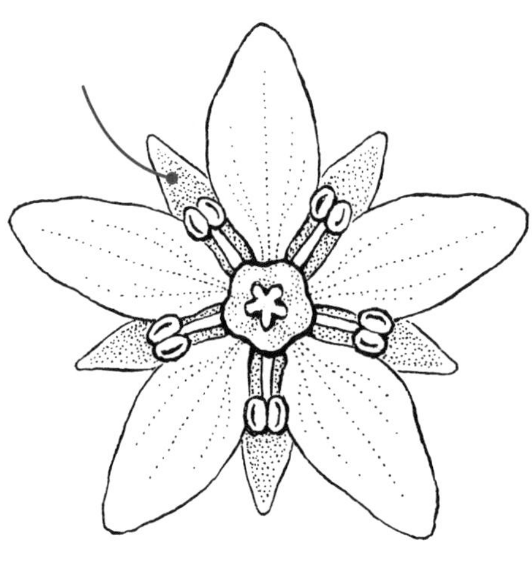

sepaloid · 꽃받침잎 모양, 악편상

꽃받침잎 모양의

septicidal · 포간열개

열개를 위해 격벽이 개방됨; 횡렬삭과(p50), 포배열개(p125), 공개(p160) 참조

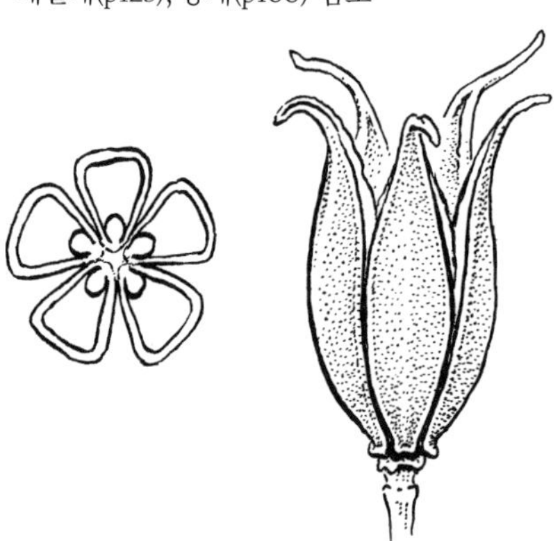

septum · 격벽

(복수 septa) 열매나 밑씨의 방(실, 室) 사이의 벽

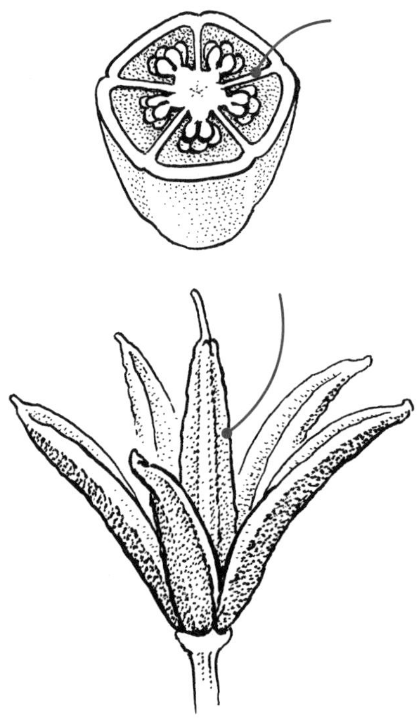

serotinous · 폐성구과

화재로 인한 열과 같은 환경 조건에 의해 종자가 방출되는

serrate · 예거치

정점을 향한 치아상거치가 있는

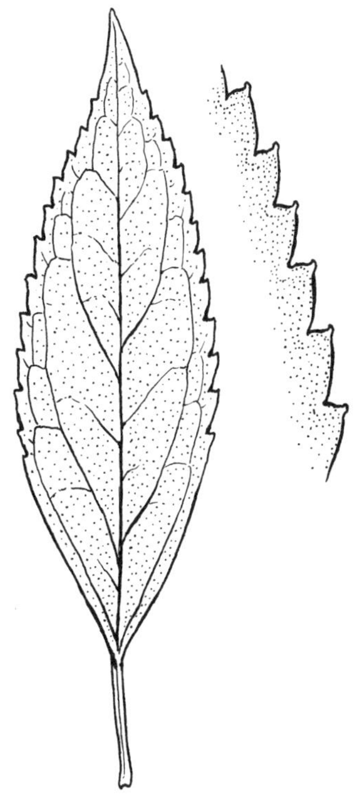

serration · 톱니의, 톱니상의

예거치 가장자리의 개별 거치 또는 실제 가장자리 자체

serrulate · 소예거치

정점을 향한 미세한 치아상거치가 있는

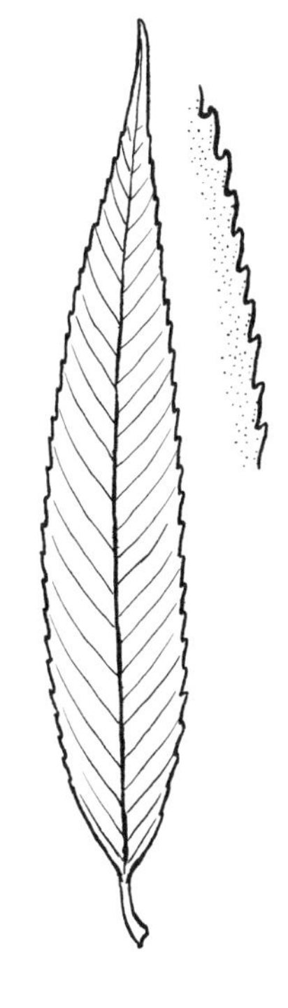

sessile · 무병성

대가 없는. 예) 잎자루가 없는 잎

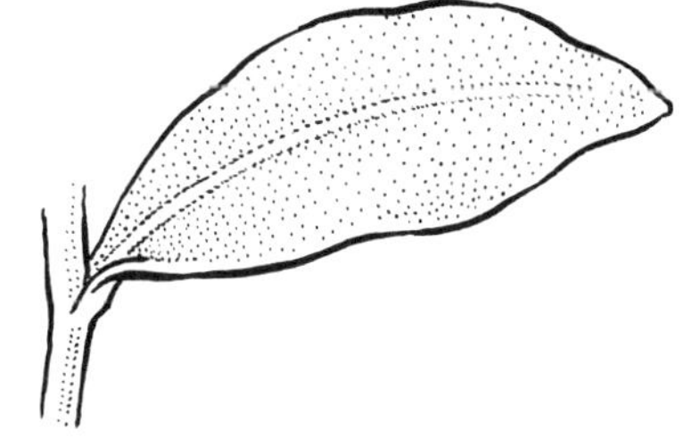

set · 묘목

식물 번식에서, 어린 이식묘

setose · 강모가 많은

강모를 가진, 꺼칠꺼칠한

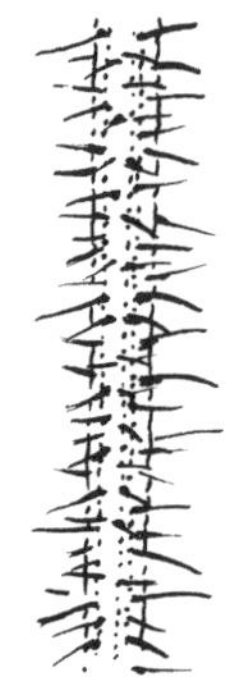

sexual deception · 성사기, 가교미

꽃의 한 부분이 암컷 곤충을 모방하여 수컷 곤충을 속이고, 수컷이 꽃과 짝짓기를 시도하는 동안 꽃가루를 묻히는 일부 난초의 수분 전략

동의어 (p164, pseudocopulation)

sheath · 엽초, 잎집

일부 단자엽식물의 줄기에 있는 잎 기저부와 같이 다른 구조를 완전히 또는 부분적으로 덮는 구조, 일반적으로 평평하고 길쭉한 부분

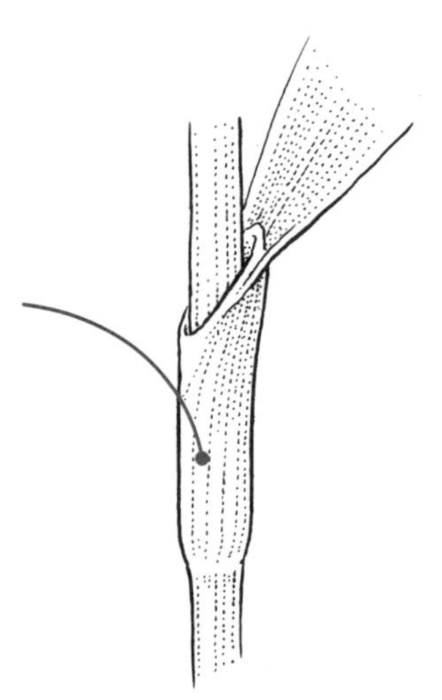

sheathing · 엽초성

줄기를 덮는 잎과 같이 엽초를 형성하는

shoot · 슈트

줄기, 종종 새로운 줄기 성장에 적용

short-day plant · 단일식물

성장하고 번식하기 위해 하루에 12시간 이상의 어둠이 필요한 식물

반의어 장일식물(p125, long-day plant)

short shoot · 짧은 가지, 단지(短枝)

일반적으로 잎과 생식 구조가 고도로 압축된 절간을 가진 줄기. 예) 은행나무속(*Ginkgo*), 사과속(*Malus*)

동의어 (p35, brachyblast), (p191, spur)

반의어 장지(p125, long shoot)

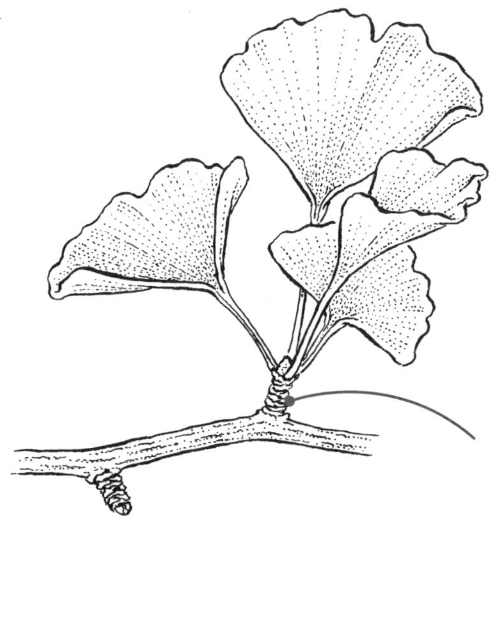

shrub · 관목

여러 개의 메인 줄기를 가진 목본 식물, 일반적으로 교목보다 작음

동의어 (p39, bush)

shrublet · 소관목

작은 관목

sigmoid · S자형의

S자 모양의

silicle · 단각과

건조하며 짧고 넓은 열개성의 열매로 양면이 납작하고 중앙부의 숙존성 격벽(박격벽)을 드러나며 열림; 십자화과(Brassicaceae)의 일부에서 확인됨

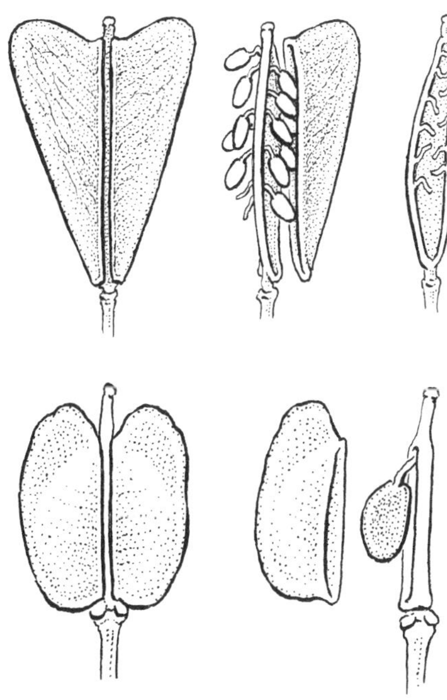

silique, siliqua · 장각과

건조하며 길고 좁은 열개성의 열매로 양면이 납작하고 중앙부의 숙존성 격벽(박격벽)이 드러나며 열림; 십자화과(Brassicaceae)의 일부에서 확인됨

silk · 수염

길고 가늘고 부드러운 옥수수(*Zea mays*) 화서와 속대

simple · 1. 단엽, 2. 단정화서

1. 분열하지 않은 잎; 2. 가지가 없는 화서

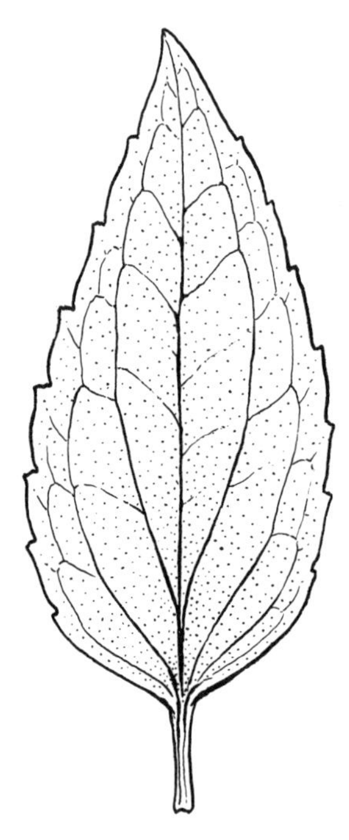

sinker · 수하구, 드로퍼

구근 또는 구경에서 아래쪽으로 자라는 슈트 또는 새로운 구근 또는 구경으로 자람

동의어 (p74, dropper)

sinuate, sinuous · 물결 모양의, 파상의

가장자리가 물결 모양인

sinus · 결각

두 개의 열편 또는 둔거치 사이에 들어가는 여백 부분

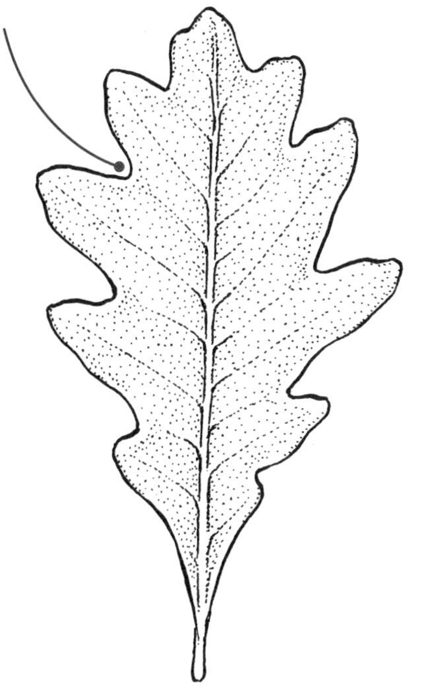

smooth · 활면상, 활면형

1. 표면과 관련하여 울퉁불퉁하거나 거칠지 않고 평탄한; 2. 가장자리와 관련하여 열편이나 거치가 없이 전연(全緣)인

snag · 1.죽은나무, 2.가지 그루터기

1. 죽은 나무; 2. 다른 방법으로 제거된 가지의 나머지 부분

solitary · 단생

단수, 단 하나

sorus · 포자낭군, 낭퇴

(복수 sori) 양치류 포자낭의 덩어리, 일반적으로 양치류 잎의 밑면에 자유롭게 붙어 있거나 포막 및 위포막으로 알려진 조직의 덮개 또는 부분으로 숨겨져 있음

sp.

종의 축약형(단수형)

spadix · 육수화서

가지를 치지 않는 화서, 꽃은 길고 두꺼운 축으로 약간 움푹 들어가 있음; 천남성과(Araceae)의 화서

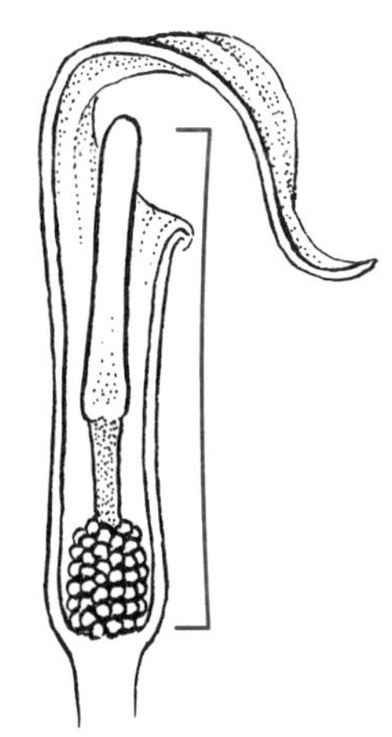

spathe · 불염포

천남성과(Araceae)의 육수화서에서 포함하거나 부분적으로 둘러싸는 포엽

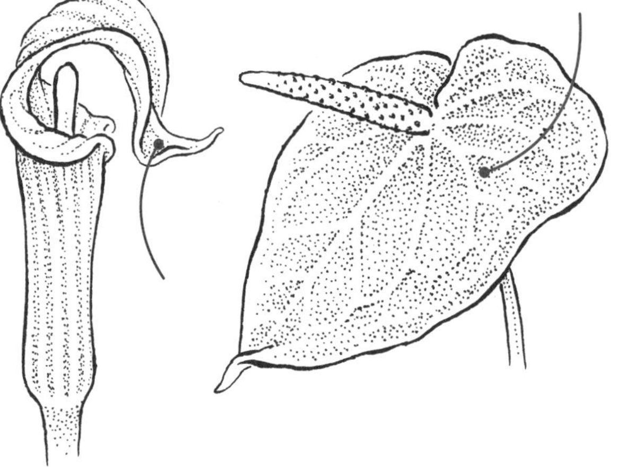

spatulate · 주걱형

주걱 모양의

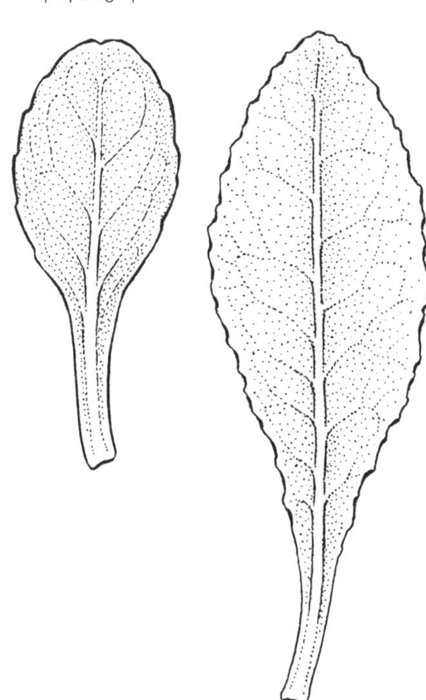

species · 종

속(屬) 아래의 분류학적 계급으로 아종, 변종, 품종을 포함함

spherical · 구형

3차원으로 둥근 형태

동의어 (p100, globose, globular)

spicate · 이삭 모양, 수상

이삭이 있거나 이삭에 있는

spike · 수상화서

가지가 없는 길쭉한 중심축에 무병성 꽃이 달린 화서

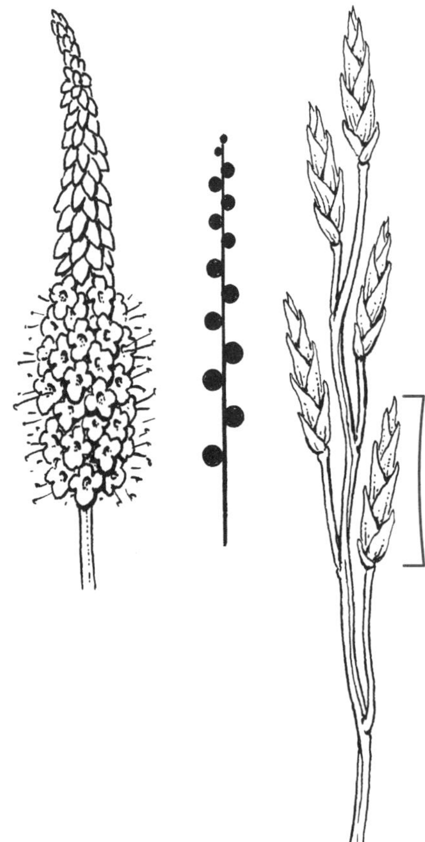

spikelet · 소수
작은 수상화서

spine · 엽침
날카롭고 뾰족하며, 잎, 소엽, 포, 꽃받침 또는 턱잎이 변한 가시

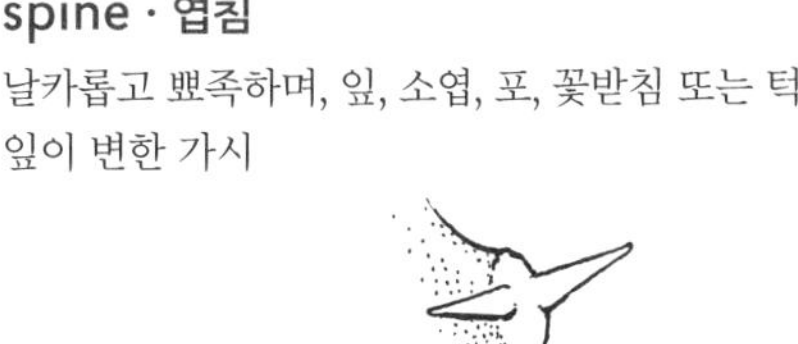

spinose, spiny · 엽침형
엽침이 있는

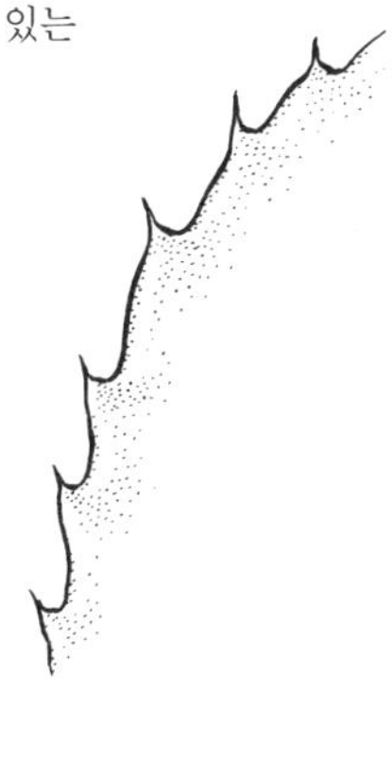

spinose tooth · 엽침형 거치
잎 가장자리 또는 잎과 같은 구조에 있는 거치로 뾰족하고 날카로우며 가시를 닮음

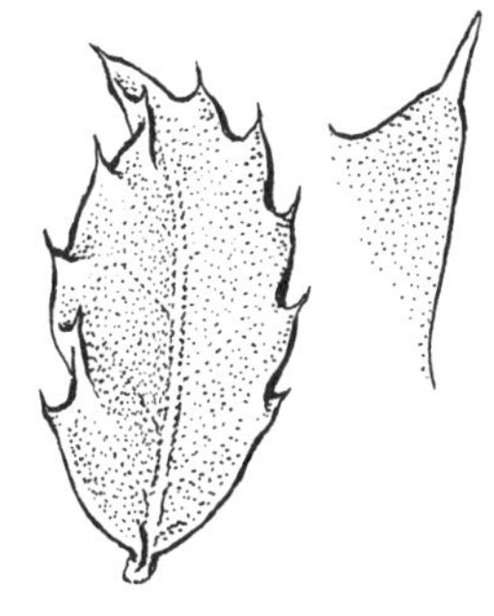

spinulose · 소자상, 미세자상
작은 가시가 있는

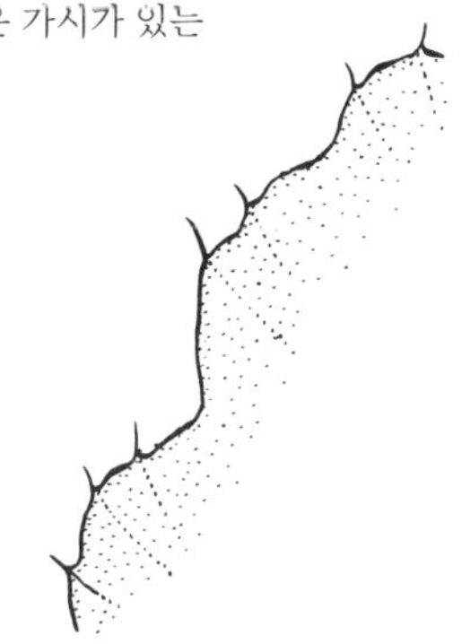

sporangium · 포자낭

(복수 sporangia) 포자가 들어있는 주머니 또는 낭(囊)

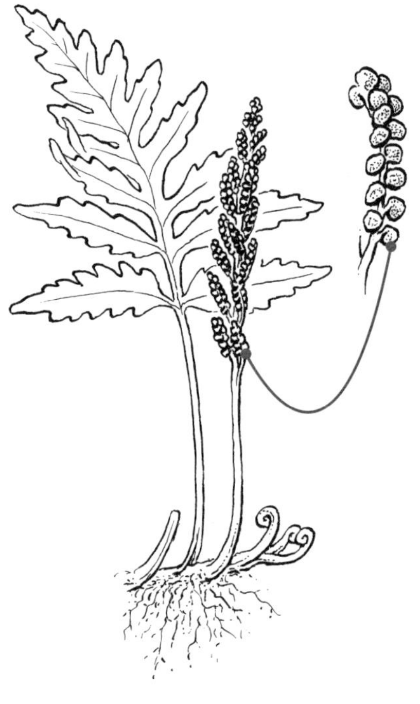

spore · 포자

생식 단위 및 식물 생애주기의 배우자 형성 단계의 첫 번째 세포, 일반적으로 단세포 및 미시적(微視的)임

sporophyll · 포자엽

포자낭을 가진 특수한 잎. 예) 구과 인편, 암술, 수술

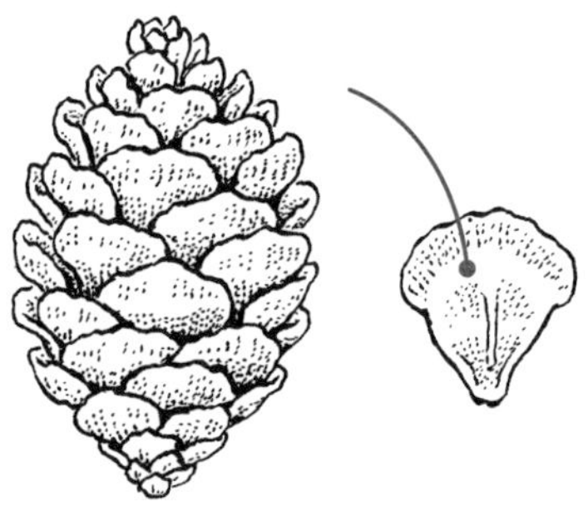

sporophyte · 포자체

식물이 두 세트의 염색체(즉, 2배체, 2n)를 갖고 포자를 생성하는 생활환 세대; sporophyte는 관다발 식물의 시간과 크기 모두에서 우세하여 가장 눈에 띄는 세대가 됨. 예) 나무, 양치류

반의어 배우자체(p98, gametophyte)

sport · 지변

형태가 식물의 나머지 부분과 일치하지 않는 슈트; 돌연변이 슈트

spp.

하나 이상의 종에 대한 축약형(복수형)

spring ephemeral · 춘계단명식물, 초봄식물

한여름까지 자라고 꽃이 피고 열매를 맺었다가 죽는 식물

sprout · 싹, 새싹, 맹아

1. 묘종; 2. 새로운 생장지를 내는

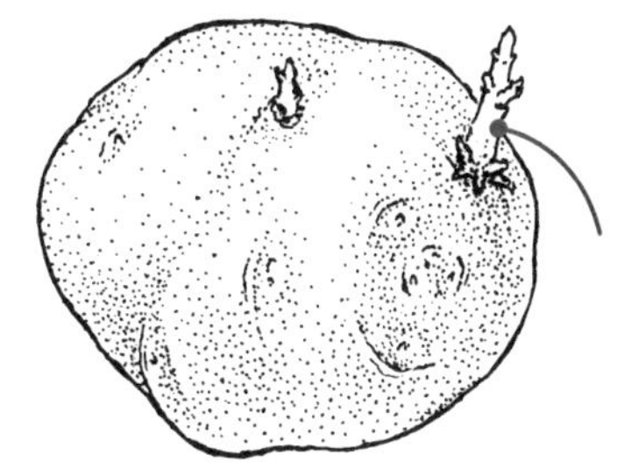

spur · 꽃뿔, 거, 단지

1. 꽃의 속이 빈 부속기관, 화피의 변이거나 종종 꿀과 또는 변형물이 들어 있음; 2. 일반적으로 잎과 생식 구조가 고도로 압축된 절간을 가진 줄기. 예) 은행나무속(*Ginkgo*), 사과속(*Malus*)

동의어 1. (p40, calcar), 2. (p35, brachyplast / p184, short shoot)

반의어 2. 장지(p125, long shoot)

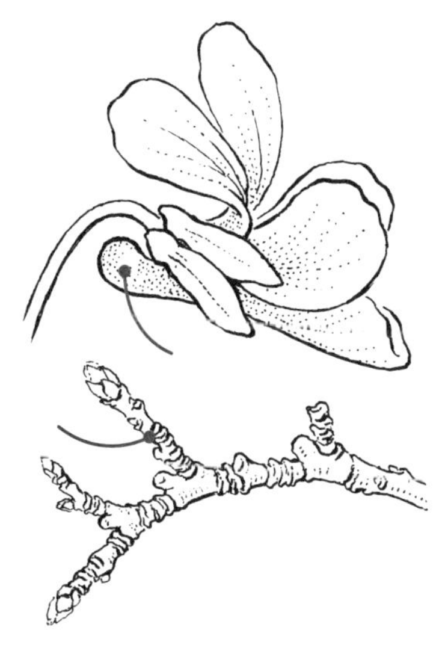

spurred · 거형

거가 있는

동의어 (p41, calcarate)

squam-

인편을 의미하는 접두사

squamose, squamate · 비늘로 덮인, 인편상의

인편으로 덮인

stalk · 줄기, 자루

꽃(소화경 또는 화경이라고 함) 또는 잎(엽병이라고 함)과 같은 기관을 지지하는 구조, 대부분 기관 자체보다 좁음

stamen · 수술, 웅예

수술대(줄기)와 꽃가루를 함유한 꽃밥으로 구성된 웅성 생식 구조; 꽃의 세 번째 윤생층(수술군)의 개별 단위; 꽃의 웅성 포자낭

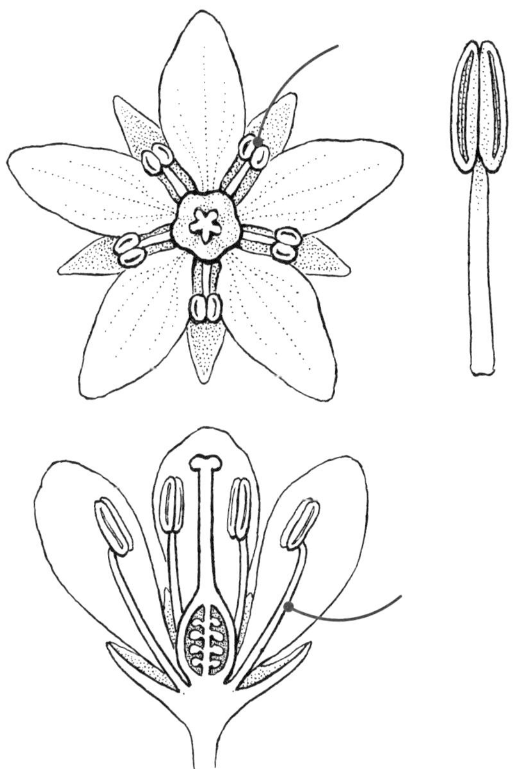

staminate · 수꽃, 웅화

웅성 생식 구조(수술)가 있고 자성 생식 구조(암술)는 없음

staminode · 헛수술, 가웅예

불임 수술, 종종 크기가 줄어들거나(위 그림), 수분 매개자를 유인하기 위해 변형됨(아래 그림)

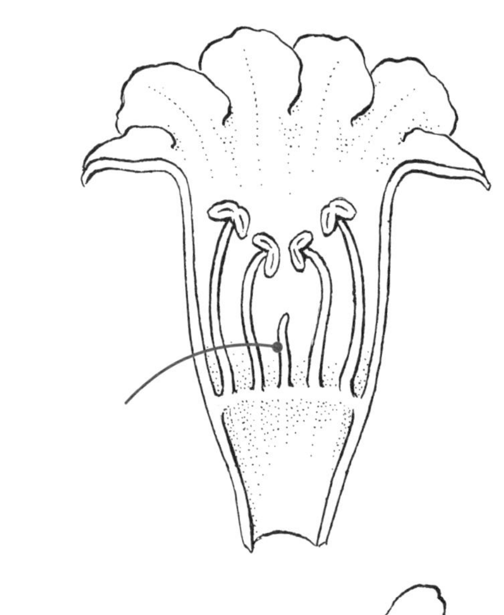

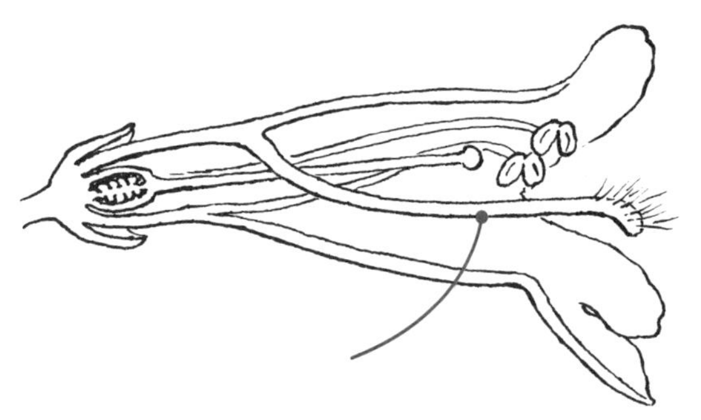

standard · 1.내화피편, 2.기판

1. 붓꽃(*Iris*)의 꽃에 있는 3개의 안쪽 화피편(모든 꽃받침) 중 하나. 외화피편(p87) 참조; 2. 콩과(Fabaceae) 식물 접형화관의 전형적인 꽃잎, 일반적으로 상부 및 가장 큰 꽃잎. 예) 연리초(*Lathyrus*), 루피너스(*Lupinus*)

동의어 2. (p28, banner / p216, vexillum)

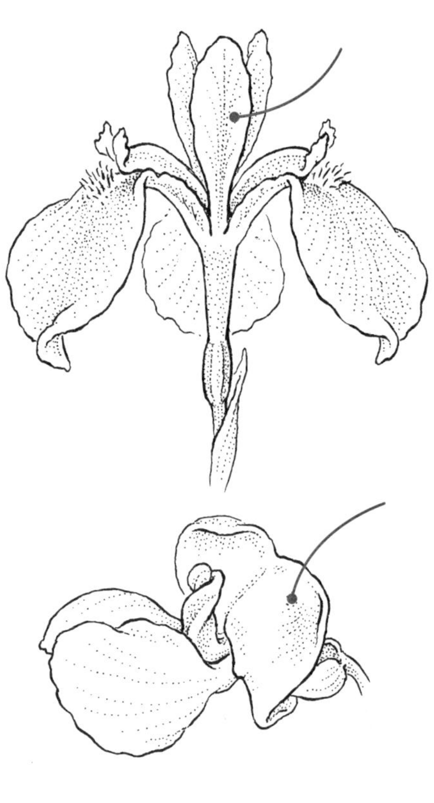

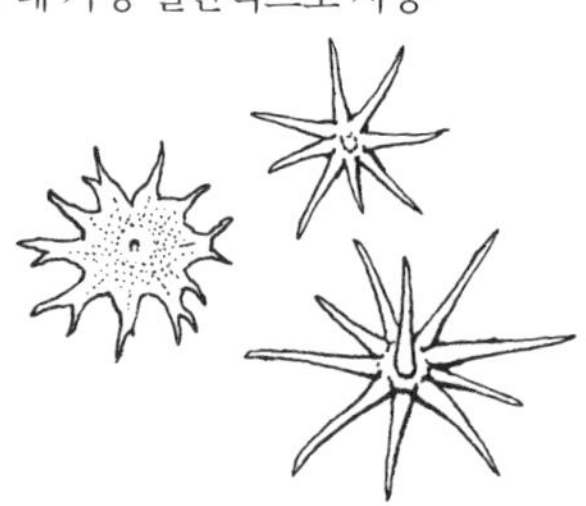

stellate · 별모양 털, 성상모

별 모양으로, 무궁화속(*Hibiscus*)에서 발견되는 것과 같이 한 지점에서 자라는 여러 털을 설명하는 데 가장 일반적으로 사용

stem · 가지, 줄기

마디에서 잎과 눈이 나오는 식물의 부분, 일반적으로 땅 위에 있지만 때로는 땅 아래에 있음

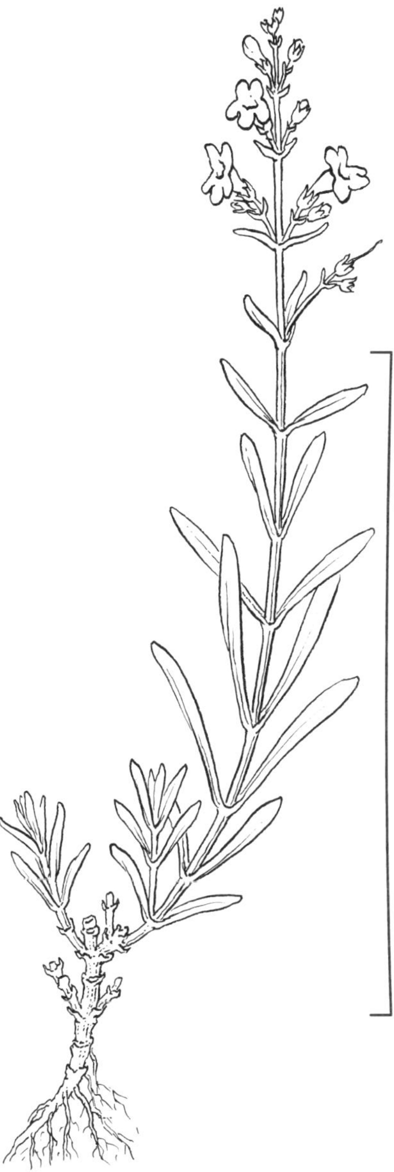

sterile · 불임성, 불염성

1. 현재 생식 상태가 아닌, 즉 개화 또는 결실하지 않는 상태; 2. 유성 생식이 불가능함(예: 야산고비(*Onoclea sensibilis*)의 영양엽 또는 수국(*Hydrangea*)의 화려한 작은 꽃

동의어 2. (p112, infertile)

sticktight · 도깨비바늘(옷 등에 달라붙는 열매를 가진 식물의 총칭)

옷이나 머리카락 또는 털에 달라붙는 식물 또는 식물의 일부

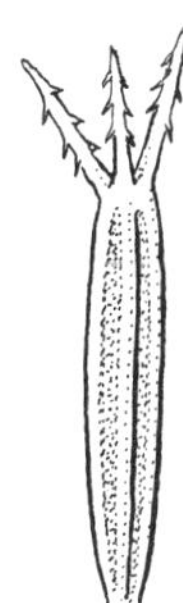

stigma · 암술머리, 주두

꽃가루를 받아들이는 암술의 윗부분; 아래에 그림에서 설명되어 있는 것(왼쪽 상단에서 시계 방향으로)은 분지형, 원판형, 깃털형, 엽상형임

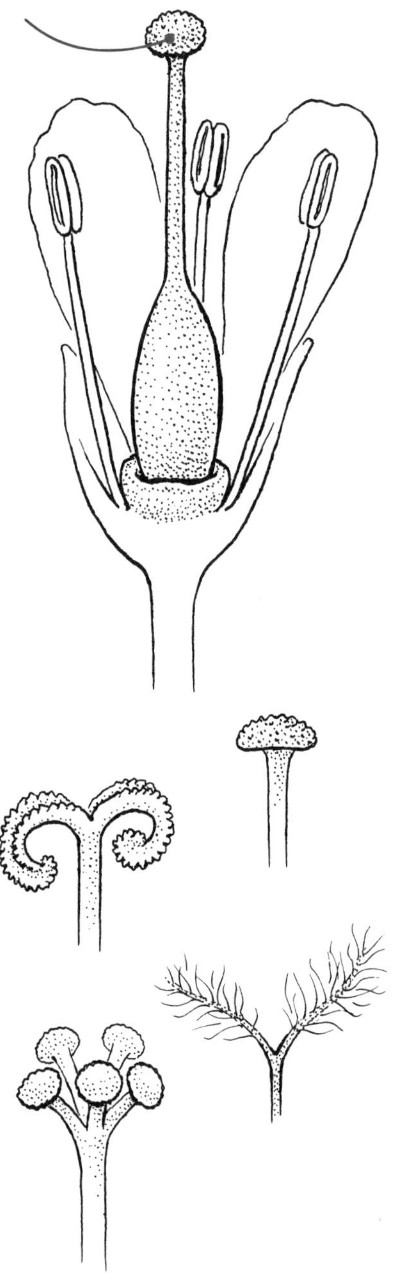

stilt root · 지지근

줄기의 하부에서 나와 나무의 구조적 지지 역할을 하는 부정근

동의어 (p17, anchor root / p35, brace root / p162, prop root)

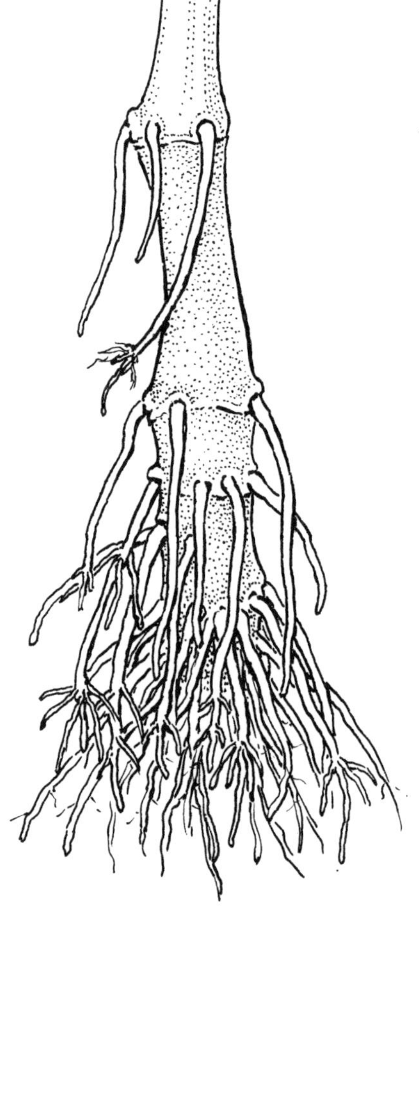

stipe · 1.꽃가루덩이자루, 2.양치엽병

1. 양치류에서 잎의 줄기, 잎자루는 종자 식물의 잎자루와 같음; 2. 난초에서 점착체와 화분괴 사이의 줄기 같은 연결

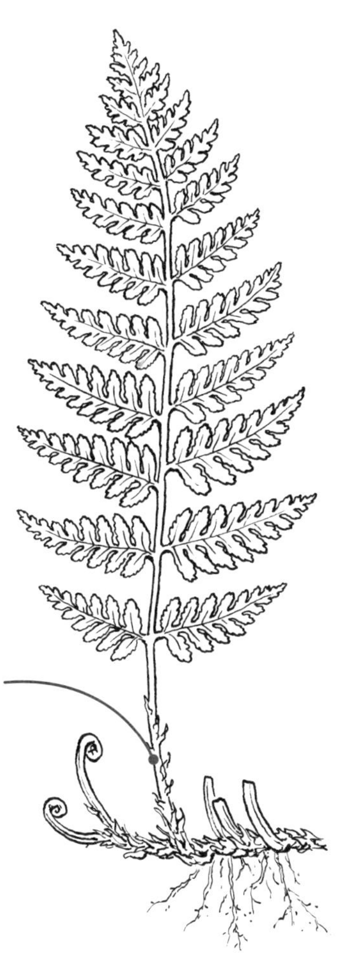

stipel · 소탁엽

소엽 기부 또는 잎자루와 관련된 작은 잎 모양 또는 가시와 같은 구조

stipellate · 소탁엽성

소탁엽이 있는

stipular · 턱잎의, 탁엽의

목련과(Magnoliaceae)와 같이 턱잎이 떨어질 때 줄기에 남은 자국과 같이 턱잎에 관한 것

stipulate · 탁엽성의

탁엽이 있는

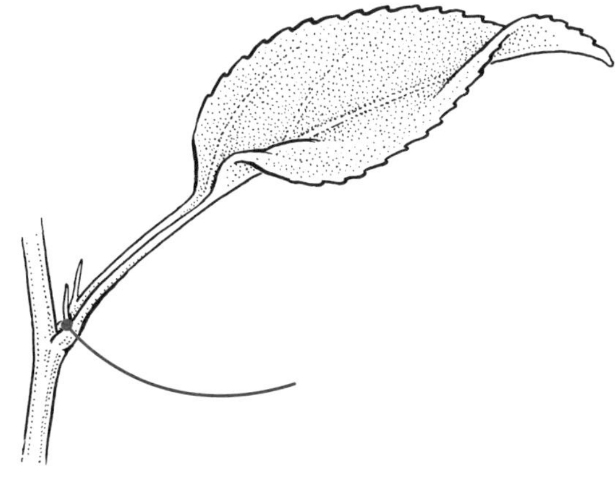

stipule · 턱잎, 탁엽

일부 식물의 잎자루 및/또는 마디와 관련된 잎 모양 또는 가시 모양의 구조

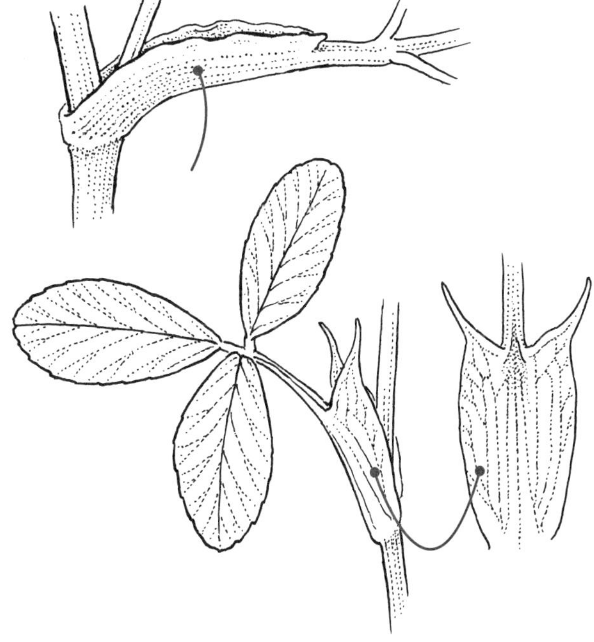

stolon · 기는줄기, 포복경

마디와 끝에서 뿌리와 새싹이 형성되는 수평으로 지상을 기는 줄기

동의어 (p176, runner)

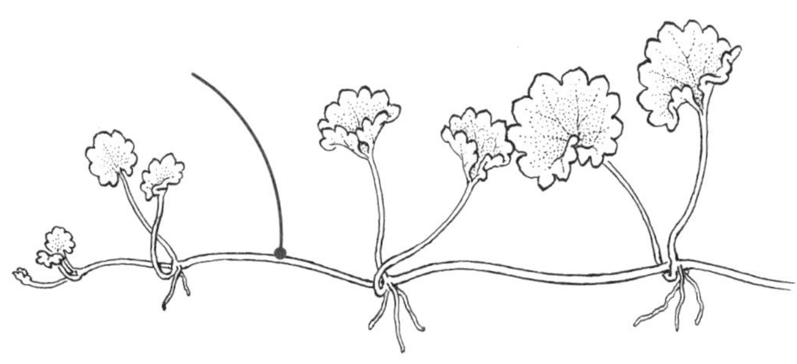

stoloniferous · 덩굴줄기성, 포복경성

포복경이 있는

stone · 핵

복숭아, 체리(*Prunus*)와 같은 다육성 핵과의 단단한 내과피

stone fruit · 핵과

단단한 내과피가 있는 다육질의 핵과

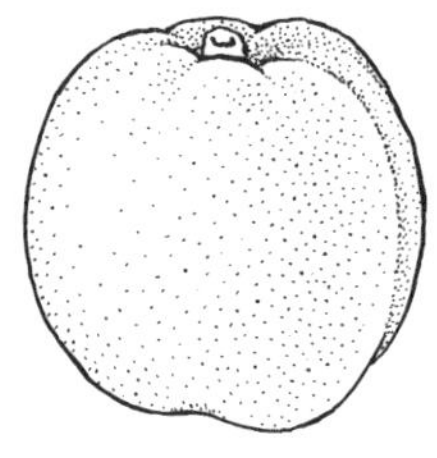

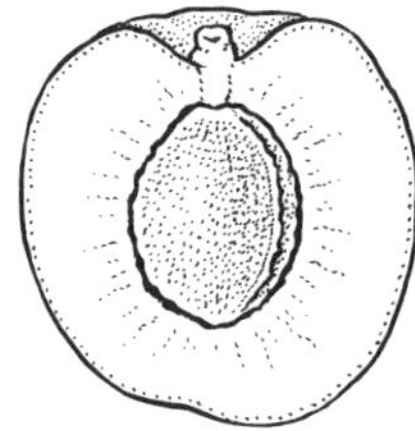

strap · 소설(小舌), 설상편(舌狀片)

국화과(Asteraceae) 설상화의 길고 좁은 합판화관(설상화관)

striate · 조선상

선, 융기선 또는 홈이 있는 줄무늬 모양

strobilus · 포자낭수, 원추체

(복수 strobili) 포자, 꽃가루, 밑씨 또는 종자(즉, 포자엽)를 포함하는 비늘이 부착된 중심축이 있는 원뿔형, 원통형 또는 구형 구조; 겉씨식물, 일부 석송 및 소수의 속씨식물의 생식 구조

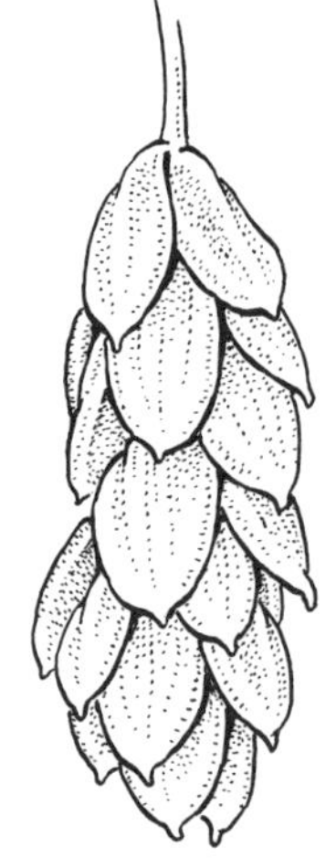

style · 암술대, 화주

암술머리와 씨방 사이의 암술 영역

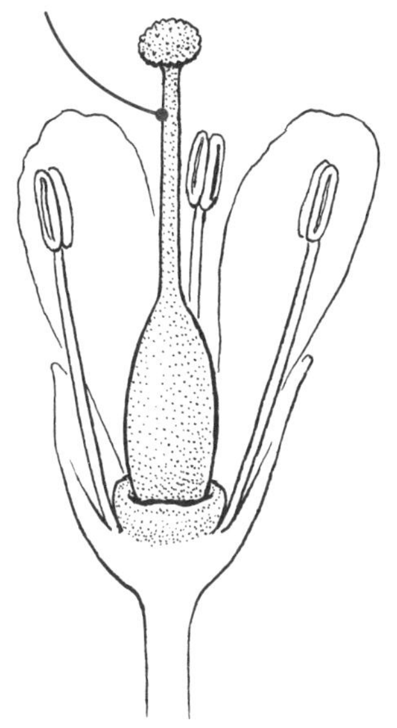

style arm, style branch · 화주지

각각 고유한 암술머리가 있는 암술대의 한 가지

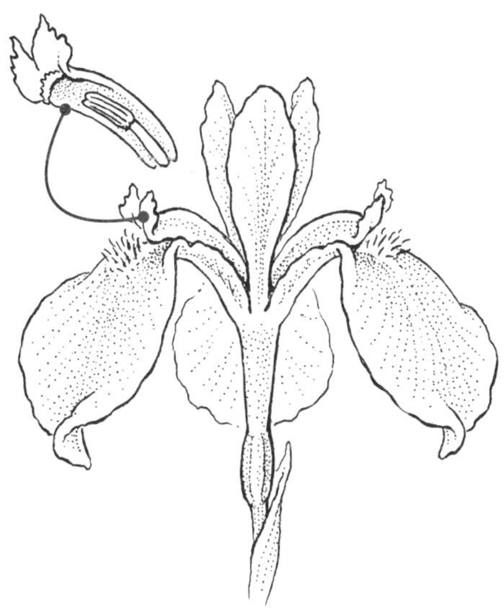

stylopodium · 주기, 화주족

십자화과(Apiaceae)의 밑동이 부풀어오른 원반 모양의 부분

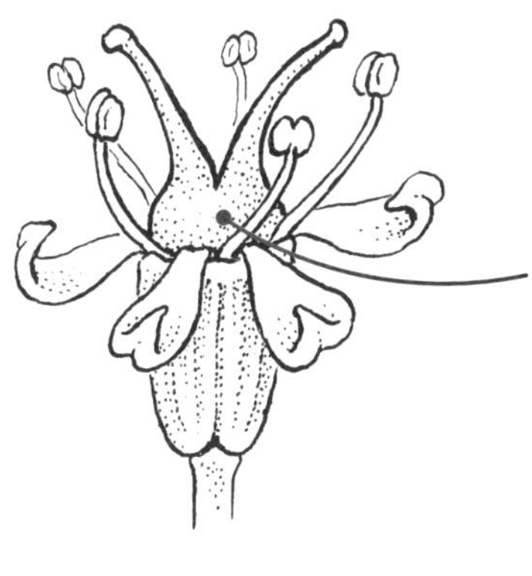

sub-

1. 거의 그렇게, 거의, 그다지 ~하지 않은; 2. 아래, 밑, 낮음을 의미하는 접두사

subfamily · 아과

속(屬) 위, 과(科) 아래의 분류학적 계급; 식물 아과 이름은 "-oideae"로 끝남

submersed, submerged · 침수성

완전히 수면 아래에서 자라는

반의어 정수성(p78, emersed)

subshrub · 아관목

여러 개의 주 줄기를 가진 작은 목본 식물

subspecies · 아종

종(種)아래의 분류학적 계급; 일반적으로 종의 전형적인 개체 또는 개체군과는 다른 자연적 범위와 형태를 갖지만 별개의 종으로 인정될 필요는 없음; 변종(p214) 참조

subtend · 부수의

다른 구조나 기관에서 발생하는 것. 예) 무궁화속(*Hibiscus*) 꽃의 부악

subterranean · 지하의

지하에 있는

subulate · 추형, 송곳형, 침형

좁은 흙손 모양 또는 넓은 바늘 모양

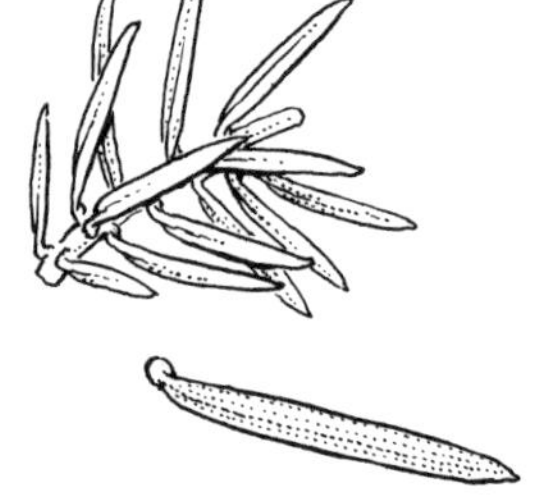

succulent · 다육성, 다육질

1. 다육질, 수분 저장성; 2. 다육질의 물을 저장하는 잎 및/또는 줄기가 있는 식물. 예) 염좌(*Crassula ovata*), 선인장류(Cactaceae), 등대풀류(대극과, Euphorbiaceae)

sucker · 흡지(吸枝), 흡근(吸根)

식물의 기부에서 자라는 슈트, 일반적으로 지하에서 자라는 싹에 적용

suffrutex · 소관목

아관목, 특히 밑부분은 목본이고 위로는 초본인 것

summer annual · 여름형 일년초

종자로부터 나와서 봄부터 초가을까지 성장하고 꽃을 피우고 종자를 만들고 죽는 식물. 겨울형 일년초 참조

summer-bearing · 여름걷이

성장 2년차 중반에 열매를 맺는 2년차 가지가 있는 과실 관목. 예) 일부 라스베리와 블랙베리(산딸기속, *Rubus*); 가을걷이 참고(p87)

super-

다른 무엇, 정상을 초과한다는 의미의 접두사

superior ovary · 상위자방

바깥쪽 3개의 꽃 윤생층(꽃받침, 화관, 수술군)의 부착 지점 위에 부착된 암술군

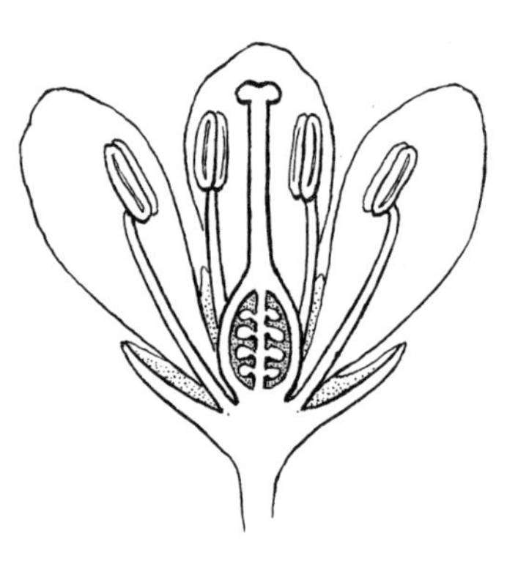

surculose · 흡지를 지닌

기부의 싹 또는 흡지가 있거나 생산하는

suture · 봉선

열매나 다른 것이 열리도록 갈라지는 선

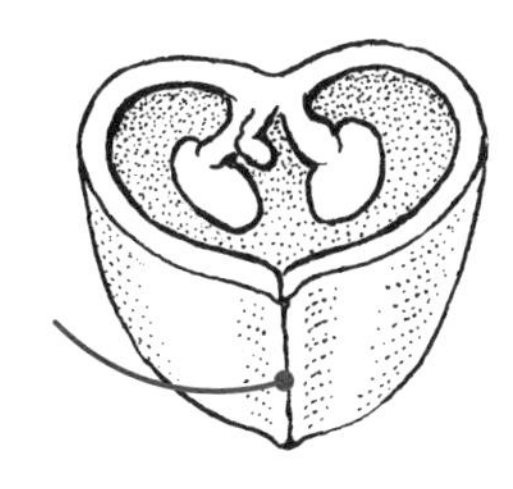

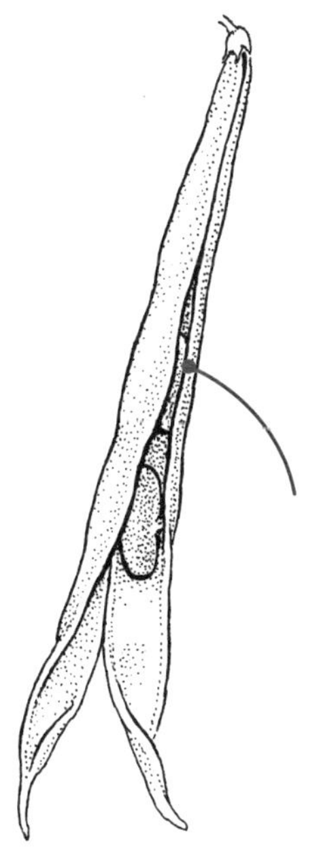

syconium · 은화과

(복수 syconia) 무화과(*Ficus*)의 팽창된 화탁이 뒤집혀져 둘러싸인 화서와 다화과, 정단 구멍을 통해서만 열린 방을 형성하고 내부에 꽃과 융합된 열매가 있음

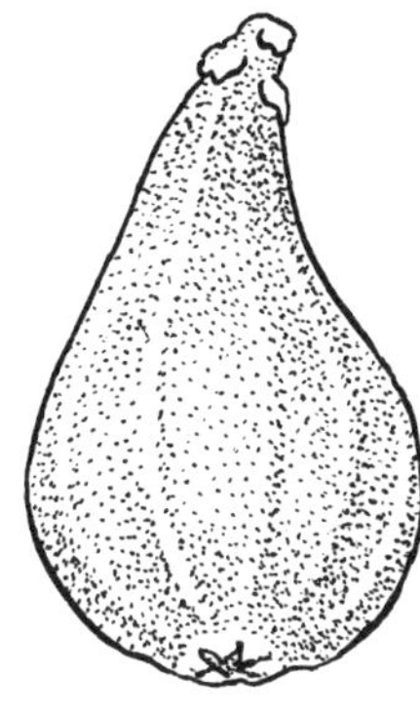

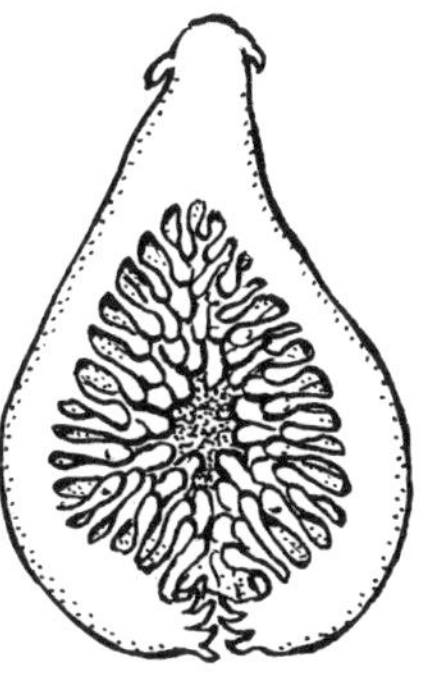

sym-

융합을 의미하는 접두사

symbiosis · 공생

두 유기체가 함께 융합되거나 매우 근접하여 사는 관계, 일반적으로 양쪽 모두에게 이로움(상리공생)

sympatric · 동소적, 동소성의

분포가 겹치는 두 종의 경우처럼 동일한 지역에서 발생하는

반의어 이소적(p15, allopatric)

sympetalous · 합판화관

적어도 부분적으로 융합된 화관

동의어 (p98, gamopetalous)

sympodial · 가축분지성

일련의 말단 가지로 구성된 주축을 가지며 각각은 축의 바깥쪽 성장을 계속하는 곁가지가 발생함; 일반적으로 꽃의 성장을 설명하는 데 사용되지만 일부 난초(난초과)의 성장을 설명하는 데도 사용됨. 단축분지성(p130) 참조

syn-

융합을 의미하는 접두사

synandrous · 취약웅예

국화과의 꽃과 같이 서로 융합된 꽃밥이 있음

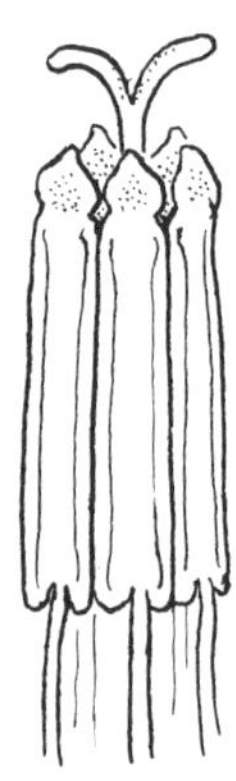

syncarp · 다화과, 집합과, 합장과

화서 전체에서 파생된 열매, 다육성이거나 건조한 열매일 수 있음. 예) 미국풍나무(*Liquidambar styraciflua*)

동의어 (p132, multiple infructescence)

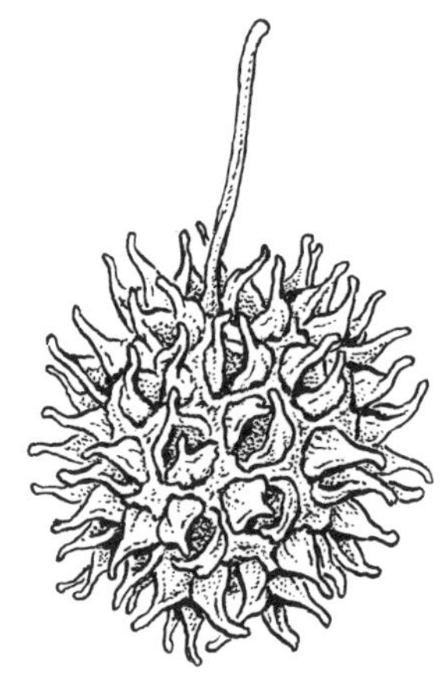

syncarpous · 합생심피성

2개 또는 다수의 융합된 심피(복자예)로 구성된 암술군

반의어 이생심피성(p12, apocarpous)

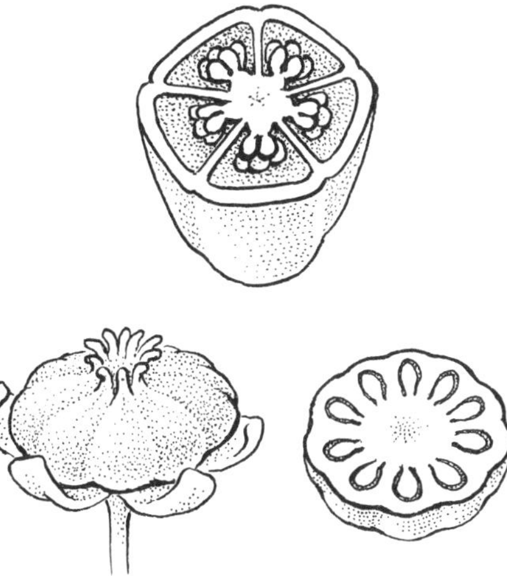

synsepalous · 통꽃받침의, 합편악의

적어도 부분적으로는 융합된 꽃받침

동의어 (p98, gamosepalous)

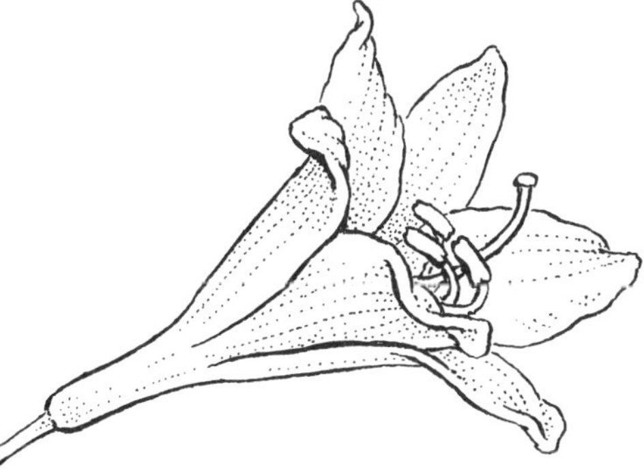

taproot · 주근

측근보다 직경이 훨씬 큰 1차 뿌리가 있는 근계

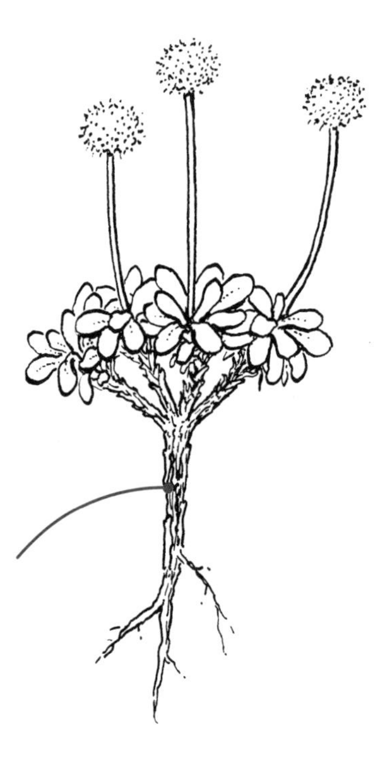

tassel · 수꽃대, 총모(總毛)

옥수수(*Zea mays*)의 정단부 수꽃차례

taxon · 분류군

(복수 분류군) 아종, 종, 속, 과 또는 목과 같은 분류학적 순위의 구성요소; 특정 순위 내의 여러 개체를 일반적으로 언급하는 데 유용함, 예를 들어 속(genus)의 분류군의 수는 종과 아종 및 변종을 포함

tendril · 덩굴손

식물이 올라갈 때 이웃 식물이나 다른 지지대에 부착하는 데 도움이 되도록 꼬이게 변형된 전체 또는 부분 줄기, 잎 또는 소엽

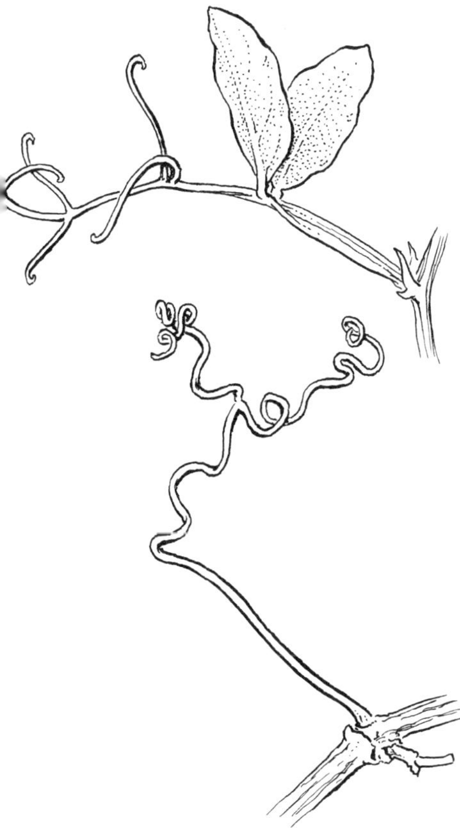

tepal · 화피편

꽃받침과 꽃잎이 비슷한 꽃잎 모양일 때 화피의 개별 구성요소. 예) 수선화(*Narcissus*), 옥잠화(*Hemerocallis*)

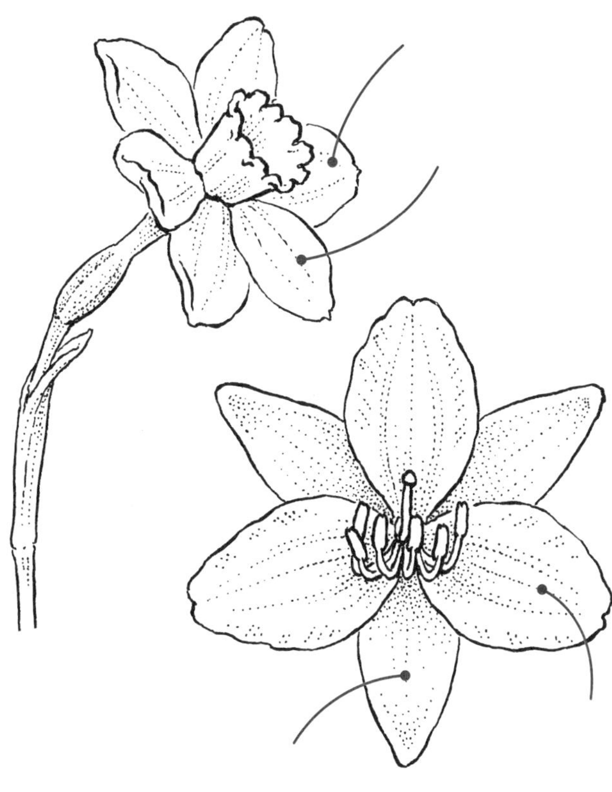

terete · 원주형

난면이 원형인

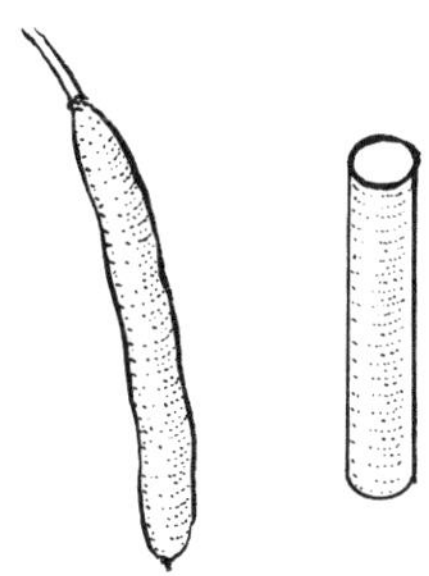

terminal · 정단부, 선단부

소엽이나 화서의 정단부나 끝 부분

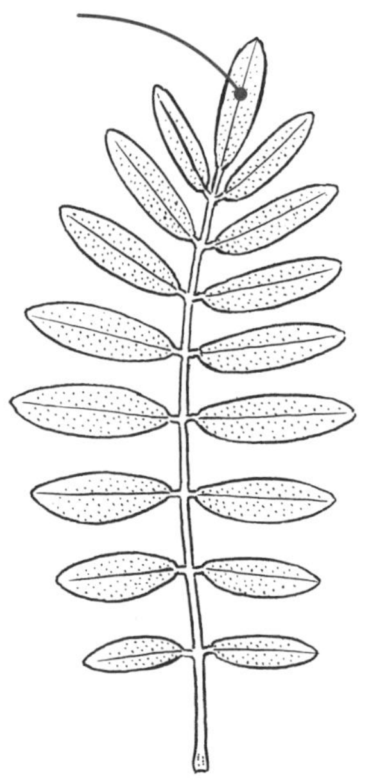

terminal bud · 끝눈, 정(생)아

대부분의 목본 식물에서 줄기가 길게 자라는 역할을 하는 줄기 끝에 있는 눈

ternate · 삼출복엽

세 부분으로 나눠진. 예) 삼출엽

terrestrial · 육생, 지생

땅에서 자라는 것; 수역이 아닌 육지에 의존해서 생활함

testa · 외종피

종자를 둘러싸고 있는 조직 층, 밑씨를 둘러싸고 있는 외피에서 유래

동의어 종피(p181, seed coat)

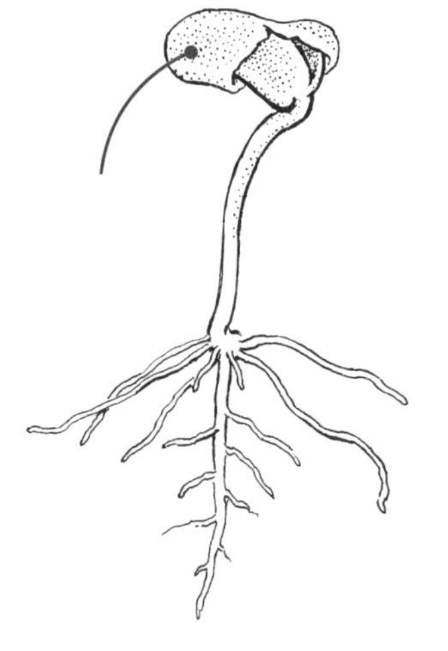

tetra-

넷을 의미하는 접두사

tetradynamous · 사강웅예

수술이 6개이며 그 중 4개는 길고 2개는 짧음, 십자화과(Brassicaceae)의 특징

tetragonal, tetrangular · 사각형의, 사릉형의

대부분의 꿀풀과(Lamiaceae)의 어린 줄기처럼 4개로 각이 짐

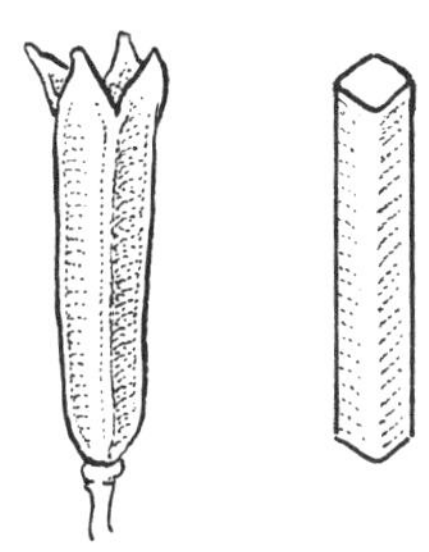

tetramerous · 사수성

꽃의 부분들이 4의 배수로 이루어진

tetraploid · 사배체

4개의 염색체 셋트(4n)를 가짐; 이배체(p70), 반수체(p103), 배수체(p160) 참조

thallus · 엽상체

(복수 thalli) 줄기, 뿌리, 잎으로 구분되지 않는 식물의 본체

theca · 반약

(복수형 thecae) 각 꽃밥 내부에 있는 두 개의 방 중 하나, 일반적으로 꽃가루가 있음

동의어 약낭(p19, anther sac)

thigthigmotropism · 굴촉성

접촉에 대한 반응으로 성장 또는 방향의 변화

thorn · 경침

날카롭고 뾰족하게 변형된 줄기

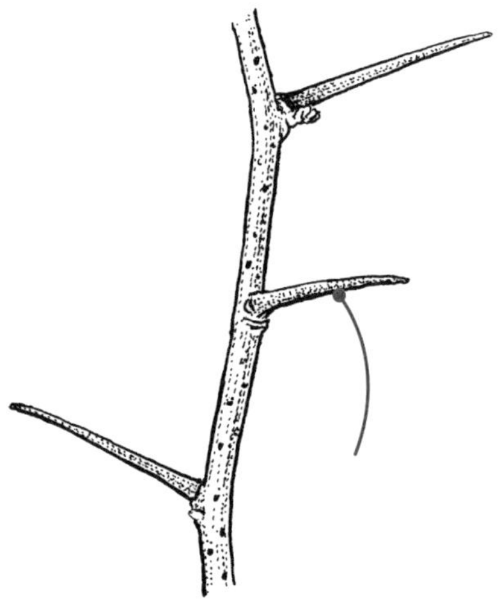

throat · 판인

합판화관에서 꽃을 내려다보면서 보이는 화관의 안쪽 부분

thyrse · 밀추화서

긴 축을 따라 1차 가지가 있고(총상화서), 2차 가지가 취산화서인 꽃차례

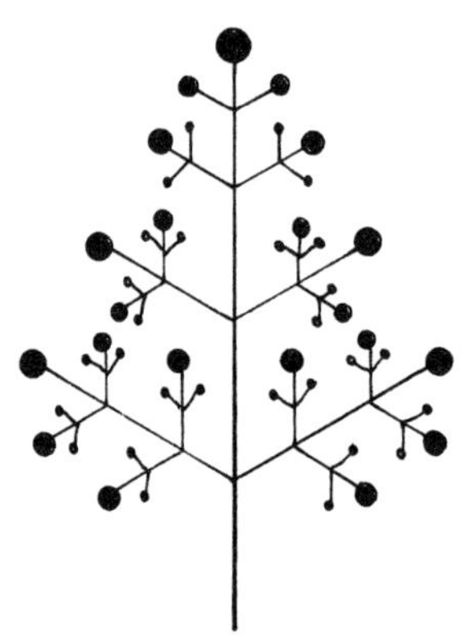

tiller · 분얼지

나무나 관목(즉, 흡지)의 기부나 뿌리에서 자라는 축 방향 눈

tillering · 분얼, 새끼치기

식물 기초의 축 방향 눈(분얼지)을 수확하여 별도의 식물로 재배하는 번식 기술; 새 식물은 모식물의 클론임

tissue · 조직

동일한 기능을 가진 유사한 세포의 군집

tissue culture · 조직배양

무균 환경에서 성장 배지에서 새로운 성체 식물을 만들기 위해 모 식물에서 잘라낸 작은 조각을 사용하는 번식 기술; 새 식물은 모 식물의 클론임

tomentose · 면모상

짧은 양모질 털로 뒤덮인

tooth · 치아상거치

가장자리를 딸 톱니 모양 또는 치아 모양인

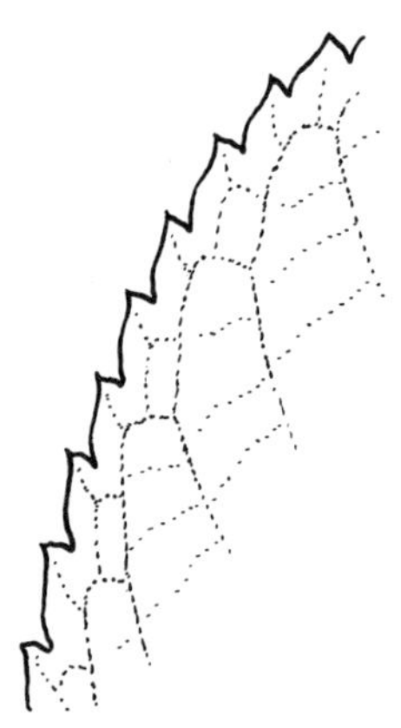

top · 순치기, 꽃대기를 자르다,
원예에서 식물의 윗 부분을 잘라내는 것

torus · 총화탁
꽃에서 모든 꽃의 기관이 붙어 있는 조직
동의어 화탁(p169, receptacle)

trailing · 평복성
지면을 따라 기지만 뿌리를 내리지 않는 수평 줄기가 있는 것

translator, translator arm · 꽃가루덩이자루, 화분괴자루, 화분괴병
금관화속(*Asclepias*)의 서로 다른 꽃밥에서 나온 두 개의 꽃가루 덩이(화분괴) 사이의 좁은 연결부

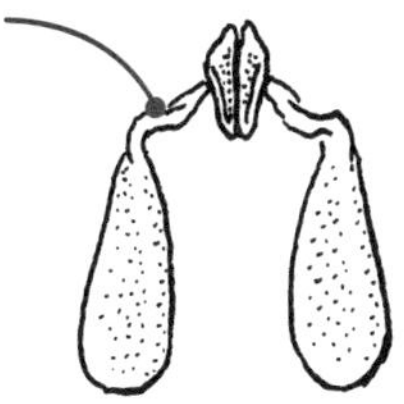

transplant · 이식
한 위치에서 다른 위치로 이동

transverse · 횡개, 횡단면
주축에 수직인
동의어 (p121, latitudinal)

tree · 교목
일반적으로 하나의 줄기가 있고 성숙한 관목보다 큰 목본 식물

treelet · 소교목
작은 교목

tri-
셋을 의미하는 접두사

tribe · 족(族)
속(屬) 위, 과(科) 아래의 분류학적 계급; 식물에서 족은 어미 "-eae"로 끝남

tricarpelate · 삼심피성
세 개의 심피가 있는

trichome · 털, 모용
하나 이상의 긴 세포로 구성된 표피의 털 또는 유사한 파생물

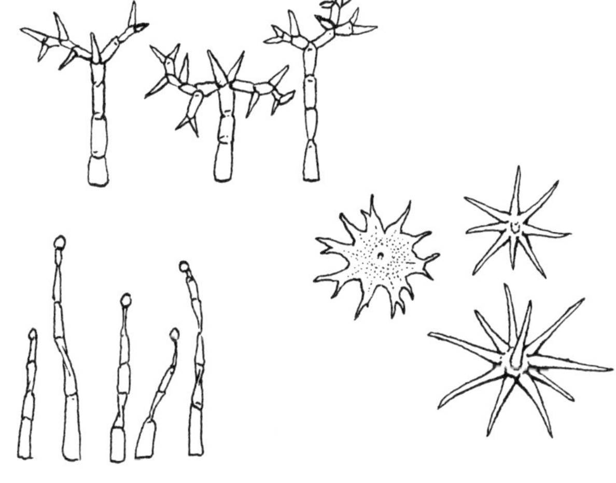

trifid · 삼열
세 개의 열편으로 깊게 나뉘어진

trifoliate · 삼출겹잎

세 개의 잎이 있는, 종종 세 개의 소엽이 있는 잎을 가리키는 데 사용됨(삼출엽)

trifoliolate · 삼출엽

세 개의 소엽이 있는

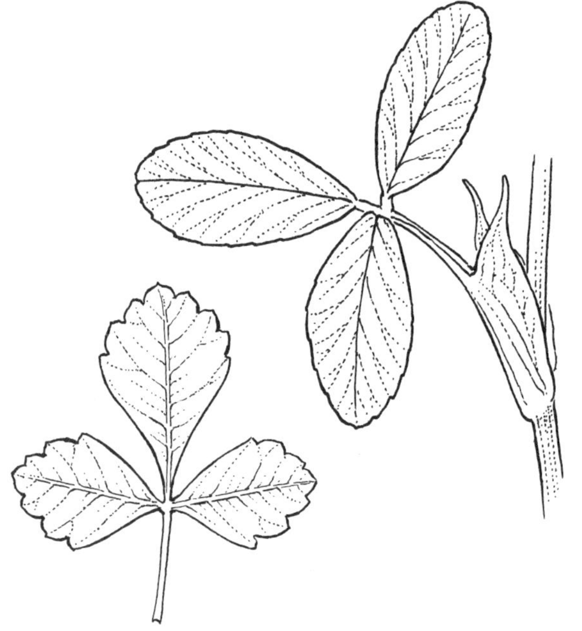

trilobate · 삼천열

세 개의 열편이 있는

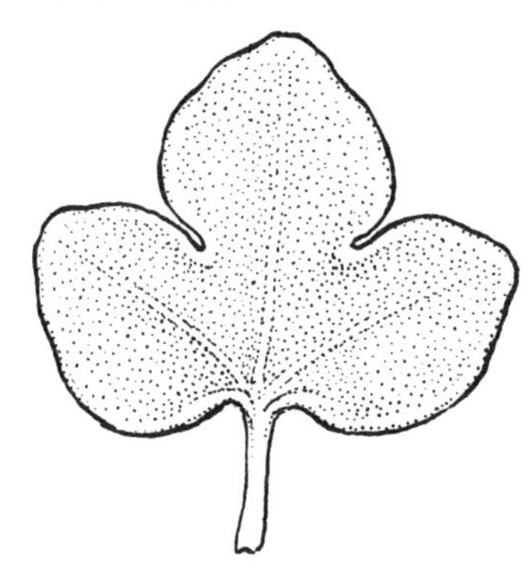

trilocular · 삼실상

3개의 실(자방실) 또는 공동이 있는

trigonous · 삼릉형

세 개의 모서리가 있는 줄기와 같이 단면이 삼각형인

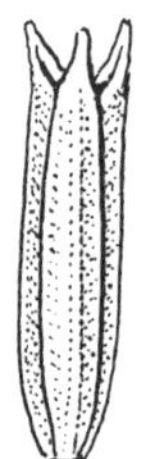

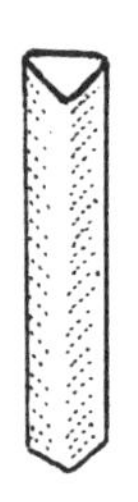

trimerous · 삼수성

꽃의 부분이 3의 배수인 경우

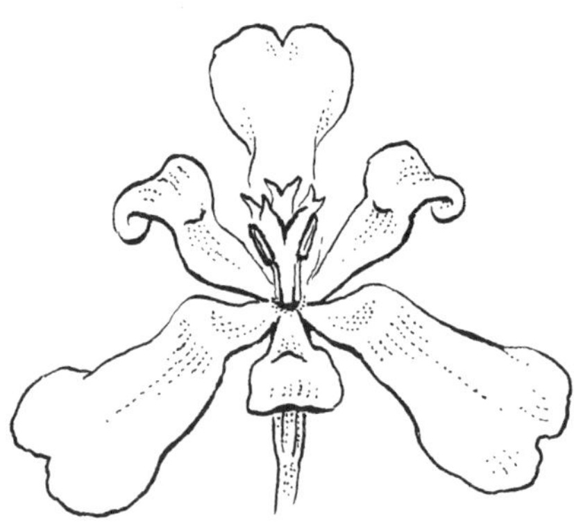

tripartite · 삼심열

세 개의 부분으로 나눠진

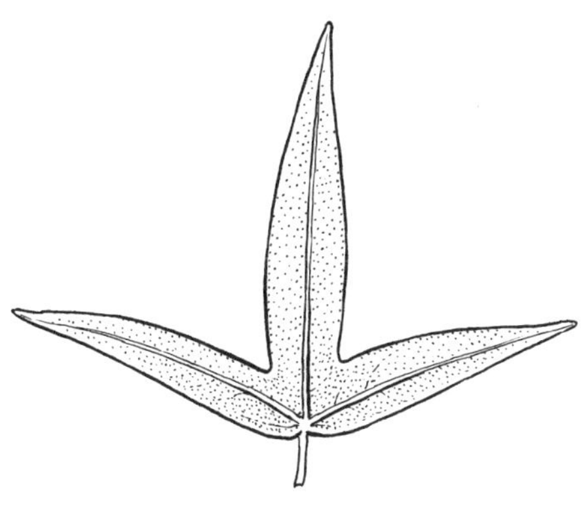

tropism · 굴성

자원이나 자극에 대한 반응으로 성장 또는 방향의 변화

truncate · 평두, 평저

정단부나 밑면이 직선 모서리(사각형)로 잘린 것처럼 직선형인

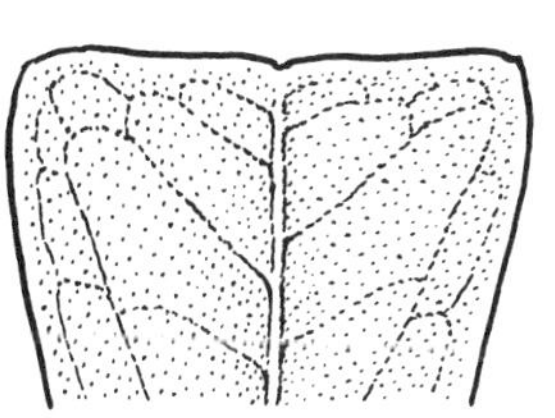

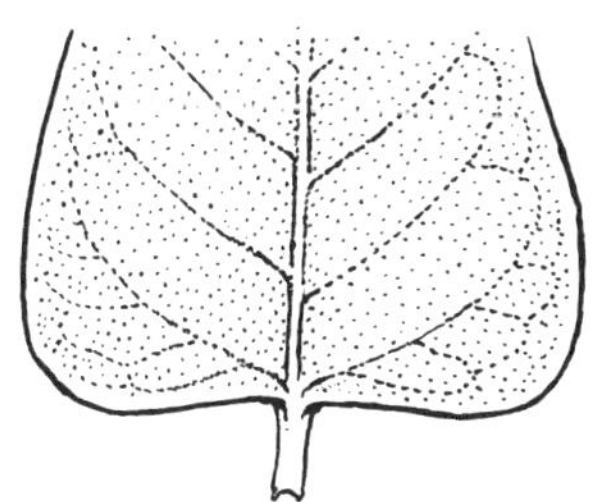

trunk · 줄기, 수간

나무의 주요 줄기 또는 축으로, 뿌리와 수관을 형성하기 시작하는 곳의 사이

동의어 (p34, bole)

truss · 송이

원예에서 꽃송이, 화서

tuber · 덩이줄기, 괴경

두꺼워진 뿌리줄기(지하경), 마디와 마디 사이에 에너지를 저장하며 보통 전분 형태로 저장됨; 이 용어는 종종 실제 뿌리인 괴근의 개별 구성 요소를 나타내는 데 사용됨

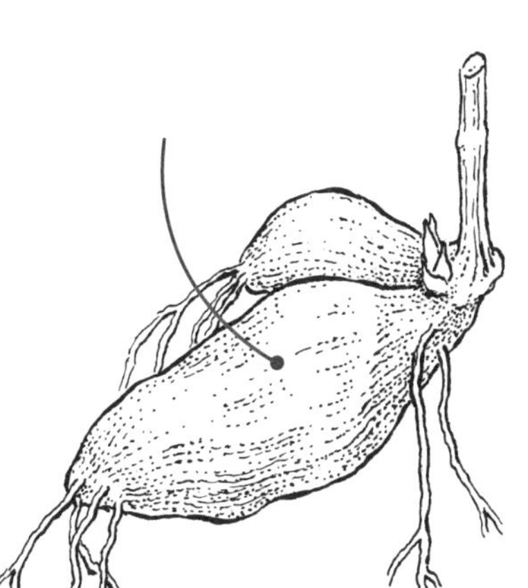

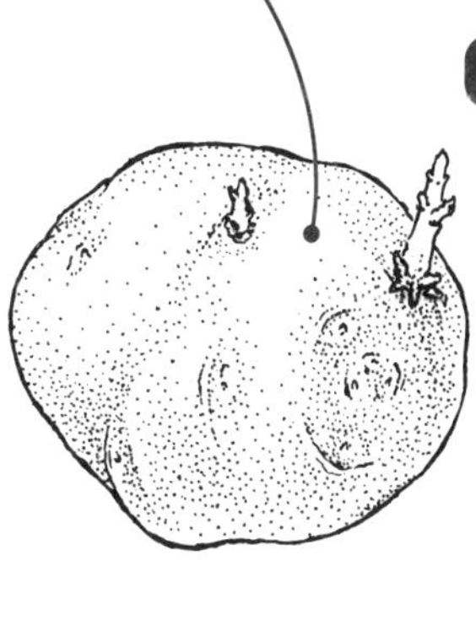

tubercle · 부속체, 소돌기, 결절

괴경을 닮은 작은 돌기. 예) 사초과(Cyperaceae)의 수과

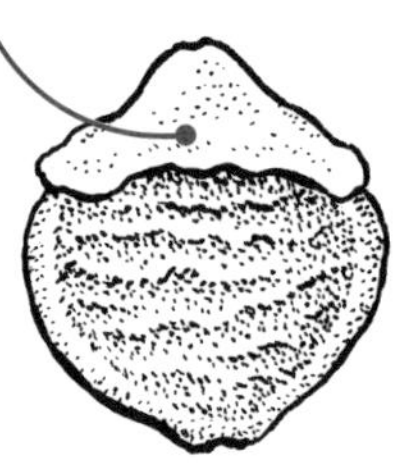

tuberous roots · 덩이뿌리, 괴근

에너지가 저장되어 있는 부풀어 오른 뿌리, 일반적으로 전분 형태

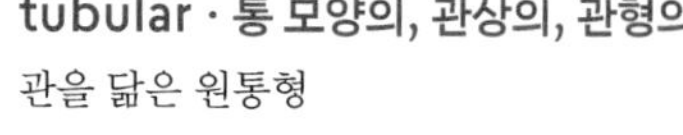

tubular · 통 모양의, 관상의, 관형의

관을 닮은 원통형

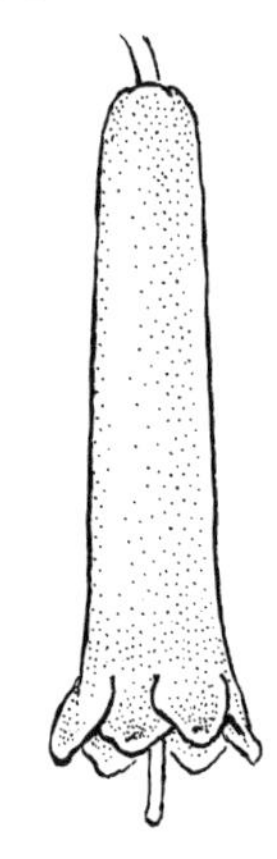

tufted · 총생상

조밀한 작은 덩이처럼 발생

tunicate · 외피가 있는

양파(*Allium*) 구근의 잎과 같이 여러 개의 동심원 층을 가짐

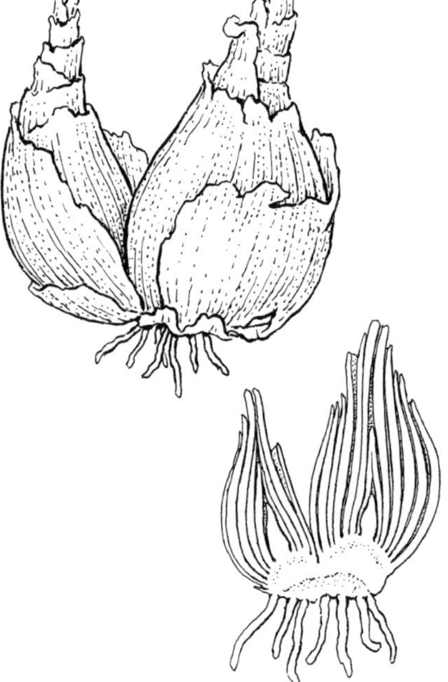

turbinate · 팽이형

꽃산딸나무(*Cornus florida*)의 꽃봉오리와 같이 팽이 모양

turgid · 부어오른, 팽창한

종종 수분 흡수로 인해 부풀어 오르고 팽창한

turion · 번식아

영양 번식체 역할을 하는 수생 식물의 눈; 번식아는 혹독한 겨울과 가뭄을 견디며 물 밑으로 가라앉았다가 성장에 유리한 조건이 되면 다시 상승함

tussock · 다발식물체

잔디의 나머지 부분보다 높이 자란 수풀과 같이 주변의 다른 유사한 식물보다 큰 풀 또는 풀 같은 덤불 형태의 식물

twig · 소지, 전년지

작고, 약간 섬세한 나무 줄기

twining · 중권상

지지를 위해 다른 것을 감고 있음

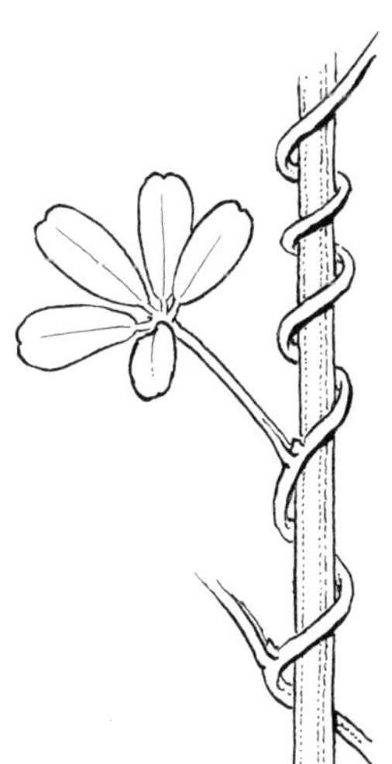

two-ranked · 이열호생

줄기의 잎과 같이 중심축을 따라 단일 평면에서 발생하며, 축의 끝에서 아래쪽으로 또는 그 반대로 보았을 때 전체 구조가 평평하게 보임

동의어 이열호생(p72, distichous)

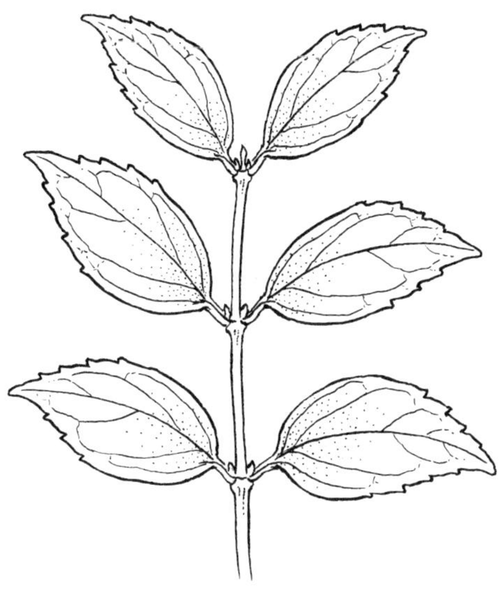

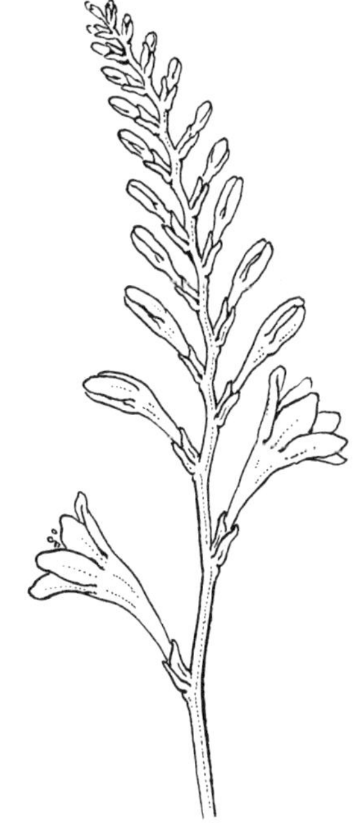

U

ubiquitous · 광역분포종

전 세계 또는 거의 전 세계에 분포하는
동의어 (p59, cosmopolitan)

umbel · 산형화서

한 지점에서 나온 꽃이나 가지가 있는 꽃차례, 상단의 둥근 또는 평평한 평면에 꽃을 피우며 단산형화서 (분지되지 않음) 또는 복산형화서 (분지하는)일 수 있음; 여기에 설명된 것은 인디언앵초(*Dodecatheon*)와 양파(*Allium*)이며 둘 다 단산형화서이고, 당근(*Daucus carota*)는 복산형화서임

umbo · 중심돌기

암구화수 인편(대포자엽) 외부 표면의 돌기

unarmed · 방호기관이 없는

피침, 엽침, 경침이 없는

uncinate · 구자상

일부 덩굴손, 잎과 같이 끝 부분이 갈고리 모양

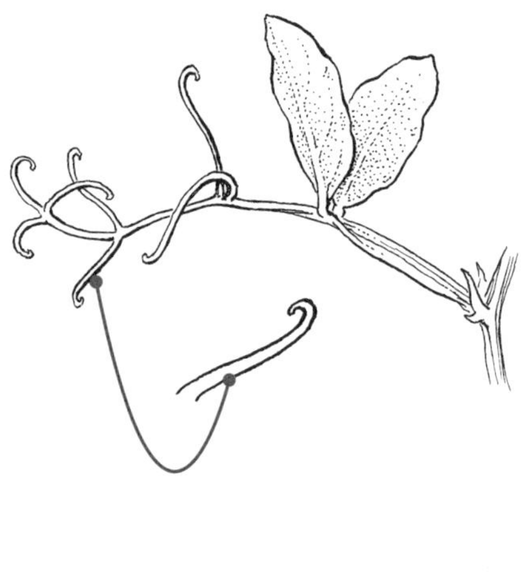

undulate · 물결 모양의, 파상의

가장자리 또는 표면이 얕게 물결 모양이며 표면에 더 자주 적용됨

동의어 파도형(p171, repand)

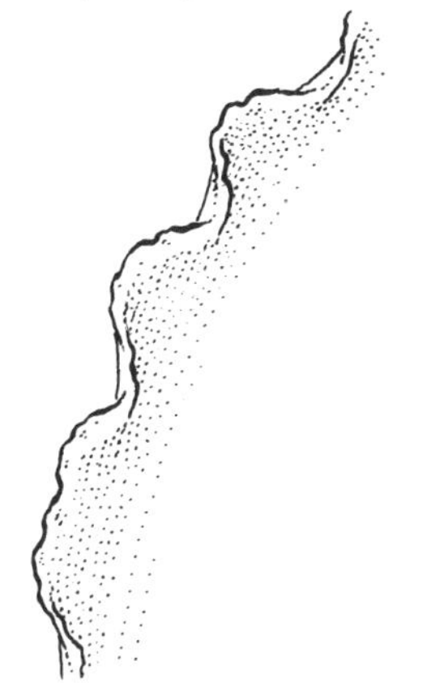

unguiculate · 화조형

발톱과 같은

uni-

하나를 의미하는 접두사

unicarpellate,unicarpellous·단심피성

오직 하나의 심피가 있는

unifoliate · 홑잎의, 단엽의

오직 하나의 잎이 있는

unifoliolate · 단신복엽

하나의 소엽으로 축소되어 단엽처럼 보이는 복엽이 있음

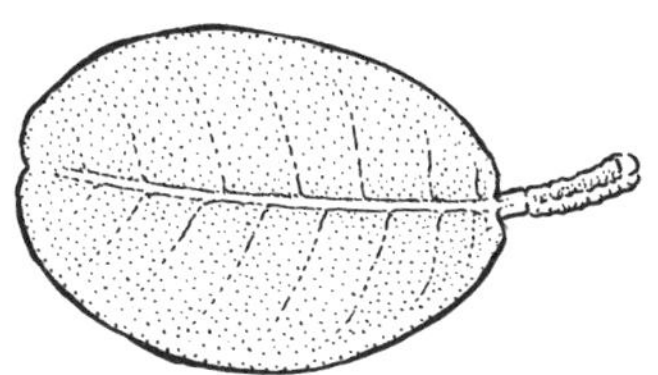

unilocular · 단자방실

오직 하나의 방(자방식)이나 공동이 있는

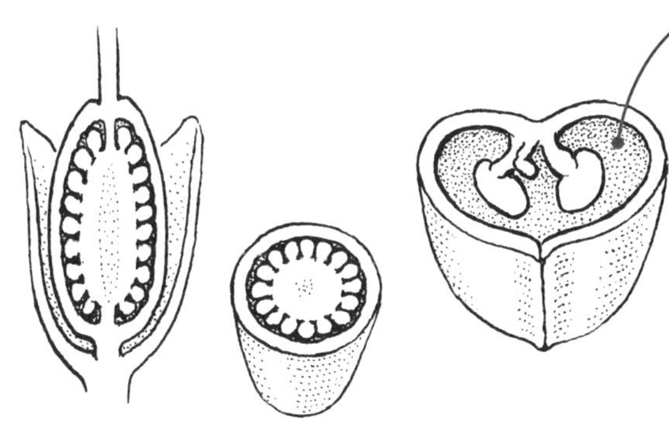

uniseriate · 일렬성

어떤 부분이 한 줄로 배열된

unisexual · 단성화

오직 웅성 또는 자성의 기능적 생식 기관만 있는 경우

urceolate · 항아리 모양의, 호형의

항아리 모양의

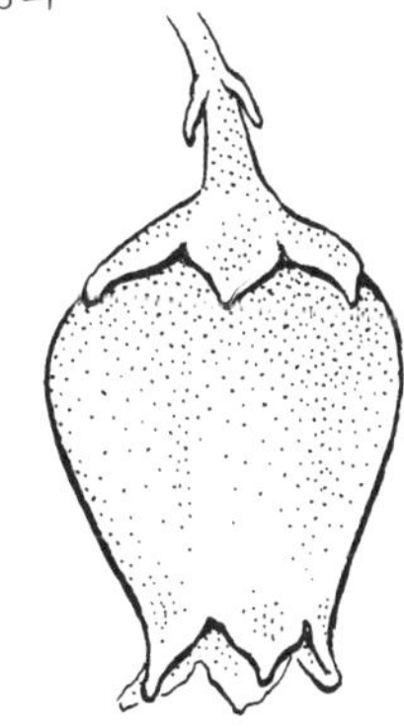

valvate · 1.섭합상, 2.판개

1. 꽃봉오리에서 가장자리와 가장자리가 겹치지 않는 꽃잎이나 꽃받침 형태; 2. 일부 삭과 및 꽃밥과 같이 판막으로 열림

valve · 과피편, 판

열개과에서 분리되는 부분 중 하나

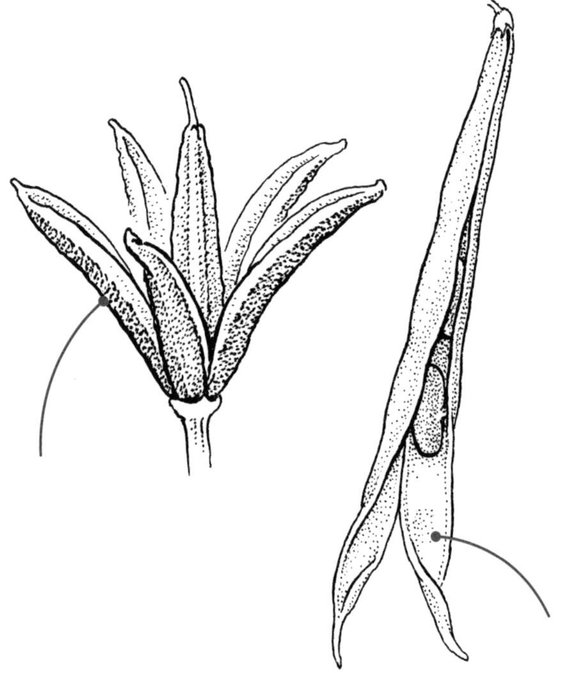

variegated · 얼룩무늬상

일반적으로 단색(보통 녹색)인 기관이나 조직이 하나 이상의 색을 가짐, 콜레우스(*Solenostemon*)와 같은 식물 전체나 잎에 흔히 적용됨

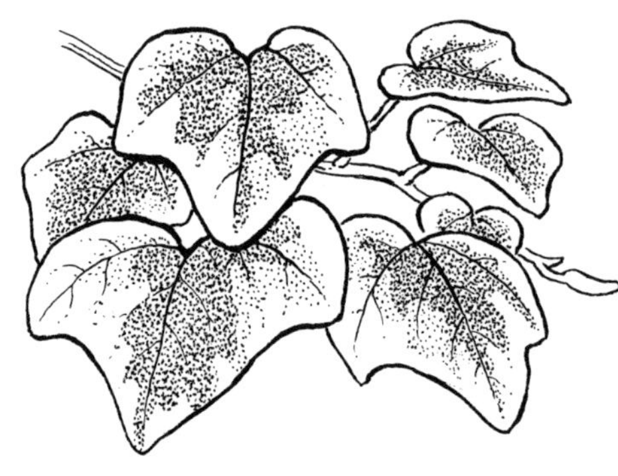

variety · 변종

종(種) 아래의 분류학적 계급; 변종의 개체 또는 개체군은 꽃의 색처럼 일반적인 종의 전형과 약간 다르며, 사소한 특성이지만 확실히 안정적임; 아종(p197) 참조

vascular bundle · 관다발, 유관속

통도 조직의 단단한 열, 이 관다발 흔적은 목본 식물에서 잎이 떨어질 때 남은 엽흔에서 볼 수 있음

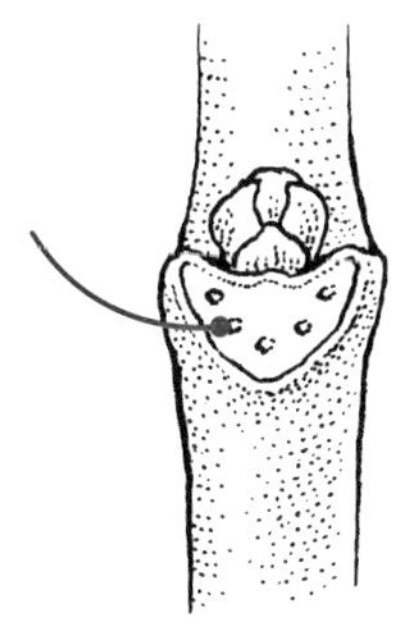

vascular tissue · 관속조직

종자 식물, 양치류 및 석송의 식물체 전체에 물과 영양분을 운반하는 세포 조직

vegetative · 영양부

식물의 비생식 부분. 예) 줄기, 잎, 뿌리

vein · 맥

포엽, 꽃잎, 꽃받침, 턱잎과 같은 잎 또는 잎과 같은 구조의 관속 조직, 가지를 치거나 치지 않을 수 있음

동의어 (p135, nerve)

velamin · 벨라민, 근피층(velamen)

착생 난초 뿌리의 해면질, 수분 흡수성 외부 표피층

velutinous · 벨벳상의, 융단상의

짧은 벨벳 털로 뒤덮인

venation · 맥계

꽃잎이나 꽃받침과 같은 잎이나 잎과 같은 구조의 관속 조직 배열

ventral · 배쪽의, 복면의

정면, 축을 향하는 표면에 관한

반의어 배면(p73, dorsal)

ventricose · (배가)볼록한

한쪽만 부풀어져 있고, 보통 중간이 부품

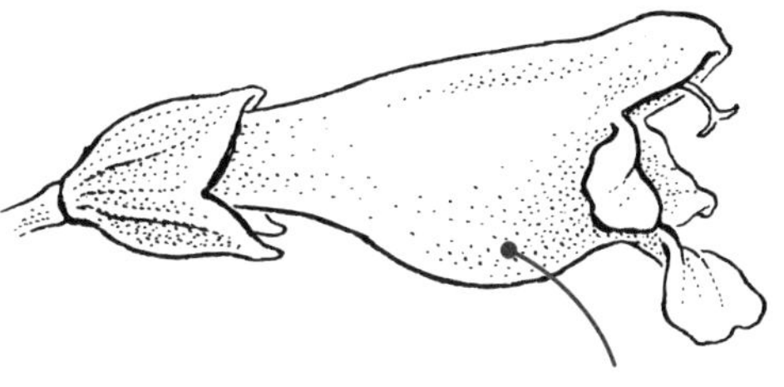

vernal · 춘출성

봄에 피는 식물처럼, 봄의

vernation · 유엽형태

눈 안에서 잎의 배열; 화아내형태(p14, p83) 참조

동의어 아내형태(P165, ptyxis) (역자, ptyxis는 눈 내에서 잎 하나의 배열, vernation은 눈 내에서 여러 개의 잎(또는 잎과 줄기) 배열이라는 차이가 있음)

versatile · 정자착, T자착

꽃밥의 중앙에 부착된 수술대와 같이 중앙에 부착된; 저착(p29), 측착(p73) 참조

동의어 (p127, medifixed)

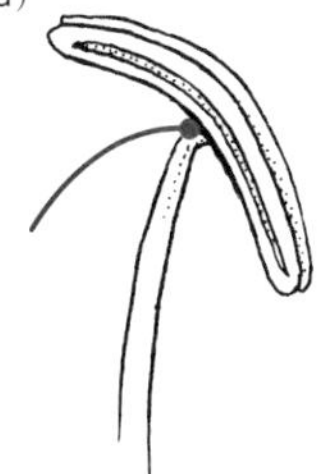

verticil · 윤생층

꽃 구성원의 일부처럼 중심축 주위의 여러 층 중 하나. 예) 화관, 꽃받침, 수술군, 암술군

동의어 (p218, whorl)

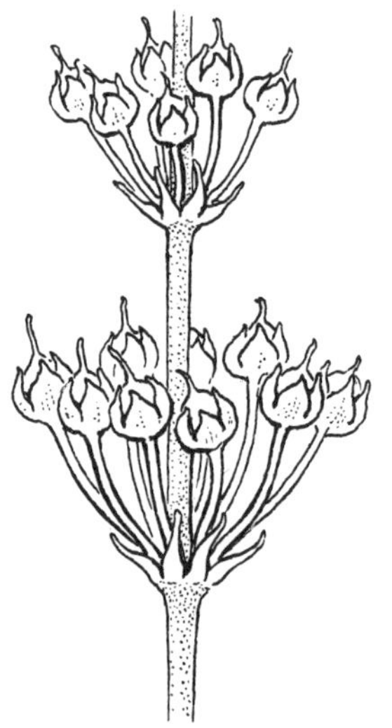

verticillaster · 윤산화서

꿀풀과(Lamiaceae)와 같이 줄기의 말단 부분을 따라 일련의 쌍으로 발생하여 부정확한 윤생층을 만드는 취산화서의 반대되는 꽃차례

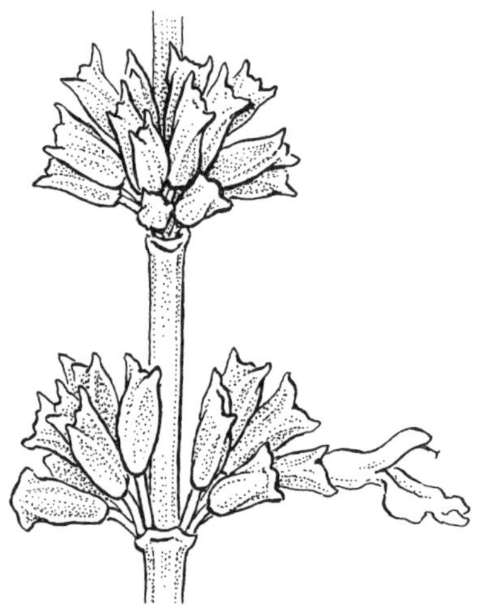

verticillate · 돌려나기, 윤생

1. 여러 개의 잎이 줄기를 도는 것처럼 마디당 2개 이상 발생; 2. 중심축을 중심으로 층으로 배열

동의어 (p218, whorled)

vestigial · 흔적의, 퇴화한

미발달, 크기 축소 및 기능하지 않음. 예) 꽃의 비기능적, 감소된 수술(헛수술)

동의어 (p139, obsolete / p175, rudimentary)

vestiture · 피복

식물 표피의 집단적인 덮개 및 돌출부

vexillum · 기판

콩과(Fabaceae) 식물 접형화관의 전형적인 꽃잎, 일반적으로 상부 및 가장 큰 꽃잎. 예) 연리초(*Lathyrus*), 루피너스(*Lupinus*)

동의어 (p28, banner / p192, standard)

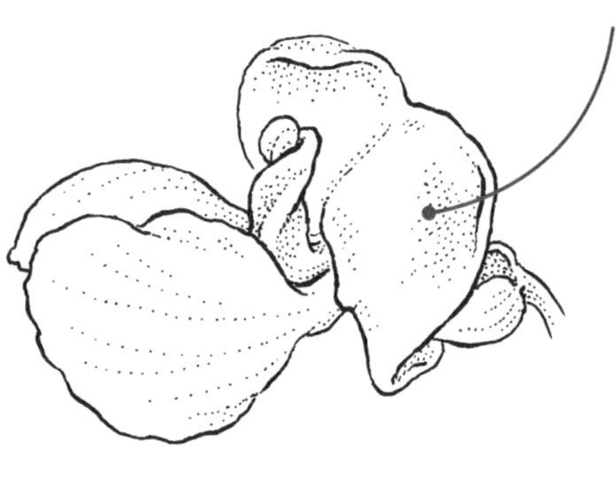

viable · 생존 가능한, 생명력 있는

발아하여 묘목으로 자라는 종자와 같이 생존 또는 번식이 가능한

villous · 융모상의, 양모상의

엉킨 상태로 남은 부드럽고 긴 털로 덮인

vine · 덩굴식물, 만경성

등반성 초본 식물

viscidium · 점착체

난초 꽃가루에 자루를 통해 부착된 끈적한 구조, 점착체는 수분 매개체에 달라붙어 꽃가루 이동을 용이하게 함

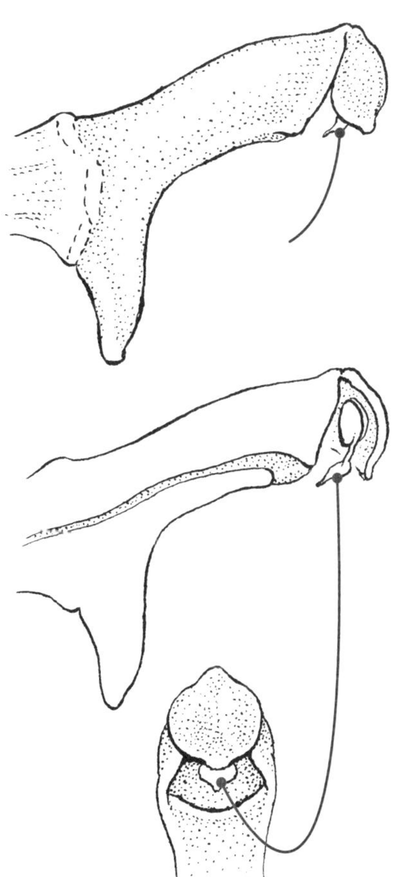

vitreous · 유리질

유리 같은 외관, 투명한

viviparous · 모체 발아의

부모 식물에 여전히 붙어 있는 열매에서 발아하는 종자(예, 맹그로브, *Avicennia*, *Rhizophora*) 또는 부모 식물에 여전히 붙어 있는 동안 모종을 형성하는 새싹(종종 잎, 예, 수련, *Nymphaea*)

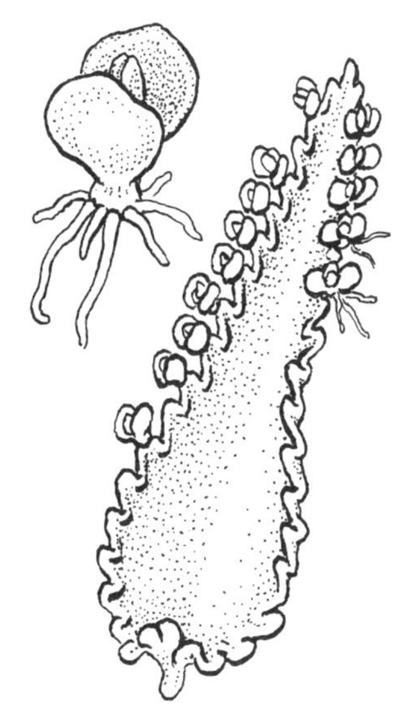

weed · 잡초

원하지 않고 박멸하기 어려운 곳에서 자라는 식물, 일반적으로 경작지 또는 기타 어지러운 장소의 식물에 적용

weeping · 늘어진

일부 버드나무(Salix)와 같이 가지가 아래로 늘어져 달림

whorl · 윤생층, 배열환, 윤생층

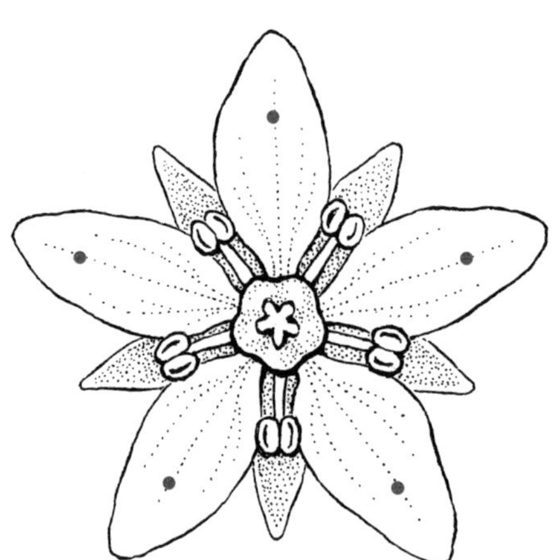

whorled · 돌려나기, 윤생상, 윤생

1. 여러 개의 잎이 줄기를 도는 것처럼 마디당 2개 이상 발생; 2. 중심축을 중심으로 층으로 배열

동의어 (p216, verticillate)

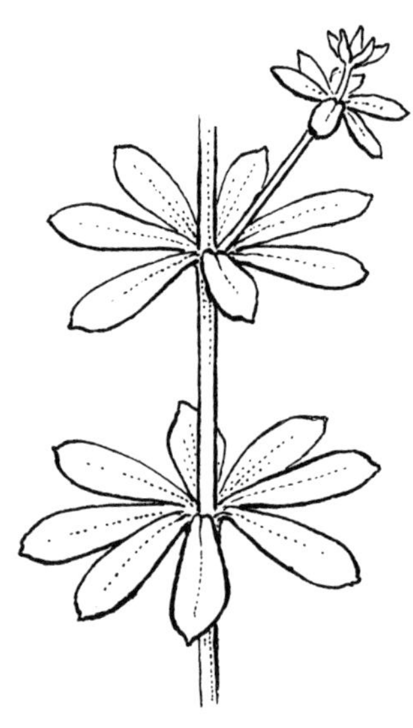

wing · 1. 날개, 2. 익판

1. 잎, 줄기나 열매와 같은 구조의 가장자리에서 나오는 평평한 날개 또는 조직의 연장부; 2. 완두콩 꽃의 측면 꽃잎(콩과 콩아과)

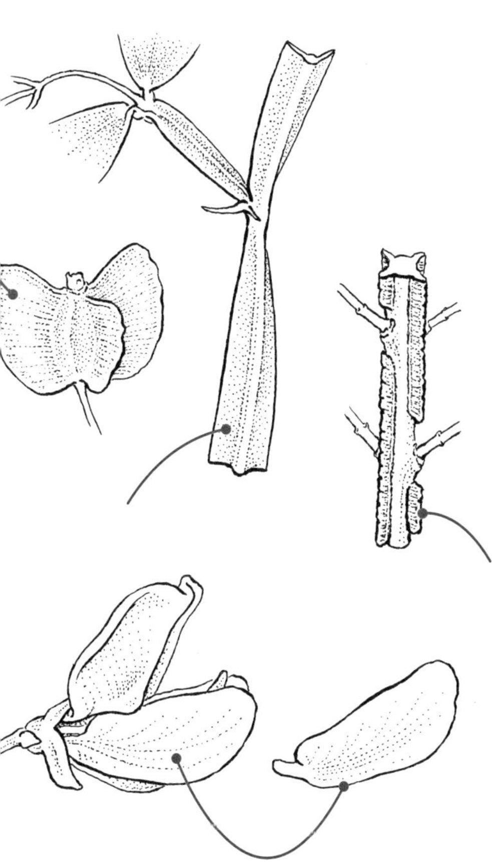

winter bud · 겨울눈, 동아

서리와 같은 환경 조건으로부터 보호하는 비늘로 덮인 휴면 식물 싹

winter annual · 겨울형 일년초, 월년생

종자로부터 나와서 초가을에서 늦봄 사이에 성장하고 꽃을 피우고 종자를 생산하고 죽는 식물. 여름형 일년초(p198) 참조

x
명명법에서 잡종 기원을 나타내며 속 앞에 쓰여 속간 잡종(예, ×*Heucherella*)을 나타내거나 속과 종소명 사이에서 사용해 종간 잡종(예, *Epimedium* ×*versicolor*)를 나타냄

xanthophyll · 크산토필
주로 식물 잎에 있는 지용성의 황색 색소

xeric · 건생의, 내건성의
건조한, 사막과 같은 지리적 영역과 관련됨

xero-
건생을 의미하는 접두사

xerophyte · 건생식물
매우 낮은 수분이용능으로 성장에 적응된 식물; 습생식물(p108), 중생식물(p129) 참조

x.s.
횡단면

반의어 (p125, l.s.), 종단면(p125, longitudinal section)

Z

zoophilous · 동물 매개의

동물, 특히 곤충 이외의 동물에 의해 수분하는

zygomorphic · 좌우대칭, 양면대칭

중앙을 지나는 하나의 선만이 두 개의 거울 이미지를 생성하도록 대칭의 단일 평면을 가짐

동의어 (p32, bilaterally symmetrical); 부정제(p116, irregular)

반의어 방사대칭, 방사상칭(p12, actinomorphic / p168, radially symmetrical), 정제(p171, regular)

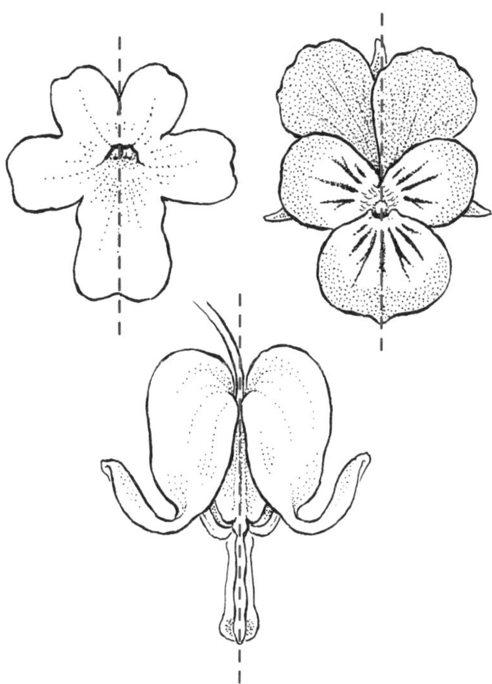

찾아보기

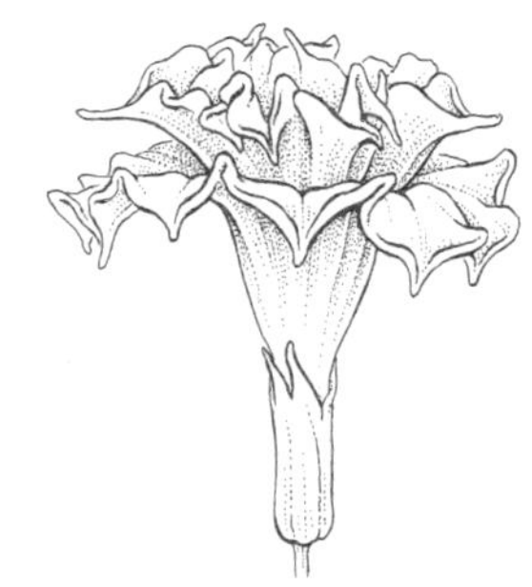

찾아보기

ㄱ

ㄹ

ㅁ

ㅅ

ㅇ

ㅊ

ㅎ

A

B

D

E

G

H

I

L

M

O

P

Q

S

T

U

X

기타

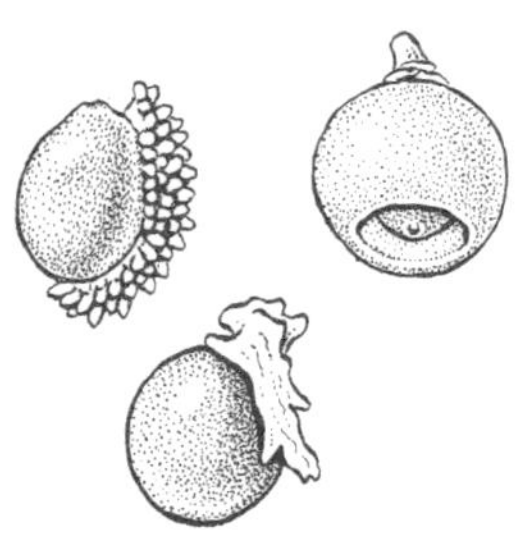

추천도서

Bebbington, Anne L. D. 2015. *Understanding the Flowering Plants: A Practical Guide for Botanical Illustrators*. The Crowood Press, Marlborough, U.K.

Beentje, Henk. 2010. *The Kew Plant Glossary: An Illustrated Dictionary of Plant Terms.* Royal Botanic Gardens, Kew, London, U.K.

Bell, Adrian D. 2008. *Plant Form: An Illustrated Guide to Flowering Plant Morphology.* Timber Press, Portland, Ore.

Castner, James L. 2004. *Photographic Atlas of Botany and Guide to Plant Identification.* Feline Press, Gainesville, Fla.

Ellis, Beth, Douglas C. Daly, Leo J. Hickey, John D. Mitchell, Kirk R. Johnson, Peter Wilf, and Scott L. Wing. 2009. *Manual of Leaf Architecture*. Comstock Publishing Associates, an imprint of Cornell University Press, Ithaca, N.Y.

Gough, Robert. E. 1993. *Glossary of Vital Terms for the Home Gardener.* Food Products Press, an imprint of The Haworth Press, Inc., Binghamton, N.Y.

Harris, James G., and Melinda Woolf Harris. 2001. *Plant Identification Terminology: An Illustrated Glossary*, 2nd ed. Spring Lake Publishing, Spring Lake, Utah.

Hickey, Michael, and Clive King. 2001. *The Cambridge Illustrated Glossary of Botanical Terms.* Cambridge University Press, Cambridge, U.K.

Horticultural Research Institute. 1971. *A Technical Glossary of Horticultural and Landscape Terminology*. Pennsylvania State University, Department of Landscape Architecture, University Park, Pa.

Mabberley, David J. 2008. *Mabberley's Plant-book: A Portable Dictionary of Plants, Their Classifications, and Uses*, 3rd ed. Cambridge University Press, Cambridge, U.K.

Swartz, Delbert. 1971. *Collegiate Dictionary of Botany*. The Ronald Press Company, New York, N.Y.

Zomlefer, Wendy B. 1994. *Guide to Flowering Plant Families*. The University of North Carolina Press, Chapel Hill.

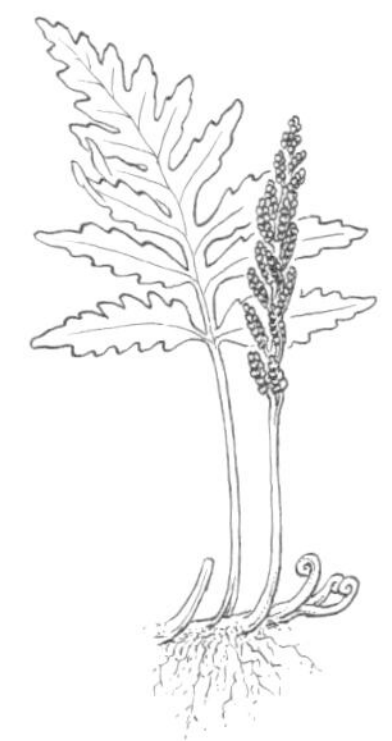

작가 소개

수잔 K. 펠은 미국 식물원의 과학 및 공공 프로그램 관리자로 매일 사람들에게 식물의 위대함을 보여줍니다. 그녀는 브루클린 식물원(Brooklyn Botanic Garden)의 과학 책임자였으며 옻나무과의 진화적 관계를 연구했습니다. 식물 생태학 박사로서 유전학, 속씨식물 형태학 및 계통학 과정을 가르치고 있습니다. 수잔은 아내와 딸과 함께 워싱턴 D.C.에 살고 있습니다.

바비 앙겔은 뉴욕식물원(New York Botanical Garden) 및 기타 기관의 식물학자를 위해 풍부하고 상세한 펜화를 그리고 있으며, 수년 동안 뉴욕 타임즈 정원 Q&A 칼럼에 삽화를 그렸습니다. 정원사이자 판화 제작자이자 삽화가인 그녀는 버몬트 남부에 살고 있습니다.

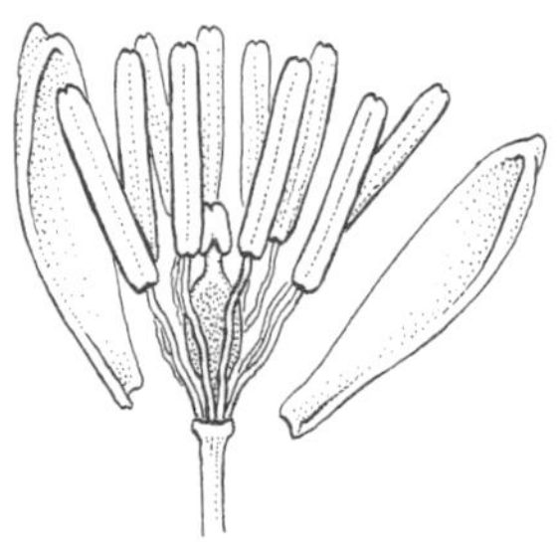

옮긴이의 말

생물 분야에서 정확한 용어의 선택과 사용은 가장 기초적이면서 중요한 부분이다. 특히, 생물 유전자원의 중요도가 점점 커지는 시점에서는 더욱 그렇다. 중요한 만큼 식물 용어 사전의 번역은 더욱 조심스럽고 책임감 있게 작업을 해야 했다.

이 책은 분류 전문가들이 보기에는 보편적인 내용이지만 비전공 일반인들에게는 전문적인 용어와 내용들이 다수 포함되어 있다. 따라서 용어를 선택할 때 여러 가지 고민이 따를 수 밖에 없었다. 기존 사용하던 전문용어는 한자어가 많고 난해해 비전공자에게는 어렵게 느껴질 수 있기 때문이다. 또한 모든 용어를 순우리말로 표현하기에도 한계가 있었다. 학자나 기관마다 제시하는 우리말 용어가 다르고, 우리말 용어로 바꿈으로써 용어가 길어지거나 뜻은 더 모호해지는 경우도 있었다. 가능하면 우리말 용어를 우선하되 기존에 써왔던 용어를 병기하는 쪽으로 가닥을 잡았다. 일부는 국내에서 사용하는 용어가 없어서 새롭게 정의해야 했다. 감수자이신 장창기 교수님의 도움을 많이 받았다.

번역한 용어에는 다양한 이견이 있을 수 있다. 이에 대한 이견과 이 책에 대한 관심이 우리나라 식물 용어의 정리에 도움 되기를 바랄뿐이다. 또한, 용어에 관한 다양한 토론과 피드백이 우리나라 상황과 실정에 맞는 용어 사전의 발행으로 이어지기를 기대한다.

식물 용어 사전의 발행에 한 역할을 하게 되어 기쁘고 감사하다. 다시 한 번 감수해 주신 장창기 교수님께 감사드린다. 이 책이 발행될 수 있도록 힘쓰신 한국보태니컬아트협동조합과 출판사에 감사의 인사를 드린다.

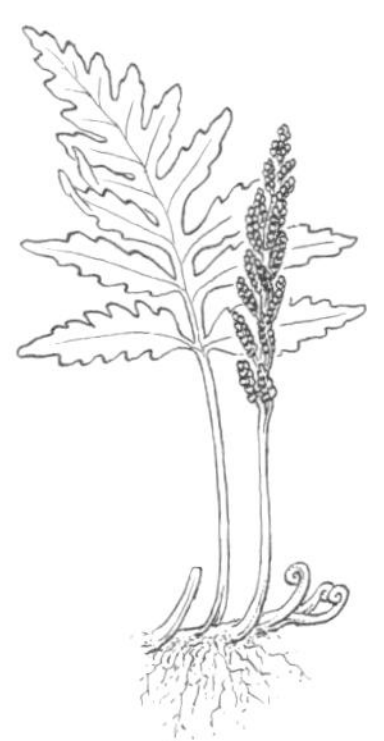

옮긴이 · 감수자 소개

옮긴이 이용순은 학부에서 건축공학을 전공하고 건축 설계, 인테리어, 조경, 생태복원관련 일을 했었다. 2010년~2011년 '전국자연환경조사 전문인력 양성 과정' 교육 수료 후 지금까지 우리나라 전역의 생태계 조사 업무를 맡아 수행하고 있다.

2016년 자연환경기술사, 2020년 공주대학교에서 석사학위를 취득하였고 같은 학교에서 식물분류학 박사 과정에 있다. 저서로는 『생물분류기사(식물) 실기』, 공저로 『겨울에 만난 나무』가 있다.

감수자 장창기는 고려대학교에서 생물학을 공부하고 같은 학교 대학원에서 식물분류학으로 석사와 박사학위를 취득하였다. 오스트리아 비엔나대학 식물연구소, 충북대학교 바이오연구소에서 연수 및 전임연구원으로 근무하였고 2006년부터 현재까지 공주대학교 생물교육과 교수로 재직 중이다. 한국멸종위기야생동식물협회 회장, 한국식물분류학회 이사, 부회장으로 활동하고 있다. 2005년부터 우즈베키스탄 식물학연구소와 중앙아시아 천산산맥 식물에 관한 공동연구를 이끌어 오면서 그 공로를 인정받아, 우즈베키스탄 Academy of Science 명예교수로 추대되었다.

저서로 『한반도 관속식물분포도』, 『한반도 특산 관속식물』, 『한반도 수목지』, 『한반도 기후변화 적응 대상식물 300』, 『The flora of Tien shan Mountains - Endemic Species -』, 『Checklist of vascular Plants of the Tian-Shan Mountain System』 등이 있다

· 한국보태니컬아트협동조합은 보태니컬 아트 교육 프로그램의 개발, 전시 및 출판 활동, 외국 작가들과의 상호 교류와 전시, 해외탐방 등 소통의 장을 마련하고 지역 문화 발전에 기여하고자 보태니컬 아트 작가들이 모여 만든 협동조합입니다.

- 네이버 카페 http://cafe.naver.com/ksbaart
- 웹사이트 http://kbacoop.com

· 도서출판 이비컴의 실용서 브랜드 **이비락**樂 은 더불어 사는 삶에 긍정의 변화를 가져다 줄 유익한 책을 만들기 위해 노력합니다.

- 원고 및 기획안 문의 : bookbee@naver.com